国家出版基金项目
NATIONAL PUBLICATION FOUNDATION

国家出版基金项目
NATIONAL PUBLICATION FOUNDATION

辛破茧——辛拓展新层次
（增订版）

Break the Limitations of Symplecticity

钟万勰 高强 著

大连理工大学出版社
DALIAN UNIVERSITY OF TECHNOLOGY PRESS
1985

图书在版编目(CIP)数据

辛破茧：辛拓展新层次／钟万勰，高强著．—增订本．—大连：大连理工大学出版社，2012.6

ISBN 978-7-5611-6118-0

Ⅰ．①辛… Ⅱ．①钟… ②高… Ⅲ．①力学—研究 Ⅳ．①O3

中国版本图书馆 CIP 数据核字(2012)第 130172 号

大连理工大学出版社出版

地址:大连市软件园路 80 号 邮政编码:116023

发行:0411-84708842 邮购:0411-84703636 传真:0411-84701466

E-mail:dutp@dutp.cn URL:http://www.dutp.cn

大连金华光彩色印刷有限公司印刷 大连理工大学出版社发行

幅面尺寸:147mm×210mm 印张:9.625 字数:238 千字

2011 年 4 月第 1 版 2012 年 6 月第 2 版

2012 年 6 月第 2 次印刷

责任编辑:刘新彦 王 伟 责任校对:婕 琳

封面设计:孙 元 宋明亮

ISBN 978-7-5611-6118-0 定 价:25.00 元

本书由

国家基础研究发展计划973(2009CB918501)
自然科学基金(10721062)
工业装备结构分析国家重点实验室专项基金(S08101)
大连市人民政府

资助出版

前言

首先说明，书名、前言和结束语以及一些议论，是钟万勰写的。不当之处由钟万勰负责。

解释书名：辛数学需要**破茧**，“**破茧而飞**”么。起飞，要解放思想，挣脱束缚。不可局限于过去，更要着眼于未来；结合现实世界的课题。本书引用数学大师们的许多论述，体会其哲学思想。因为我们同意大师们的论述，也可使读者有更深刻的感受。**上兵伐谋**。

1900 年 Hilbert 在著名的《**数学问题**》报告中，提出了数学 23 个问题，其中第 23 号是**变分法的进一步发展**。Hilbert 说：“我已经广泛地涉及了尽可能是确定的和特殊的问题……用一个一般的问题来做结束……我指的是**变分法**。”见文献[37]。**变分法**不单纯是一个数学问题，而是一个方向，是大师的**远见卓识**。

拙著《力、功、能量与辛数学》已经出了3版了，作者依然感觉不满意。因为在应用中已经呈现出辛数学的局限性，但书中只是简单提及而没有进一步探讨。**局限性**意味着不够，受到束缚，在茧中。下阶段再求发展就要**破茧**。**破茧**是为了进入另一个更成熟的发展阶段，挣脱束缚而面向广阔天地，人云“**破茧而飞**”。首先是突破局限性，这就是本书的目的；**飞**是前景，路更广阔更深远。作者们虽然努力，也只能看到一些浮面的景象。所以本书只是介绍一些浅见。做课题举例等，也是简单、容易的，但也希望能说明一些问题，给读者们一些印象而已。

数学也要讲哲学。1687年出版的牛顿巨著《自然哲学之数学原理》，人们通常称之为“原理(Principia)”，自然哲学。Hilbert的报告讲了许多关于数学的观点，就是讲了有关数学的哲学。Hilbert说：“*在每个数学分支中，那些最初的、最老的问题首先是起源于经验，是由外部的现实世界所提出的。*”在文献[1]的序言以及文献[9]的结束语中明确指出，结合了应用力学的实际后，也暴露了传统经典分析力学的局限性：

• 它奠基于连续时间的系统，但应用力学有限元、控制与信号处理等需要**离散系统**。

• 动力学总是考虑同一个时间的位移向量，但应用力学有限元需要考虑**不同时间**的位移向量。

• 动力学要求体系的维数自始至终不变，但应用力学有限元需要**变动的维数**。

• 它认为物性是即时响应的，但**时间滞后**是常见的物性，例如黏弹性、控制理论等。

这些局限性表明传统分析力学还需要大力发展。当今世界发展趋势是数字化,离散处理是必然的。直视辛数学的局限性,**破茧**,并拓展新层次,就要开阔思路,这也是我们的机会。

变分原理的提出,由来已久。“大自然总是走最容易和最可能的途径”,这是 Fermat 著名的自然哲学原理。1744 年,J. Bernoulli 提出了“**最速下降线**”问题,大体上可认为是数学变分法的开始。以后蓬勃发展,Euler-Lagrange 方程,继而总结为 Hamilton 变分原理。分析动力学与相应的常微分方程理论的成功,自然要发展到偏微分方程。到位势理论,有 Laplace 方程的求解,Green,Gauss,Dirichlet 等先后指出,可将其转化为变分原理。Riemann 将其命名为 Dirichlet 原理,属于椭圆型偏微分方程理论,本来在蓬勃发展,然而在 1870 年发生了曲折,强调数学严格性的 Weierstrass 否定了 Dirichlet 原理;然而,数学物理中许多重要结果都依赖于此原理而建立。1899 年,Hilbert 用边界条件的光滑化保证了极小化函数的存在,从而挽救了 Dirichlet 原理。这表明变分原理经历了“**凤凰涅槃,在烈火中重生**”的过程。

此后一个多世纪以来,变分原理有了巨大进展,从**有限元法**发展出来的“**计算科学**”也是变分法的发展;而辛也属于变分法的发展。今天,“**计算科学与理论、实验共同构成现代科学的三大支柱**”的论点,已经得到了广泛认同。我们讲辛数学的局限性,不是为了否定,而是需要挣脱束缚后再扩展新层次。进发前要退够,要退到**变分法的进一步发展**来着手。

数学应随着世界的发展而发展。**计算科学**已经处于如此重要的地位，既然是计算，就不能离开数学，数学应密切关注其发展。希望本书能对此有所推动，力求不偏离当代发展的主流。

辛的局限性产生原因如下。历史上**辛**(symplectic)对称的概念是 Hilbert 的学生、大数学家 H. Weyl 在 1939 年研究一般对称性时，注意到分析动力学 Hamilton 正则方程的对称特点而提出的。当年没有计算机，分析动力学 Hamilton 正则方程就是只讨论连续时间恒定维数的体系的，因此辛的局限是与生俱来的。

随着计算力学、有限元以及航空航天等的推进，动力系统的求解已经不可缺少。绝大部分课题分析求解无望，只能数值求解。国外数学家大力发展 Runge-Kutta 法等许多差分算法，可谓五花八门；我国数学家**冯康**指出，动力学微分方程是保守系统，其差分法积分格式应**保辛**[7]，棋高一着。继而国外进行了许多研究，一批保辛差分算法相继出现[8]。动力学系统的积分特别讲究所谓**首次积分**(first integral)，其实就是**积分不变量**。其中总动量、总动量矩向量各有 3 个不变量，以及总能量，共 7 个；其中总能量不变特别重要。

差分法意味着时间坐标要离散，连续时间系统要近似地转化到离散时间系统。离散时间系统的近似积分要**保辛**。而检验差分算法是否优越，大体上就用能量是否守恒，或**偏离最慢**来判断[8]；但保辛差分格式的积分得到的大量数值结果，却未能保证能量守恒，从而使数学家出现了**误判**[10]，认为“**不可积系统，保辛近似算法不能使能量守恒**”(approximate symplectic algorithms cannot preserve energy for nonintegrable system)!!! 事实上,通过参变量方法,运用拓扑学的**同伦**(homotopy)概念,能在保辛的同时也保证守恒[5]。

原创者 H. Weyl 是从物理、力学问题提出辛的。但后来的纯数学家对辛数学的理解却是从抽象几何学的角度讲的。例如可见文献[7],以及著作《**经典力学的数学方法**》(V. I. Arnold. Mathematical Methods of Classical Mechanics. Springer,1978)。首先定义微分形式、切丛(tangent bundle)、余切丛(cotangent bundle)(统称纤维丛),再是其外乘积(exterior product),然后是所谓 Cartan 几何。纯数学家认为逻辑严谨形式一般,从**纯数学**微分几何的角度,对微分方程讲述其**数学结构**,因此称为**辛几何**。(注:Cartan,陈省身,Arnold,均获得过沃尔夫数学大奖)。然而其抽象、艰深的表述却远离了大众的认知,物理意义不明显,从而使名词**辛**产生了神秘感。有如"神龙现首",却不知根扎何处,玄而不可方物。即使在大学,哪怕是数学教师,也有许多人远而避之。

辛数学的适用范围远超分析动力学。虽然它先在分析动力学内发生,后在数学公理系统的范围内发展,却也受到动力学范围的限制。在发育成熟后,自然要**破茧**,在广阔天地继续发挥,需要广为人知。**破茧**就是要破公理系统的**辛几何**的局限。

应用力学引入**辛数学**是从结构力学与最优控制间的模拟关系切入的。因此不用纯数学艰深的**辛几何**定义,不需要微分几何。从一根弹簧的分析就引入了辛的概念,浅近易懂。教学、传播应讲究"**深入浅出**"。一味地抽象、严谨,往往难懂。中国大批古文是用文言文写的，其中有许多优美的好文章，但文言文毕竟难懂。自从“五四”新文化运动到今天，人们用的大多数是白话文。也许有些人看不起白话文，认为不够优美；但毕竟易于掌握，大家都喜欢用。今天还有多少文章是用文言文写的呢？本文就是用白话文写的么。写白话文根本不必“自惭形秽”。以往对辛几何的表述太艰深，应让辛走下神坛，平易近人，用大众熟悉的概念和语言来讲述。**一根弹簧，白话文，简单！！**

简单的模型是否不严格、水平低呢？请看 Hilbert 的讲述：“清楚的、易于理解的问题吸引着人们的兴趣，而复杂的问题却使我们望而却步”，“严格的方法同时也是比较简单、比较容易理解的方法。正是追求严格化的努力，驱使我们去寻求比较简单的推理方法……对于严格性要求的这种片面理解，会立即导致对一切从几何、力学和物理中提出的概念的排斥，从而堵塞来自外部世界新的材料源泉……由于排斥几何学与数学物理，一条多么重要的，**关系到数学生命的神经被切断了！**”有些人艰难的方法学不懂，通过简明的方法学懂了，于是就看不起了，不对。请再看 Hilbert 的论述：“数学中每一步真正的进展，都与更有力的工具和更简单的方法的发现密切联系着，这些工具和方法同时会有助于理解已有的理论，并把陈旧的、复杂的东西抛到一边。数学科学发展的这种特点是根深蒂固的。因此，对于个别数学工作者来说，只要掌握了这些有力的工具和简单的方法，他就有可能在数学的各个分支中比其他科学更容易找到前进的道路。”

教学经常讲“**深入浅出**”；更进一步，就是“**返朴归真**”，人们所追求的境界。放在封底的 Hilbert 的话,值得深思。

力、功、能量在中学已经有了较好的理解,**物理概念**清楚,故选择为辛数学讲述的对象。引入辛数学不需要那些难于掌握的抽象概念,而需要通过**清楚的、易于理解的问题**来引入。文献[9]完全不采纳**切丛、余切丛**、外乘积、Cartan 几何的**辛几何**提法,而从最简单的力学、电学问题的实际出发。力学与电学是现代科学的最基本部分,入门最方便,辐射面也最广,所以选择为入门讲述的模型。

中国自然科学基金 1993 年支持了课题(19372011)"结构动力学及其**辛代数**方法"。《**力、功、能量与辛数学**》着重阐明了:传递辛矩阵与对称矩阵相当,讲的根本是**代数**么,所以也许将**辛数学**称作**辛代数**更具体,容易懂。于是**辛**就有了两种不同的解释。为什么一定要称**辛几何**,称**辛代数**又有何不妥呢?我们称**辛数学**,当然涵盖了连续系统的**辛几何**,同时也涵盖了离散后系统的**辛代数**,是一个统称。从离散的**辛代数**角度理解**辛**比连续系统的**辛几何**容易多了。

几何拓扑大师、1980 沃尔夫奖得主 Cartan(提出 Cartan 几何)指出:**"我们目睹了代数在数学中名副其实的到处渗透"**,目睹了**"目前数学的代数化"**,也顺应了发展潮流。

这里要指出,入门的课题是从结构静力学的角度讲的。静力学模型简单,容易理解,而且也开拓了辛数学可在结构力学范畴内发展的机会。正因为结构静力学的模型简单,才能够发现上述辛的局限性,现在要加以拓展。而拓展也要从简单模型开始,方可**易于理解**。

计算机之父、数学大师 J. von Neumann 指出:“数学的构造用模型来表示。……数学构造合理与否完全严格取决于它能否起作用,即,正确地描述相当广泛领域内的现象。而且……在描述程度方面,数学构造必须很简单。”[27] 1990 年英国皇家学会会长、现代纯数学大师 M. Atiyah 也说:“在数学这种抽象的世界中,简单性(simplicity)与优美(elegance)获得了绝对的重要性。”将辛数学用最简单的物理、力学模型表达,可描述相当广泛领域内的现象。将广泛适用的**辛**数学基础知识及早介绍给年轻人,对于他们将来的跨学科发展有很大好处。如果不从实际需要出发,总是局限在纯数学公理系统中,辛的局限性也就不会被发觉了。

近年来,不断强调要研究交叉学科,在学科交叉处往往可以有新进展。**辛数学**,表明是有辛结构的数学。**辛几何**是连续时间系统微分几何的辛结构,**辛代数**是离散时间系统有限元代数的辛结构,当然是密切关联的。计算机时代,离散是必然的,不可排斥而只能融合。但仅仅有数学结构尚不够,还需要知道与物理、力学等的结构有何关联,才能有实际的发挥。况且本来**辛**就是从分析动力学发现的。应用数学,数学要应用,数学发展应当与应用交叉,大势所趋么。

当代著名数学家 P. Lax 说:“今天,我们可以毫无顾忌地说,纯数学的浪潮已经逆转……在不太久远的过去,如果一位数学家说:‘应用数学是坏数学’,或者说:‘最好的数学是纯粹数学’,他会得到别人的赞同和欢迎。但今天,如果有人这么说,他就会被人们视为愚昧无知。”

有限元法是计算机时代的重大贡献，已经在各种科学与工程中广泛应用。2005 年，美国总统信息科学顾问委员会打报告给白宫，标题是 *Computational Science: Ensuring America's Competitiveness*（**计算科学：确保美国的竞争力**）。尽管美国在计算科学方面已经领先世界，但仍然抓紧不放，其重要性可见一斑。让读者早日具备计算科学有限元的概念是有利的。

• 2006 年，美国国家科学基金会（NSF）又提出“**基于模拟的工程科学**”（Simulation Based Engineering Sciences，SBES）。

• 2009 年，美国竞争力委员会（Council on Competitiveness）发布白皮书“美国制造业——依靠建模和模拟保持全球领导地位”，将“建模、模拟和分析的高性能计算”视为维系美国制造业竞争力战略优势的一张王牌，呼吁“**从竞争中胜出就是从计算中胜出**（to out-compete is to out-compute）”。

• 2010 年 4 月，在**美国科学基金会、能源部、国防部、国立卫生研究院和航空航天研究院等**的联合支持下，世纪技术评估中心（WTEC）继 2005、2006 和 2008 年的研究报告，又发表了“**通过科学、工程和医学的发现和创新造就一个新的美国：对未来十年基于模拟的工程与科学的研究和发展的建议**”。

• 值得关注：美国等西方国家在对通用数值分析软件系统进行商业化开发并获取重大直接经济效益的同时，对一批特殊与高端功能的装备和工程分析软件严格限制对我国出口，目的是为了保持其在重大经济产业和国家安全战略领域先进装备与工程核心技术的领先地位和竞争优势。

人家的 系列布局、安排，应该使我们对发展思路引起警觉。人家 CAE 程序系统的高端，对我们是“**禁运**”的。

孙中山先生有名言：“世界潮流，浩浩荡荡，顺之者昌，逆之者亡。”我们必须有清醒的对策。

钱学森指出：“总起来一句话：今日的力学要充分利用计算机和现代计算技术去回答一切宏观的实际科学技术问题，计算方法非常重要；另一个辅助手段是巧妙设计的实验。”(《我对今日力学的认识》)实际上也强调了**计算机模拟**的方向。

“苹果”创新天才 Steve Jobs 说：“‘苹果’知道如何让非常尖端的技术变得简单。随着竞争越来越激烈，‘苹果’的这种关键优势将更有市场。”

“看看消费产品的设计，大部分都有非常复杂的外包装。我们试图做一些更有整体性、更简单的东西。当您试图解决一个问题时，无论是什么问题，最先想到的办法总是非常复杂的，很多人走不出来。但如果您继续思考，深入这个问题，像剥洋葱一样继续下去，有时候您就能找到又好又简单的解决办法。大部分人都不愿意在这个过程上花足够的时间和精力。”

历史上，分析动力学与结构力学是独立分别发展的。两方面各自按自己的规律取得进展，互相之间本来并无联系。后来我们发现了原来在结构力学与线性二次最优控制的理论之间有**模拟关系**。这是在 Hamilton 变分原理的基础上建立起来的。而动力学 Hamilton 体系的理论，需要引入状态向量的描述，这也正是最优控制的基础。而 Hamilton 体系本是分析动力学的。然后，很自然地，分析动力学的理论体系也与结构力学以及最优控制的理论相关联。从而必然会提出**分析结构力学**的理论[1]，尽量将分析动力学与结构力学相融合。

我国对结构力学的变分原理有深入研究，而有限元法的基础就是变分原理。在有限元推导的单元列式中，**单元刚度矩阵的对称性**，就是从变分原理自然得到的。但对称单元刚度矩阵，与**辛**又有什么联系，却从来没有考虑过。通过《**力、功、能量与辛数学**》的讲述看到，它们是紧密相关的。可推想，对称的单元刚度矩阵就保证了有限元法的保辛性质。在理论上对有限元的认识，又深入了一步。

分析结构力学指出，有限元法具有自动保辛的性质。此话已经破除了恒定维数的限制，是对于辛概念的推广。今天有限元法得到广泛应用，有限元法自动保辛的优良性质是其重要原因。

文献[1]提出了**分析结构力学**，并指出分析力学应包含分析动力学与分析结构力学。而有限元法本来是从结构力学开始发展的。众所周知，有限元法的单元刚度矩阵是对称的。而对于恒定维数的力学问题，其传递辛矩阵与之对应。这是我们在一系列著作中反复讲解的。

数学家往往喜欢采用 DTP(Definition，Theorem，Proof)方式进行表述公理系统。M. Atiyah 说：“一些人认为公理是用来界定一个自我封闭的完整的数学领域的。我认为这是错的。公理的范围愈窄，您舍弃得愈多。当您在数学中进行抽象化时，您把您想要研究的与您认为是无关的东西分离开，这样在一段时间里是方便的，它使思维集中。但是通过定义，舍弃了宣布您认为不感兴趣的东西，而从长远来看，您舍弃了很多根芽。如果您用公理化方法做了些东西，那么在一定阶段后您应该回到它的来源处，在那儿进行同花和异花受精，这样是健康的。您可以发现约 30 年前，von Neumann 和 H. Weyl 就表达了这种意见。他们担心数学会走什么样的路，如果远离了它的源泉，就会变得不育，我认为这是非常正确的。”

前面纯数学的**微分形式**、**切丛**、**余切丛**、**外乘积**、**Cartan 几何**等所定义的**辛几何**的公理系统，显然是在分析动力学的范围内提出的，并未超出 H. Weyl 提出问题的范围。**辛几何**在该公理系统的范围内得到了发育成长，使分析动力学的理论与方法有所进展。

如在**变分法的进一步发展**范畴中观察，**辛几何**的公理系统范围毕竟太窄，舍弃了很多东西。因此就要**破茧**，要向更广阔天地拓展。以下按前述辛的 4 点局限性，逐个讲述。本书**破茧**只讲简单基本的内容，只讲**基本思路**，而不追求详细成果。不求高深，而求**简明**、**易懂**、**实用**。

本书希望突破以上讲的 4 方面局限的茧。纯数学家、1990 年英国皇家学会会长 M. F. Atiyah 讲：“希望更透彻的理解产生出来……他们从外倾的(extroverted)观点，而不是从内倾的(introverted)观点来看群。……从外面的世界去看，则你可借助于外来世界里所有的东西，这样你就得到一个强有力得多的理解。……通过群是在一些自然背景中(作为变换群)产生的事实，人们应该能证明关于群的深刻的定理。”4 方面的局限表明，已经不能局限于**辛几**

何公理体系，只有从外部世界的实际需要出发，才能达到**破茧**。

辛破茧，既然**辛几何**公理体系有所不足，**破茧**是必然的。J. von Neumann 说："一个理论可能有两种不同的解释"，几乎可以肯定的是："能以更好的形式推广为更有效的新理论的理论将战胜另一理论。……必须强调的是，这并不是一个接受正确理论、抛弃错误理论的问题，而是一个是否接受为了正确地推广而表现出更大的形式适应性的问题。"讲得好！**辛破茧**就是"**为了正确的推广而表现出更大的形式适应性**"。

突破辛在 4 方面的局限性，不是轻而易举的。处处给出详尽而严格的成果不是本书的目标。本书通过与实际课题衔接时的典型例题以及初步探讨的成果，大体上只是给出思路。至于更一般、深入、详尽的研究则有待能人发挥了。

钟万勰

于大连理工大学

2012 年 3 月

目 录

0

多维线性动力学的求解

从动力学开始。多个(n 个)自由度的一般线性振动方程为

$$\boldsymbol{M}\ddot{\boldsymbol{q}}+\boldsymbol{G}\dot{\boldsymbol{q}}+\boldsymbol{K}\boldsymbol{q}=\boldsymbol{f}_1(t) \tag{0.1}$$

其中,$\boldsymbol{M},\boldsymbol{G},\boldsymbol{K}$ 为 $n\times n$ 矩阵。$\boldsymbol{M}$ 阵对称正定,刚度矩阵 $\boldsymbol{K}$ 虽然对称但未必保证正定,$\boldsymbol{G}$ 阵为反对称陀螺矩阵。如果 $\boldsymbol{G}$ 为对称正定矩阵,就是阻尼矩阵。通常阻尼很小,可在解出本征向量之后再加以考虑。$\boldsymbol{q}(t)$ 为待求 n 维位移向量。$\boldsymbol{f}_1(t)$ 为给定 n 维外力,非齐次项,应在求解齐次方程后再加以考虑。齐次方程为

$$\boldsymbol{M}\ddot{\boldsymbol{q}}+\boldsymbol{G}\dot{\boldsymbol{q}}+\boldsymbol{K}\boldsymbol{q}=\boldsymbol{0} \tag{0.2}$$

对应的系统是保守的。其 Lagrange 函数为

$$L(\boldsymbol{q},\dot{\boldsymbol{q}})=\dot{\boldsymbol{q}}^{\mathrm{T}}\boldsymbol{M}\dot{\boldsymbol{q}}/2+\dot{\boldsymbol{q}}^{\mathrm{T}}\boldsymbol{G}\boldsymbol{q}/2-\boldsymbol{q}^{\mathrm{T}}\boldsymbol{K}\boldsymbol{q}/2 \tag{0.3}$$

对应的作用量为

$$S(\boldsymbol{q}_{\mathrm{a}},\boldsymbol{q}_{\mathrm{b}},t_{\mathrm{a}},t_{\mathrm{b}})=\int_{t_{\mathrm{a}}}^{t_{\mathrm{b}}}L(\boldsymbol{q},\dot{\boldsymbol{q}},t)\mathrm{d}t \tag{0.4}$$

它是待求位移 $\boldsymbol{q}(t)$ 的泛函。Lagrange 方程可从变分原理 $\delta S=0$ 导

出，即给出方程(0.2)。

将方程(0.2)对比单自由度方程，多了一个陀螺项 $\boldsymbol{G}\dot{\boldsymbol{q}}$，其中，$\boldsymbol{G}$ 为反对称矩阵。方程(0.2)依然是二阶微分方程，许多振动著作的多自由度振动系统只考虑其动能 $T=\dot{\boldsymbol{q}}^{\mathrm{T}}\boldsymbol{M}\dot{\boldsymbol{q}}/2$ 及势能 $U=\boldsymbol{q}^{\mathrm{T}}\boldsymbol{K}\boldsymbol{q}/2$，因只考虑在惯性坐标内的振动之故。此时动力方程为 $\boldsymbol{M}\ddot{\boldsymbol{q}}+\boldsymbol{K}\boldsymbol{q}=\boldsymbol{0}$，可用**分离变量法**求解。分离变量后导致本征值问题，有 Rayleigh 商的变分原理，本征值还有极小-极大原理等，解决得很好。因为理论已经成熟，所以本书就不再多讲了。

但由于陀螺项 $\boldsymbol{G}\dot{\boldsymbol{q}}$ 的出现，通常的分离变量法就无法对方程(0.2)顺利实施了。这是因为方程(0.2)是二阶联立常微分方程，所以有三项。其对应的变量只有一类变量——位移。所以说是在一类变量的 Lagrange 体系之中描述的。在一维振动问题中，陀螺项必定是零，不出现，所以解决得很好。求解多自由度有陀螺项的振动方程时应作变换，如文献[1] §2.5 所述，引入对偶变量(动量)

$$\boldsymbol{p}=\partial L/\partial\dot{\boldsymbol{q}}=\boldsymbol{M}\dot{\boldsymbol{q}}+\boldsymbol{G}\boldsymbol{q}/2 \tag{0.5}$$

因 $\det(\boldsymbol{M})\neq 0$ 时，求解给出

$$\dot{\boldsymbol{q}}=-\boldsymbol{M}^{-1}\boldsymbol{G}\boldsymbol{q}/2+\boldsymbol{M}^{-1}\boldsymbol{p} \tag{0.6}$$

进行 Legendre 变换，引入 Hamilton 函数

$$\begin{gathered}H(\boldsymbol{q},\boldsymbol{p})=\boldsymbol{p}^{\mathrm{T}}\dot{\boldsymbol{q}}-L(\boldsymbol{q},\dot{\boldsymbol{q}})=\boldsymbol{p}^{\mathrm{T}}\boldsymbol{D}\boldsymbol{p}/2+\boldsymbol{p}^{\mathrm{T}}\boldsymbol{A}\boldsymbol{q}+\boldsymbol{q}^{\mathrm{T}}\boldsymbol{B}\boldsymbol{q}/2\\ \boldsymbol{D}=\boldsymbol{M}^{-1},\quad \boldsymbol{A}=-\boldsymbol{M}^{-1}\boldsymbol{G}/2,\quad \boldsymbol{B}=\boldsymbol{K}+\boldsymbol{G}^{\mathrm{T}}\boldsymbol{M}^{-1}\boldsymbol{G}/4\end{gathered} \tag{0.7}$$

$\boldsymbol{D}$ 阵对称正定，而对称阵 $\boldsymbol{B}$ 未必能保证为正定。变分原理依然为

$$S=\int_{t_0}^{t_{\mathrm{f}}}[\boldsymbol{p}^{\mathrm{T}}\dot{\boldsymbol{q}}-H(\boldsymbol{q},\boldsymbol{p})]\mathrm{d}t=0,\quad \delta S=0 \tag{0.8}$$

完成变分推导，得到一对 Hamilton 正则方程

$$\dot{\boldsymbol{q}}=\partial H/\partial \boldsymbol{p}=\boldsymbol{A}\boldsymbol{q}+\boldsymbol{D}\boldsymbol{p} \tag{0.9a}$$

$$\dot{\boldsymbol{p}}=-\partial H/\partial \boldsymbol{q}=-\boldsymbol{B}\boldsymbol{q}-\boldsymbol{A}^{\mathrm{T}}\boldsymbol{p} \tag{0.9b}$$

其中前一式就是式(0.6)。Hamilton 正则方程

$$\dot{\boldsymbol{q}}=\partial H/\partial \boldsymbol{p},\quad \dot{\boldsymbol{p}}=-\partial H/\partial \boldsymbol{q} \tag{0.10}$$

对于非线性体系依然适用。式(0.10)中的两式分别乘以$\dot{\boldsymbol{p}}$,$\dot{\boldsymbol{q}}$并相减,有

$$0=(\partial H/\partial \boldsymbol{p})\cdot\dot{\boldsymbol{p}}+(\partial H/\partial \boldsymbol{q})\cdot\dot{\boldsymbol{q}}=\mathrm{d}H/\mathrm{d}t-\partial H/\partial t$$

表明定常系统的 Hamilton 函数守恒。

将 $\boldsymbol{q}$,$\boldsymbol{p}$ 合在一起组成状态向量 $\boldsymbol{v}(t)$,于是对偶正则方程便可写成矩阵/向量形式

$$\dot{\boldsymbol{v}}=\boldsymbol{H}\boldsymbol{v} \tag{0.11}$$

其中,

$$\boldsymbol{H}=\begin{bmatrix}\boldsymbol{A} & \boldsymbol{D}\\ -\boldsymbol{B} & -\boldsymbol{A}^{\mathrm{T}}\end{bmatrix},\boldsymbol{v}=\begin{Bmatrix}\boldsymbol{q}\\ \boldsymbol{p}\end{Bmatrix}\quad 或\quad \dot{\boldsymbol{v}}=\boldsymbol{J}\cdot\partial H/\partial \boldsymbol{v} \tag{0.12}$$

初值条件是

$$\boldsymbol{q}_0\xlongequal[\text{def}]{}\boldsymbol{q}(0)(已知),\quad \dot{\boldsymbol{q}}_0\xlongequal[\text{def}]{}\dot{\boldsymbol{q}}(0)(已知) \tag{0.13}$$

但在求解本征向量与本征值时,暂时还用不到初值条件。

0.1　线性系统的分离变量法与本征问题

求解振动方程,最常用的两类方法是:(1)**直接积分法**,(2)**分离变量法**。直接积分法通常总是逐步积分。以往总是用差分近似来推导逐步积分公式;有了精细积分法后就应当采用之。下文就分离变量法与本征问题讲述其要点。矩阵 $\boldsymbol{K}$ 只要对称,不必正定。

状态动力方程(0.11)有时间坐标，向量的各个分量相当于一个自变量，离散的自变量，由其向量的下标来代表。分离变量就是要将时间 t 与这个下标分离。令

$$\boldsymbol{v}(t)=\boldsymbol{\psi}\cdot\varphi(t)$$

其中，$\boldsymbol{\psi}$ 是一个 $2n$ 维常值向量；$\varphi(t)$ 是一个纯量函数，而与向量的下标无关。将上式代入式(0.11)导出

$$\boldsymbol{\psi}\cdot(\dot{\varphi}/\varphi)=\boldsymbol{H}\boldsymbol{\psi}$$

右侧与时间无关，故 $\dot{\varphi}/\varphi=\mu$ 一定是一个常数，从而分离了变量

$$\boldsymbol{H}\boldsymbol{\psi}=\mu\boldsymbol{\psi},\quad \varphi=\exp(\mu t) \tag{0.1.1}$$

这就导向了 $\boldsymbol{H}$ 矩阵的本征问题。

先讲清楚 $\boldsymbol{H}$ 是 **Hamilton 矩阵**，因

$$\left.\begin{aligned}&\boldsymbol{JH}=\begin{pmatrix}-\boldsymbol{B} & -\boldsymbol{A}^{\mathrm{T}}\\ -\boldsymbol{A} & -\boldsymbol{D}\end{pmatrix}=(\boldsymbol{JH})^{\mathrm{T}},\quad \boldsymbol{J}=\begin{pmatrix}\boldsymbol{0} & \boldsymbol{I}_n\\ -\boldsymbol{I}_n & \boldsymbol{0}\end{pmatrix}\\ &\boldsymbol{JJ}=-\boldsymbol{I}_{2n},\quad \boldsymbol{J}^{\mathrm{T}}=\boldsymbol{J}^{-1}=-\boldsymbol{J},\quad \boldsymbol{JHJ}=\boldsymbol{H}^{\mathrm{T}}\end{aligned}\right\} \tag{0.1.2}$$

Hamilton 矩阵 $\boldsymbol{H}$ 的定义就是 $\boldsymbol{JH}$ 是对称矩阵。$\boldsymbol{J}$ 既是辛矩阵，也是正交矩阵。线性系统的 Hamilton 矩阵 $\boldsymbol{H}$ 与 Hamilton 函数 $H(\boldsymbol{q},\boldsymbol{p})$ 的关系是：$H(\boldsymbol{q},\boldsymbol{p})=H(\boldsymbol{v})=-\boldsymbol{v}^{\mathrm{T}}(\boldsymbol{JH})\boldsymbol{v}/2$。任两个 Hamilton 矩阵之和仍是 Hamilton 矩阵；Hamilton 矩阵 $\boldsymbol{H}$ 的逆阵 $\boldsymbol{H}^{-1}$(假定能求逆)也是 Hamilton 矩阵。请自行验证。

Hamilton 矩阵的本征问题具有许多特点。首先：

若 μ 是其本征值，则 $-\mu$ 也一定是其本征值。

证明如下。由式(0.1.1)，有

$$-\boldsymbol{JHJJ}\boldsymbol{\psi}=\mu\boldsymbol{J}\boldsymbol{\psi},\quad \boldsymbol{H}^{\mathrm{T}}(\boldsymbol{J}\boldsymbol{\psi})=-\mu(\boldsymbol{J}\boldsymbol{\psi})$$

这表明$(\boldsymbol{J}\boldsymbol{\psi})$是 $\boldsymbol{H}^{\mathrm{T}}$ 的本征向量而本征值为 $-\mu$。但 $\boldsymbol{H}^{\mathrm{T}}$ 的本征值也

必是 $\boldsymbol{H}$ 的本征值，证毕。于是 $\boldsymbol{H}$ 阵的 $2n$ 个本征值可以划分为两类：

$$\begin{aligned}&(\alpha)\mu_i,\quad \mathrm{Re}(\mu_i)<0,\text{或 }\mathrm{Re}(\mu_i)=0\wedge \mathrm{Im}(\mu_i)>0\\&(\beta)\mu_{n+i},\quad \mu_{n+i}=-\mu_i;i=1,2,\cdots,n\end{aligned}\tag{0.1.3}$$

其中，$\mathrm{Re}(\mu_i)=0$ 的情况是特殊的。若 $\mu=0$ 是本征值，它必是一个重根，因 $\mu=-\mu$。可能会出现 Jordan 型。弹性力学中常有这种情况。μ_i 与 μ_{n+i} 的一对本征解称为互相**辛共轭**。

出现 $\boldsymbol{J}$ 阵，就表示有辛的性质。以下证明 $\boldsymbol{H}$ 阵的本征向量有辛正交的性质。设

$$\boldsymbol{H\psi}_i=\mu_i\boldsymbol{\psi}_i,\quad \boldsymbol{H\psi}_j=\mu_j\boldsymbol{\psi}_j$$

则

$$\boldsymbol{H}^{\mathrm{T}}(\boldsymbol{J\psi}_i)=-\mu_i\boldsymbol{J\psi}_i,\quad \boldsymbol{JH\psi}_j=\mu_j\boldsymbol{J\psi}_j$$

$$\boldsymbol{\psi}_j^{\mathrm{T}}\boldsymbol{H}^{\mathrm{T}}\boldsymbol{J\psi}_i=-\mu_i\boldsymbol{\psi}_j^{\mathrm{T}}\boldsymbol{J\psi}_i,\quad \boldsymbol{\psi}_i^{\mathrm{T}}\boldsymbol{JH\psi}_j=\mu_j\boldsymbol{\psi}_i^{\mathrm{T}}\boldsymbol{J\psi}_j$$

$$\boldsymbol{\psi}_i^{\mathrm{T}}\boldsymbol{JH\psi}_j=-\mu_i\boldsymbol{\psi}_i^{\mathrm{T}}\boldsymbol{J\psi}_j$$

从而 $(\mu_i+\mu_j)\boldsymbol{\psi}_i^{\mathrm{T}}\boldsymbol{J\psi}_j=0$。以上证明表明，除非 $\mu_i+\mu_j=0$，本征向量 $\boldsymbol{\psi}_i$ 与 $\boldsymbol{\psi}_j$ 互相**辛共轭**，否则本征向量 $\boldsymbol{\psi}_i$ 与 $\boldsymbol{\psi}_j$ 一定互相辛正交，即

$$\boldsymbol{\psi}_i^{\mathrm{T}}\boldsymbol{J\psi}_j=0,\quad \boldsymbol{\psi}_j^{\mathrm{T}}\boldsymbol{J\psi}_i=0,\qquad \text{当 }\mu_i+\mu_j\neq 0\text{ 时}\tag{0.1.4}$$

这种正交称为**辛正交**，因为中间出现了 $\boldsymbol{J}$ 阵。普通的对称矩阵本征向量之间也有正交性，但中间是 $\boldsymbol{I}$ 阵，或者对于广义本征问题，中间有非负的对称质量矩阵 $\boldsymbol{M}$。现在的 $\boldsymbol{J}$ 阵反对称，这是**辛**的特征。**任何状态向量必定自相辛正交**。当然也一定有

$$\boldsymbol{\psi}_i^{\mathrm{T}}\boldsymbol{JH\psi}_j=0,\quad \text{当 }\mu_i+\mu_j\neq 0\text{ 时}\tag{0.1.5}$$

本征向量可以任意乘一个常数因子。因此可以要求

$$\boldsymbol{\psi}_i^{\mathrm{T}}\boldsymbol{J}\boldsymbol{\psi}_{n+i}=1 \quad 或 \quad \boldsymbol{\psi}_{n+i}^{\mathrm{T}}\boldsymbol{J}\boldsymbol{\psi}_i=-1 \tag{0.1.6}$$

这种关系称为归一化。因此常称为**共轭辛正交归一关系**。应当注意，$\boldsymbol{\psi}_i$ 与 $\boldsymbol{\psi}_{n+i}$ 各有一个常数可乘。当 $\mathrm{Re}(\mu_i)<0$ 时，为此可以再规定，例如 $\boldsymbol{\psi}_i^{\mathrm{T}}\boldsymbol{\psi}_i=\boldsymbol{\psi}_{n+i}^{\mathrm{T}}\boldsymbol{\psi}_{n+i}$。

将全部本征向量按编号排成列，而构成 $2n\times 2n$ 阵

$$\boldsymbol{\Psi}=(\boldsymbol{\psi}_1,\boldsymbol{\psi}_2,\cdots,\boldsymbol{\psi}_n;\boldsymbol{\psi}_{n+1},\boldsymbol{\psi}_{n+2},\cdots,\boldsymbol{\psi}_{2n}) \tag{0.1.7}$$

则根据**共轭辛正交归一关系**，有

$$\boldsymbol{\Psi}^{\mathrm{T}}\boldsymbol{J}\boldsymbol{\Psi}=\boldsymbol{J} \tag{0.1.8}$$

由此知，$\boldsymbol{H}$ 的本征向量矩阵 $\boldsymbol{\Psi}$ 是一个**辛矩阵**。$\boldsymbol{\Psi}$ 的行列式值为 1，故知其所有的列向量，即本征向量，张成了 $2n$ 维空间的一组基底。因此，$2n$ 维空间(相空间)内任一向量皆可由本征向量来展开，即任意向量 $\boldsymbol{v}$ 可表示为

$$\left.\begin{aligned} \boldsymbol{v} &= \sum_{i=1}^{n}(a_i\boldsymbol{\psi}_i+b_i\boldsymbol{\psi}_{n+i}) \\ a_i &= -\boldsymbol{\psi}_{n+i}^{\mathrm{T}}\boldsymbol{J}\boldsymbol{v}, \quad b_i=\boldsymbol{\psi}_i^{\mathrm{T}}\boldsymbol{J}\boldsymbol{v} \end{aligned}\right\} \tag{0.1.9}$$

这就是运用 Hamilton 阵本征向量的**展开定理**。

本征向量矩阵 $\boldsymbol{\Psi}$ 满足方程

$$\dot{\boldsymbol{\Psi}}=\boldsymbol{H}\boldsymbol{\Psi}=\boldsymbol{\Psi}\boldsymbol{D}_{\mathrm{p}},\ \boldsymbol{D}_{\mathrm{p}}=\mathrm{diag}[\mathrm{diag}(\mu_i),-\mathrm{diag}(\mu_i)] \tag{0.1.10}$$

其中，$\mathrm{diag}(\mu_i)=\mathrm{diag}(\mu_1,\mu_2,\cdots,\mu_n)$。应当指出，以上的推导是在所有的本征值 μ_i 皆为单根的条件下做出的。在此条件下还应当补充一个证明，即**相互辛共轭的本征向量** $\boldsymbol{\psi}_i$ 与 $\boldsymbol{\psi}_{n+i}$ 不可能互相辛正交。否则，任意常数因子是无法达成(0.1.6)的辛共轭归一性质的。

展开定理可用于非齐次方程的求解，

$$\dot{\boldsymbol{v}}(t)=\boldsymbol{H}\boldsymbol{v}+\boldsymbol{f},\quad \boldsymbol{v}(0)=\boldsymbol{v}_0(\text{已知}) \tag{0.1.11}$$

很有用。对 $\boldsymbol{v}$ 的展开就采用式(0.1.9)，对 $\boldsymbol{f}$ 则公式也类同，只是 a_i，b_i 换成 f_{ai}，f_{bi} 而已；当然，a_i，b_i 等皆为 t 的函数。采用本征向量展开后，利用本征方程，得

$$\dot{a}_i=\mu_i a_i+f_{ai},\quad \dot{b}_i=-\mu_i b_i+f_{bi},\quad a_i(0)=a_{i0},\quad b_i(0)=b_{i0} \tag{0.1.12}$$

对 a_i 及 b_i 的脉冲响应函数为简单的纯量函数

$$\Phi_{ai}(t,\tau)=\exp[\mu_i(t-\tau)],\quad \Phi_{bi}(t,\tau)=\exp[-\mu_i(t-\tau)] \tag{0.1.13}$$

原因是本征向量将向量方程最大限度地解耦了。然后根据 Duhamel 积分得

$$\begin{aligned} a_i &= a_{i0}\mathrm{e}^{\mu_i t}+\int_0^t \Phi_{ai}(t,\tau)f_{ai}(\tau)\mathrm{d}\tau \\ b_i &= b_{i0}\mathrm{e}^{-\mu_i t}+\int_0^t \Phi_{bi}(t,\tau)f_{bi}(\tau)\mathrm{d}\tau \end{aligned} \tag{0.1.14}$$

这些就是常规的了。

于是现在问题归结为怎样将 $\boldsymbol{H}$ 阵的本征值与本征向量求解出来。可以看到，这里的思路与通常的多自由度振动是平行的。从式(0.1.10)知 $\boldsymbol{H}=\boldsymbol{\Psi}\boldsymbol{D}_{\mathrm{p}}\boldsymbol{\Psi}^{-1}$，又得到了 Hamilton 函数。

虽然讲了许多辛本征向量矩阵 $\boldsymbol{\Psi}$ 的理论与性质，但并非完全的解析解。毕竟，一般情况的 $\boldsymbol{\Psi}$ 是要用数值方法求解计算的。辛矩阵 $\boldsymbol{\Psi}$ 可用于时不变正则变换。

设有 $2n\times 2n$ 的矩阵 $\boldsymbol{K}$ 是对称的，

$$\boldsymbol{K}=\begin{pmatrix}\boldsymbol{K}_{\mathrm{aa}} & \boldsymbol{K}_{\mathrm{ab}}\\ \boldsymbol{K}_{\mathrm{ba}} & \boldsymbol{K}_{\mathrm{bb}}\end{pmatrix}\begin{matrix}n\\ n\end{matrix},\quad \boldsymbol{K}_{\mathrm{aa}}^{\mathrm{T}}=\boldsymbol{K}_{\mathrm{aa}},\quad \boldsymbol{K}_{\mathrm{bb}}^{\mathrm{T}}=\boldsymbol{K}_{\mathrm{bb}},\quad \boldsymbol{K}_{\mathrm{ab}}^{\mathrm{T}}=\boldsymbol{K}_{\mathrm{ba}} \tag{0.1.15}$$

则在 $\boldsymbol{K}_{\mathrm{ab}}$ 可求逆时，其对应的传递辛矩阵 $\boldsymbol{S}$ 是

$$\boldsymbol{S}=\begin{pmatrix}\boldsymbol{S}_{11} & \boldsymbol{S}_{12}\\ \boldsymbol{S}_{21} & \boldsymbol{S}_{22}\end{pmatrix},\quad \begin{array}{ll}\boldsymbol{S}_{11}=-\boldsymbol{K}_{\mathrm{ab}}^{-1}\boldsymbol{K}_{\mathrm{aa}}, & \boldsymbol{S}_{22}=-\boldsymbol{K}_{\mathrm{bb}}\boldsymbol{K}_{\mathrm{ab}}^{-1}\\ \boldsymbol{S}_{12}=-\boldsymbol{K}_{\mathrm{ab}}^{-1}, & \boldsymbol{S}_{21}=\boldsymbol{K}_{\mathrm{ab}}^{\mathrm{T}}-\boldsymbol{K}_{\mathrm{bb}}\boldsymbol{K}_{\mathrm{ab}}^{-1}\boldsymbol{K}_{\mathrm{aa}}\end{array} \tag{0.1.16}$$

辛矩阵定义的等式 $\boldsymbol{S}^{\mathrm{T}}\boldsymbol{J}\boldsymbol{S}=\boldsymbol{J}$ 可自行验证。

0.2　传递辛矩阵的本征问题

传递辛矩阵本身已经表明它对于实际问题是非常有用的，例如周期结构的分析等。物质到了微细尺度，分子、原子的效应就呈现出来，就出现了周期性质的结构。跨越一个周期，就是一次传递辛矩阵的乘法。

设有 $2n\times 2n$ 的传递辛矩阵 $\boldsymbol{S}$，则该矩阵的本征值问题

$$\boldsymbol{S}\boldsymbol{v}=\mu\boldsymbol{v} \tag{0.2.1}$$

的特性是有意义的。既然是 $2n\times 2n$ 矩阵，当然有 $2n$ 个本征值。设 λ 是 $\boldsymbol{S}$ 的本征值，则用 $\boldsymbol{S}^{\mathrm{T}}\boldsymbol{J}$ 左乘方程(0.2.1)，根据辛矩阵的等式 $\boldsymbol{S}^{\mathrm{T}}\boldsymbol{J}\boldsymbol{S}=\boldsymbol{J}$，得

$$\boldsymbol{S}^{\mathrm{T}}(\boldsymbol{J}\boldsymbol{v})=\lambda^{-1}(\boldsymbol{J}\boldsymbol{v})$$

表明其转置矩阵 $\boldsymbol{S}^{\mathrm{T}}$ 的本征值是 λ^{-1}，其对应的本征向量是$(\boldsymbol{J}\boldsymbol{v})$。

但按矩阵理论，转置矩阵的本征值与原矩阵同。故知 λ^{-1} 也是矩阵 $\boldsymbol{S}$ 的本征值

$$\boldsymbol{S}\boldsymbol{v}_r=\lambda^{-1}\boldsymbol{v}_r \tag{0.2.2}$$

于是 $\boldsymbol{S}$ 的本征值可划分为两类

$$\begin{array}{l}(\alpha)\lambda_i,\quad \mathrm{abs}(\lambda_i)<1 \text{ 或 } \mathrm{abs}(\lambda_i)=1\wedge \mathrm{Im}(\lambda_i)>0\\ (\beta)\lambda_{n+i},\quad \lambda_{n+i}=\lambda_i^{-1};i=1,2,\cdots,n\end{array} \tag{0.2.3}$$

其中，$\mathrm{abs}(\lambda_i)=1$ 的情况是特殊的。若 $\lambda_i=1$ 是本征值时，它必是

一个重根，因为此时 $\lambda_i=\lambda_i^{-1}$。并且通常会出现 Jordan 型的指数型。

λ_i 与 λ_{n+i} 的一对本征解称为互相**辛共轭**。以下证明 $\boldsymbol{S}$ 阵的本征向量有辛正交的性质。设

$$\boldsymbol{S\psi}_i=\lambda_i\boldsymbol{\psi}_i,\quad \boldsymbol{S\psi}_j=\lambda_j\boldsymbol{\psi}_j$$

则

$$\boldsymbol{S}^{\mathrm{T}}(\boldsymbol{J\psi}_i)=\lambda_i^{-1}(\boldsymbol{J\psi}_i),\quad \boldsymbol{JS\psi}_j=\lambda_j\boldsymbol{J\psi}_j$$

$$\boldsymbol{\psi}_j^{\mathrm{T}}\boldsymbol{S}^{\mathrm{T}}\boldsymbol{J\psi}_i=\lambda_i^{-1}\boldsymbol{\psi}_j^{\mathrm{T}}\boldsymbol{J\psi}_i,\quad \boldsymbol{\psi}_i^{\mathrm{T}}\boldsymbol{JS\psi}_j=\lambda_j\boldsymbol{\psi}_i^{\mathrm{T}}\boldsymbol{J\psi}_j$$

取转置，$\boldsymbol{\psi}_i^{\mathrm{T}}\boldsymbol{JS\psi}_j=\lambda_i^{-1}\boldsymbol{\psi}_i^{\mathrm{T}}\boldsymbol{J\psi}_j$，则有

$$(\lambda_i^{-1}-\lambda_j)\boldsymbol{\psi}_i^{\mathrm{T}}\boldsymbol{J\psi}_j=0 \tag{0.2.4}$$

公式(0.2.4)表明，除非 $\lambda_i^{-1}=\lambda_j$，本征向量 $\boldsymbol{\psi}_i$ 与 $\boldsymbol{\psi}_j$ 互相**辛共轭**，否则本征向量 $\boldsymbol{\psi}_i$ 与 $\boldsymbol{\psi}_j$ 一定互相辛正交，即

$$\boldsymbol{\psi}_i^{\mathrm{T}}\boldsymbol{J\psi}_j=0,\quad \boldsymbol{\psi}_j^{\mathrm{T}}\boldsymbol{J\psi}_i=0,\quad \text{当 } \lambda_i^{-1}\neq\lambda_j \text{ 时} \tag{0.2.5}$$

这种正交称为**辛正交**，因为中间出现了 $\boldsymbol{J}$ 阵。

因本征向量可任意乘一个常数因子，互相**辛共轭**的本征向量有两个常数乘法因子，可要求归一化

$$\boldsymbol{\psi}_i^{\mathrm{T}}\boldsymbol{J\psi}_{n+i}=1 \text{ 或 } \boldsymbol{\psi}_{n+i}^{\mathrm{T}}\boldsymbol{J\psi}_i=-1 \tag{0.2.6}$$

因为有两个因子，可再要求例如 $\boldsymbol{\psi}_i^{\mathrm{T}}\boldsymbol{\psi}_i=\boldsymbol{\psi}_{n+i}^{\mathrm{T}}\boldsymbol{\psi}_{n+i}$ 等。情况与 Hamilton 矩阵的本征解类似。

将全部本征向量按编号排成列，构成 $2n\times 2n$ 矩阵

$$\boldsymbol{\Psi}=(\boldsymbol{\psi}_1,\boldsymbol{\psi}_2,\cdots,\boldsymbol{\psi}_n;\boldsymbol{\psi}_{n+1},\boldsymbol{\psi}_{n+2},\cdots,\boldsymbol{\psi}_{2n}) \tag{0.2.7}$$

则根据**共轭辛正交归一**关系，有

$$\boldsymbol{\Psi}^{\mathrm{T}}\boldsymbol{J\Psi}=\boldsymbol{J} \tag{0.2.8}$$

由此知，**辛矩阵** $\boldsymbol{S}$ 的本征向量矩阵 $\boldsymbol{\Psi}$ 也是一个**辛矩阵**。$\boldsymbol{\Psi}$ 的行列

式值为 1,故知其所有的列向量,即本征向量,张成了 $2n$ 维空间的一组基底。因此,$2n$ 维空间(相空间)内任一向量皆可由本征向量来展开。即任意向量 $\boldsymbol{v}$ 可表示为

$$\left.\begin{aligned}\boldsymbol{v} &= \sum_{i=1}^{n}(a_i\boldsymbol{\psi}_i + b_i\boldsymbol{\psi}_{n+i}) \\ a_i &= -\boldsymbol{\psi}_{n+i}^{\mathrm{T}}\boldsymbol{J}\boldsymbol{v}, \quad b_i = \boldsymbol{\psi}_i^{\mathrm{T}}\boldsymbol{J}\boldsymbol{v}\end{aligned}\right\} \tag{0.2.9}$$

分别用 $\boldsymbol{\psi}_{n+i}^{\mathrm{T}}$,$\boldsymbol{\psi}_i^{\mathrm{T}}$ 左乘,运用共轭辛正交归一定理就可证明。这就是运用辛矩阵本征向量的**展开定理**。

本征向量矩阵 $\boldsymbol{\Psi}$ 满足方程

$$\boldsymbol{S\Psi}=\boldsymbol{\Psi D}_{\mathrm{e}},\ \boldsymbol{D}_{\mathrm{e}}=\mathrm{diag}[\mathrm{diag}(\lambda_i),\mathrm{diag}(\lambda_i^{-1})] \tag{0.2.10}$$

其中,$\mathrm{diag}(\lambda_i)=\mathrm{diag}(\lambda_1,\lambda_2,\cdots,\lambda_n)$。应当指出,以上的推导是在所有的本征值 λ_i 皆为单根的条件下做出的。在此条件下还应当补充一个证明,即**相互辛共轭的本征向量** $\boldsymbol{\psi}_i$ 与 $\boldsymbol{\psi}_{n+i}$ 不可能互相辛正交,否则任意常数因子是无法达成(0.2.6)的辛共轭归一性质的。情况与 Hamilton 矩阵的本征值问题相对应。事实上,传递辛矩阵群也有对应的李代数,就是 Hamilton 矩阵。所以这里就不必再证明了。

应当看清楚 Hamilton 矩阵与传递辛矩阵的关系。事实上,Hamilton 矩阵 $\boldsymbol{H}\cdot\Delta t$ 的指数函数 $\exp(\boldsymbol{H}\cdot\Delta t)=\boldsymbol{S}$ 就是传递辛矩阵。

证明 指数函数有 Taylor 展开式

$$\boldsymbol{S}=\exp(\boldsymbol{H}\cdot\Delta t)=\boldsymbol{I}+\boldsymbol{H}\cdot\Delta t+(\boldsymbol{H}\cdot\Delta t)^2/2!+\cdots+(\boldsymbol{H}\cdot\Delta t)^k/k!+\cdots$$

而 Hamilton 矩阵 $\boldsymbol{H}\cdot\Delta t$ 有本征向量展开

$$\boldsymbol{H}=\boldsymbol{\Psi}\boldsymbol{D}_{\mathrm{p}}\boldsymbol{\Psi}^{-1}=\boldsymbol{\Psi}\begin{pmatrix}\mathrm{diag}(\mu_i) & \boldsymbol{0}\\ \boldsymbol{0} & \mathrm{diag}(-\mu_i)\end{pmatrix}\boldsymbol{\Psi}^{-1}$$

将该表示代入,得

$$(\boldsymbol{H}\cdot\Delta t)^k/k!=\boldsymbol{\Psi}(\boldsymbol{D}_{\mathrm{p}}\cdot\Delta t)^k\boldsymbol{\Psi}^{-1}/k!=\boldsymbol{\Psi}(\boldsymbol{D}_{\mathrm{p}})^k\cdot(\Delta t)^k\boldsymbol{\Psi}^{-1}/k!$$

$$\boldsymbol{D}_{\mathrm{p}}^k=\begin{pmatrix}[\mathrm{diag}(\mu_i)]^k & \boldsymbol{0}\\ \boldsymbol{0} & [\mathrm{diag}(-\mu_i)]^k\end{pmatrix}$$

所以

$$\boldsymbol{S}=\exp(\boldsymbol{H}\cdot\Delta t)=\boldsymbol{\Psi}\begin{pmatrix}\mathrm{diag}(\lambda_i) & \boldsymbol{0}\\ \boldsymbol{0} & \mathrm{diag}(\lambda_i^{-1})\end{pmatrix}\boldsymbol{\Psi}^{-1}\quad(0.2.11)$$

其中,

$$\lambda_i=\exp(\mu_i\Delta t)=1+\mu_i\Delta t+\cdots+(\mu_i\Delta t)^k/k!+\cdots$$

这就是式(0.2.10)。注意,$\boldsymbol{\Psi}$ 就是 Hamilton 矩阵 $\boldsymbol{H}\cdot\Delta t$ 的本征向量矩阵,因此知传递辛矩阵 $\boldsymbol{S}$ 的本征向量矩阵就是对应 $\boldsymbol{H}\cdot\Delta t$ 的本征向量矩阵,同时有其本征值关系:

$$\lambda_i=\exp(\mu_i\Delta t)\quad(0.2.12)$$

Hamilton 矩阵 $\boldsymbol{H}\cdot\Delta t$ 与其对应的传递辛矩阵之间的关系,是意味深长的。

展开定理可用于齐次差分方程初始问题的求解。设有周期结构,其对应的传递辛矩阵是 $\boldsymbol{S}$,所传递的状态向量是 $\boldsymbol{v}$。周期结构有一系列编号的站,设为 $i=0,1,\cdots$,对应地有状态向量 $\boldsymbol{v}_0,\boldsymbol{v}_1,\cdots$。传递就是

$$\boldsymbol{v}_i=\boldsymbol{S}\boldsymbol{v}_{i-1},\quad i=1,2,\cdots\quad(0.2.13)$$

设初始条件是给出状态向量 $\boldsymbol{v}_0$,

$$\boldsymbol{v}(0)=\boldsymbol{v}_0(\text{已知})\quad(0.2.14)$$

则传递就是一系列的矩阵 $\boldsymbol{S}$ 的左乘。计算 $\boldsymbol{S}$ 的本征值可展现定常系统传递的性质。要计算例如 $\boldsymbol{v}_{100}$，当然可进行 100 次矩阵 $\boldsymbol{S}$ 的乘法；但也可用本征向量展开法。将 $\boldsymbol{v}_0$ 用本征向量展开

$$\boldsymbol{v}_0 = \sum_{i=1}^{n} (a_{i0}\boldsymbol{\psi}_i + b_{i0}\boldsymbol{\psi}_{n+i})$$

$$a_{i0} = -\boldsymbol{\psi}_{n+i}^{\mathrm{T}}\boldsymbol{J}\boldsymbol{v}_0, \quad b_{i0} = \boldsymbol{\psi}_i^{\mathrm{T}}\boldsymbol{J}\boldsymbol{v}_0$$

然后，每站的状态为

$$\boldsymbol{v}_k = \sum_{i=1}^{n} (a_{ik}\boldsymbol{\psi}_i + b_{ik}\boldsymbol{\psi}_{n+i}), \quad a_{ik} = a_{i0}\lambda_i^k, \quad b_{ik} = b_{i0}\lambda_i^{-k} \tag{0.2.15}$$

初始条件问题通常可用于系统性质随时间周期变化的系统，例如 Floquet 问题等。如果初值问题出现 $|\lambda_i| \neq 1$ 的本征值，此时系统是不稳定的。双曲型偏微分方程的离散可用时间-空间混合有限元离散求解，要求积分结果不发散，就应考察其传递辛矩阵的本征值。

结构力学、固体物理等的能带分析问题，也是周期微分方程，不过用的是两端边界条件。后面讲时滞与界带，也会出现类似问题。

0.3 分析动力学与分析结构静力学的辛本征问题

以上就一般的 Hamilton 矩阵以及辛矩阵的本征值问题进行了讨论。不过主要是从数学方面讨论的，与动力学的振动及结构

力学的静力分析问题有何关系，则没有展示。这里要联系这些方面的问题进行讲述。讲本征值问题当然是线性分析。

首先，讲振动的辛本征值问题，有质量矩阵 $\boldsymbol{M}$、陀螺矩阵 $\boldsymbol{G}$ 与刚度矩阵 $\boldsymbol{K}$，维数均是 $n\times n$，是 Lagrange 体系位移 $\boldsymbol{q}$ 的表达。$\boldsymbol{M}$，$\boldsymbol{K}$ 为对称阵而 $\boldsymbol{G}$ 是反对称阵。振动问题的 Lagrange 函数是

$$L(\boldsymbol{q},\dot{\boldsymbol{q}})=\dot{\boldsymbol{q}}^{\mathrm{T}}\boldsymbol{M}\dot{\boldsymbol{q}}/2+\dot{\boldsymbol{q}}^{\mathrm{T}}\boldsymbol{G}\boldsymbol{q}/2-\boldsymbol{q}^{\mathrm{T}}\boldsymbol{K}\boldsymbol{q}/2 \tag{0.3.1}$$

如文献[1] §2.5 所述，引入对偶向量

$$\boldsymbol{p}=\partial L/\partial\dot{\boldsymbol{q}}=\boldsymbol{M}\dot{\boldsymbol{q}}+\boldsymbol{G}\boldsymbol{q}/2 \tag{0.3.2}$$

当 $\det(\boldsymbol{M})\neq 0$ 时，求解给出

$$\dot{\boldsymbol{q}}=-\boldsymbol{M}^{-1}\boldsymbol{G}\boldsymbol{q}/2+\boldsymbol{M}^{-1}\boldsymbol{p} \tag{0.3.3}$$

进行 Legendre 变换，引入 Hamilton 函数

$$\begin{aligned}H(\boldsymbol{q},\boldsymbol{p})&=\boldsymbol{p}^{\mathrm{T}}\dot{\boldsymbol{q}}-L(\boldsymbol{q},\dot{\boldsymbol{q}})=\dot{\boldsymbol{q}}^{\mathrm{T}}\boldsymbol{M}\dot{\boldsymbol{q}}/2+\boldsymbol{q}^{\mathrm{T}}\boldsymbol{K}\boldsymbol{q}/2\\&=\boldsymbol{p}^{\mathrm{T}}\boldsymbol{M}^{-1}\boldsymbol{p}/2-\boldsymbol{p}^{\mathrm{T}}\boldsymbol{M}^{-1}\boldsymbol{G}\boldsymbol{q}/2+\boldsymbol{q}^{\mathrm{T}}(\boldsymbol{K}+\boldsymbol{G}^{\mathrm{T}}\boldsymbol{M}^{-1}\boldsymbol{G}/4)\boldsymbol{q}/2\end{aligned} \tag{0.3.4}$$

可写成

$$\begin{gathered}H(\boldsymbol{q},\boldsymbol{p})=\boldsymbol{p}^{\mathrm{T}}\boldsymbol{D}\boldsymbol{p}/2+\boldsymbol{p}^{\mathrm{T}}\boldsymbol{A}\boldsymbol{q}+\boldsymbol{q}^{\mathrm{T}}\boldsymbol{B}\boldsymbol{q}/2\\ \boldsymbol{D}=\boldsymbol{M}^{-1},\quad \boldsymbol{A}=-\boldsymbol{M}^{-1}\boldsymbol{G}/2,\quad \boldsymbol{B}=\boldsymbol{K}+\boldsymbol{G}^{\mathrm{T}}\boldsymbol{M}^{-1}\boldsymbol{G}/4\end{gathered} \tag{0.3.5}$$

$\boldsymbol{D}$ 阵对称正定，而对称阵 $\boldsymbol{B}$ 未必能保证为正定。变分原理依然为

$$S=\int_{t_0}^{t_{\mathrm{f}}}[\boldsymbol{p}^{\mathrm{T}}\dot{\boldsymbol{q}}-H(\boldsymbol{q},\boldsymbol{p})]\mathrm{d}t=0,\quad \delta S=0 \tag{0.3.6}$$

完成变分推导，得到一对 Hamilton 正则方程

$$\dot{\boldsymbol{q}}=\partial H/\partial\boldsymbol{p}=\boldsymbol{A}\boldsymbol{q}+\boldsymbol{D}\boldsymbol{p} \tag{0.3.7a}$$

$$\dot{\boldsymbol{p}}=-\partial H/\partial\boldsymbol{q}=-\boldsymbol{B}\boldsymbol{q}-\boldsymbol{A}^{\mathrm{T}}\boldsymbol{p} \tag{0.3.7b}$$

其中，前一式就是式(0.3.6)。虽然式(0.3.7)是对于线性系统推

导的,但 Hamilton 正则方程

$$\dot{\boldsymbol{q}}=\partial H/\partial \boldsymbol{p},\quad \dot{\boldsymbol{p}}=-\partial H/\partial \boldsymbol{q} \tag{0.3.7$'$}$$

对于非线性体系依然适用。上式分别乘以 $\dot{\boldsymbol{p}},\dot{\boldsymbol{q}}$ 并相减,有

$$\mathbf{0}=(\partial H/\partial \boldsymbol{p})\cdot\dot{\boldsymbol{p}}+(\partial H/\partial \boldsymbol{q})\dot{\boldsymbol{q}}=\mathrm{d}H/\mathrm{d}t-\partial H/\partial t$$

表明定常系统的 Hamilton 函数守恒。

将 $\boldsymbol{q},\boldsymbol{p}$ 合在一起组成状态向量 $\boldsymbol{v}(t)$,于是对偶正则方程便可写成矩阵/向量形式

$$\dot{\boldsymbol{v}}=\boldsymbol{H}\boldsymbol{v} \tag{0.3.8}$$

其中,

$$\boldsymbol{H}=\begin{pmatrix}\boldsymbol{A} & \boldsymbol{D}\\ -\boldsymbol{B} & -\boldsymbol{A}^{\mathrm{T}}\end{pmatrix},\quad \boldsymbol{v}=\begin{Bmatrix}\boldsymbol{q}\\ \boldsymbol{p}\end{Bmatrix}\quad 或\quad \dot{\boldsymbol{v}}=\boldsymbol{J}\cdot\partial H/\partial \boldsymbol{v} \tag{0.3.9}$$

初值条件是

$$\boldsymbol{q}_0 \xlongequal[\mathrm{def}]{} \boldsymbol{q}(0)(已知),\quad \dot{\boldsymbol{q}}_0 \xlongequal[\mathrm{def}]{} \dot{\boldsymbol{q}}(0)(已知) \tag{0.3.10}$$

但在求解本征向量与本征值时,暂时还用不到初值条件。

前面是动力学的讲述;对应地应当考虑正定的结构静力学的 Hamilton 函数的本征值问题。此时变形能密度(Lagrange 函数)的表达式为

$$U_{\mathrm{d}}=\dot{\boldsymbol{w}}^{\mathrm{T}}\boldsymbol{K}_{11}\dot{\boldsymbol{w}}/2+\dot{\boldsymbol{w}}^{\mathrm{T}}\boldsymbol{K}_{12}\boldsymbol{w}+\boldsymbol{w}^{\mathrm{T}}\boldsymbol{K}_{22}\boldsymbol{w}/2$$

其中,长度方向的坐标是 z,而 $\dot{\boldsymbol{w}}=\mathrm{d}\boldsymbol{w}/\mathrm{d}z$。$\boldsymbol{w}$ 是 n 维的位移向量。$\boldsymbol{K}_{11},\boldsymbol{K}_{22}$ 是对称正定矩阵。已经一再解释,与动力学问题的差别就在于 $\boldsymbol{K}_{22}$ 前的正负号变化,所以不多重复了。下面讲本征值问题。

首先是 Hamilton 函数为正定的情况。从文献[1]式(2.5.7)的前面等式 $H(\boldsymbol{q},\boldsymbol{p})=\boldsymbol{p}^{\mathrm{T}}\dot{\boldsymbol{q}}-L(\boldsymbol{q},\dot{\boldsymbol{q}})=\dot{\boldsymbol{q}}^{\mathrm{T}}\boldsymbol{M}\dot{\boldsymbol{q}}/2+\boldsymbol{q}^{\mathrm{T}}\boldsymbol{K}\boldsymbol{q}/2$ 看到,只要质量矩阵 $\boldsymbol{M}$ 与刚度矩阵 $\boldsymbol{K}$ 正定,则 Hamilton 函数就正定。从

速度$\dot{\boldsymbol{q}}$变换到动量 $\boldsymbol{p}$，不过是向量变换而已，不影响其正定性质。陀螺矩阵 $\boldsymbol{G}$ 与正定性质无关。变换到 $\boldsymbol{A},\boldsymbol{B},\boldsymbol{D}$ 表达的状态空间后，Hamilton 函数

$$H(\boldsymbol{q},\boldsymbol{p})=\frac{1}{2}\begin{Bmatrix}\boldsymbol{q}\\ \boldsymbol{p}\end{Bmatrix}^{\mathrm{T}}\begin{pmatrix}-\boldsymbol{B} & -\boldsymbol{A}^{\mathrm{T}}\\ -\boldsymbol{A} & -\boldsymbol{D}\end{pmatrix}\begin{Bmatrix}\boldsymbol{q}\\ \boldsymbol{p}\end{Bmatrix}$$

动力方程与 Hamilton 矩阵是

$$\dot{\boldsymbol{v}}=\boldsymbol{H}\boldsymbol{v},\quad \boldsymbol{H}=\begin{pmatrix}\boldsymbol{A} & \boldsymbol{D}\\ -\boldsymbol{B} & -\boldsymbol{A}^{\mathrm{T}}\end{pmatrix},\quad H(\boldsymbol{q},\boldsymbol{p})=\frac{1}{2}\begin{Bmatrix}\boldsymbol{q}\\ \boldsymbol{p}\end{Bmatrix}^{\mathrm{T}}(-\boldsymbol{J}\boldsymbol{H})\begin{Bmatrix}\boldsymbol{q}\\ \boldsymbol{p}\end{Bmatrix}$$

Hamilton 函数正定，就是矩阵$(-\boldsymbol{J}\boldsymbol{H})$为正定之意。

Hamilton 函数正定，可采用对于 ω^2 的变分原理。将文献[1]式(2.5.27)的两个方程综合，可导出

$$-\boldsymbol{H}^2\boldsymbol{\psi}_{\mathrm{r}}=\omega^2\boldsymbol{\psi}_{\mathrm{r}}\quad(-\boldsymbol{H}^2\boldsymbol{\psi}_{\mathrm{i}}=\omega^2\boldsymbol{\psi}_{\mathrm{i}})$$

虽然这是本征值方程，但矩阵 $\boldsymbol{H}^2$ 并不是对称矩阵。然而$-\boldsymbol{J}\boldsymbol{H}$ 是对称矩阵，并且因 Hamilton 函数的正定性，$-\boldsymbol{J}\boldsymbol{H}$ 也是正定矩阵。因此，将上式乘上$-\boldsymbol{J}\boldsymbol{H}$，给出

$$\boldsymbol{J}\boldsymbol{H}^3\boldsymbol{\psi}_{\mathrm{r}}=\omega^2(-\boldsymbol{J}\boldsymbol{H})\boldsymbol{\psi}_{\mathrm{r}}\tag{0.3.11}$$

还要验证矩阵 $\boldsymbol{J}\boldsymbol{H}^3$ 的对称正定性。对称性的验证为

$$(\boldsymbol{J}\boldsymbol{H}^3)^{\mathrm{T}}=[(\boldsymbol{J}\boldsymbol{H})\boldsymbol{J}(\boldsymbol{J}\boldsymbol{H})\boldsymbol{J}(\boldsymbol{J}\boldsymbol{H})]^{\mathrm{T}}=(\boldsymbol{J}\boldsymbol{H})\boldsymbol{J}^{\mathrm{T}}(\boldsymbol{J}\boldsymbol{H})\boldsymbol{J}^{\mathrm{T}}(\boldsymbol{J}\boldsymbol{H})=\boldsymbol{J}\boldsymbol{H}^3$$

又

$$\begin{aligned}\boldsymbol{v}^{\mathrm{T}}\boldsymbol{J}\boldsymbol{H}^3\boldsymbol{v}&=\boldsymbol{v}^{\mathrm{T}}(\boldsymbol{J}\boldsymbol{H})^{\mathrm{T}}\boldsymbol{H}(\boldsymbol{H}\boldsymbol{v})\\&=-\boldsymbol{v}^{\mathrm{T}}\boldsymbol{H}^{\mathrm{T}}\boldsymbol{J}\boldsymbol{H}(\boldsymbol{H}\boldsymbol{v})\\&=(\boldsymbol{H}\boldsymbol{v})^{\mathrm{T}}(-\boldsymbol{J}\boldsymbol{H})(\boldsymbol{H}\boldsymbol{v})>0\end{aligned}$$

而根据$-\boldsymbol{J}\boldsymbol{H}$ 正定的性质，$\boldsymbol{H}\boldsymbol{v}$ 必定不是零向量。所以只要 $\boldsymbol{v}$ 不是零向量，则上面不等式成立，这就是 $\boldsymbol{J}\boldsymbol{H}^3$ 正定之意，验证毕。

这样，本征值问题(0.3.11)就成为两个对称正定的 $2n\times2n$ 矩阵 $\boldsymbol{JH}$ 与 $\boldsymbol{JH}^3$ 的广义本征值问题，可组成相应的 Rayleigh 商变分原理

$$\omega^2=\min_{\boldsymbol{u}}[\boldsymbol{u}^{\mathrm{T}}\boldsymbol{JH}^3\boldsymbol{u}/\boldsymbol{u}^{\mathrm{T}}(-\boldsymbol{JH})\boldsymbol{u}] \qquad (0.3.12)$$

于是这就相当于典型的 $2n$ 维振动问题的本征值问题。所以，上文关于本征值包含定理、本征值计数定理等都成立。本征值方程是

$$\boldsymbol{JH}^3\boldsymbol{\psi}_i=\omega^2(-\boldsymbol{JH})\boldsymbol{\psi}_i \qquad (0.3.13)$$

Rayleigh 商的计算是成熟的，所以不必再多说了。

还要考虑 Hamilton 函数不是正定的情况。Rayleigh 商要求 $(-\boldsymbol{JH})$ 正定。如果 $(-\boldsymbol{JH})$ 不能达到正定，则 Hamilton 函数不正定了。此时当然会带来些麻烦。因

$$(\boldsymbol{JH}^2)^{\mathrm{T}}=-\boldsymbol{H}^{\mathrm{T}}\boldsymbol{H}^{\mathrm{T}}\boldsymbol{J}=-(\boldsymbol{JHJ})(\boldsymbol{JHJ})\boldsymbol{J}=-(\boldsymbol{JH}^2)$$

知 $\boldsymbol{JH}^2$ 是反对称矩阵。本来的 Hamilton 矩阵本征值方程

$$\boldsymbol{H\psi}=\mu\boldsymbol{\psi}$$

双方左乘 $\boldsymbol{H}$ 阵，再左乘 $\boldsymbol{J}$，有

$$\boldsymbol{JH}^2\boldsymbol{\psi}=\mu\boldsymbol{J}(\boldsymbol{H\psi})=\mu^2\boldsymbol{J\psi}$$

这是反对称矩阵 $\boldsymbol{JH}^2$ 的辛本征值问题。文献[1]的§2.5、§2.3，**反对称矩阵的辛本征问题算法**，已经给出了满反对称阵的算法，虽然用于大规模矩阵的本征值问题计算并不满意，然而如果只关心部分重要的本征值，则还有文献[2] §7.4 的共轭辛子空间迭代法可用。

无阻尼结构振动

$$\boldsymbol{M}\ddot{\boldsymbol{q}}+\boldsymbol{Kq}=\boldsymbol{0}$$

其中，$\boldsymbol{M}$ 是对称正定矩阵。分离变量导出频率 ω^2 的本征值问题

$$(\boldsymbol{K}-\omega^2\boldsymbol{M})\boldsymbol{q}=\boldsymbol{0}$$

导出 Rayleigh 商变分原理

$$\omega^2=\min_{\boldsymbol{q}}(\boldsymbol{q}^{\mathrm{T}}\boldsymbol{K}\boldsymbol{q}/\boldsymbol{q}^{\mathrm{T}}\boldsymbol{M}\boldsymbol{q})$$

对称矩阵的本征值问题已经有详细研究。如果刚度矩阵 $\boldsymbol{K}$ 只对称但不正定，则可运用移轴的方法进行计算。已经证明很有效。

辛本征值问题有没有移轴的方法呢？有！反对称矩阵的

$$\boldsymbol{J}\boldsymbol{H}^2\boldsymbol{\psi}=\mu\boldsymbol{J}(\boldsymbol{H}\boldsymbol{\psi})=\mu^2\boldsymbol{J}\boldsymbol{\psi}$$

可先求解

$$\boldsymbol{J}(\boldsymbol{H}^2+\chi\boldsymbol{I})\boldsymbol{\psi}=(\mu^2+\chi)\boldsymbol{J}\boldsymbol{\psi}$$

其中，χ 就是移轴量。

移轴后本征值方程所给出的本征值是$(\mu^2+\chi)$。先从动力学本征值问题开始，首先 $\mu=\mathrm{i}\omega,\mu^2=-\omega^2$。当 $\boldsymbol{K},\boldsymbol{M}$ 皆正定时，μ^2 必定是负数。

当 $\boldsymbol{M}$ 正定而 $\boldsymbol{K}$ 不能保证正定时，$(-\boldsymbol{J}\boldsymbol{H})$也不能保证正定。虽然可以移轴，但其具体应用还要探讨。

Hamilton 矩阵本征值问题已经讲得很多了。现在要转换到**辛矩阵**的本征值问题。已经证明

$$\boldsymbol{S}\boldsymbol{\Psi}=\boldsymbol{\Psi}\boldsymbol{D}_{\mathrm{e}},\ \boldsymbol{D}_{\mathrm{e}}=\mathrm{diag}[\mathrm{diag}(\lambda_i),\mathrm{diag}(\lambda_i^{-1})]$$

或者说辛矩阵的分解形式是

$$\boldsymbol{S}=\boldsymbol{\Psi}\boldsymbol{D}_{\mathrm{e}}\boldsymbol{\Psi}^{-1}$$

其中，$\boldsymbol{\Psi}$ 恰恰是需要求解的本征向量，所以不能停留于此。数值求解还需要有可执行的计算途径。从 Hamilton 矩阵的求解看，是通过**将全部本征值化到重根**，再求解反对称矩阵的辛本征值问题而执行的。辛矩阵与 Hamilton 矩阵同出一源，连本征向量也相同，

当然仍可顺该思路而求解。

将以上的辛矩阵求逆，得到

$$\boldsymbol{S}^{-1}=\boldsymbol{\Psi}\boldsymbol{D}_{\mathrm{e}}^{-1}\boldsymbol{\Psi}^{-1}, \quad \boldsymbol{D}_{\mathrm{e}}^{-1}=\mathrm{diag}[\mathrm{diag}(\lambda_i^{-1}),\mathrm{diag}(\lambda_i)]$$

这样有

$$\boldsymbol{S}+\boldsymbol{S}^{-1}=\boldsymbol{\Psi}(\boldsymbol{D}_{\mathrm{e}}+\boldsymbol{D}_{\mathrm{e}}^{-1})\boldsymbol{\Psi}^{-1}$$

而简单推导可得到

$$(\boldsymbol{D}_{\mathrm{e}}+\boldsymbol{D}_{\mathrm{e}}^{-1})=\mathrm{diag}[\mathrm{diag}(\lambda_i^{-1}+\lambda_i),\mathrm{diag}(\lambda_i^{-1}+\lambda_i)]$$

依然得到了重根$(\lambda_i^{-1}+\lambda_i)$，$i=1,2,\cdots,n$。

下面的问题是令矩阵 $\boldsymbol{S}_{\mathrm{c}}=\boldsymbol{S}+\boldsymbol{S}^{-1}$ 后，矩阵 $\boldsymbol{JS}_{\mathrm{c}}$ 是否仍是反对称矩阵。验证应注意从 $\boldsymbol{S}^{\mathrm{T}}\boldsymbol{JS}=\boldsymbol{J}$ 可得到等式 $\boldsymbol{S}^{\mathrm{T}}=-\boldsymbol{JS}^{-1}\boldsymbol{J}$，$\boldsymbol{S}^{-\mathrm{T}}=-\boldsymbol{JSJ}$，且本征向量矩阵也是辛矩阵；也容易验证 $\boldsymbol{J}(\boldsymbol{D}_{\mathrm{e}}+\boldsymbol{D}_{\mathrm{e}}^{-1})\boldsymbol{J}=-(\boldsymbol{D}_{\mathrm{e}}+\boldsymbol{D}_{\mathrm{e}}^{-1})$。这样，有

$$\begin{aligned}(\boldsymbol{JS}_{\mathrm{c}})^{\mathrm{T}}&=-[\boldsymbol{\Psi}(\boldsymbol{D}_{\mathrm{e}}+\boldsymbol{D}_{\mathrm{e}}^{-1})\boldsymbol{\Psi}^{-1}]^{\mathrm{T}}\boldsymbol{J}\\&=-\boldsymbol{\Psi}^{-\mathrm{T}}[\boldsymbol{D}_{\mathrm{e}}+\boldsymbol{D}_{\mathrm{e}}^{-1}]\boldsymbol{\Psi}^{\mathrm{T}}\boldsymbol{J}\\&=-(-\boldsymbol{J\Psi J})(\boldsymbol{D}_{\mathrm{e}}+\boldsymbol{D}_{\mathrm{e}}^{-1})(-\boldsymbol{J\Psi}^{-1}\boldsymbol{J})\boldsymbol{J}\\&=-\boldsymbol{J}[\boldsymbol{\Psi}(\boldsymbol{D}_{\mathrm{e}}+\boldsymbol{D}_{\mathrm{e}}^{-1})\boldsymbol{\Psi}^{-1}]\\&=-\boldsymbol{JS}_{\mathrm{c}}\end{aligned}$$

验证了：$\boldsymbol{JS}_{\mathrm{c}}$ 确是反对称矩阵。其实由 Hamilton 矩阵的性质有 $\boldsymbol{H}^2\boldsymbol{\Psi}=\boldsymbol{\Psi}\boldsymbol{D}_{\mathrm{H}}^2$，而 $\boldsymbol{JH}^2$ 是反对称矩阵的命题，已经可想到 $\boldsymbol{JS}_{\mathrm{c}}$ 也是反对称矩阵。

直接求逆计算 $\boldsymbol{S}^{-1}$ 的工作量是比较大的，运用辛矩阵的定义 $\boldsymbol{S}^{\mathrm{T}}\boldsymbol{JS}=\boldsymbol{J}$ 知 $\boldsymbol{S}^{-1}=-\boldsymbol{JS}^{\mathrm{T}}\boldsymbol{J}$，避免了矩阵求逆。而转置与乘 $\boldsymbol{J}$ 则是简单操作。

这样，求解就归结到 $2n\times2n$ 反对称矩阵 $\boldsymbol{A}$ 的辛本征值问题

$$\boldsymbol{A}\boldsymbol{w}=\mu^2\boldsymbol{J}\boldsymbol{w}$$

的求解了。这方面的求解请见文献[1,3]的有关内容。

与动力学问题的 Hamilton 函数正定相对照，结构力学问题讲究 Lagrange 函数为正定，也就是变形能密度正定。当 Lagrange 函数为正定时，**不存在纯虚数的本征值**。也就是说，没有通带。

以下进入本书的正题，就辛在 4 方面的局限性进行讲述。

1

离散系统的保辛-守恒算法

请关注《**计算科学：**确保美国的竞争力》等文章。

M. F. Atiyah 在《**数学与计算机革命**》文中说："人们更重视的将是离散数学而不再是研究连续现象的微积分……它将会刺激**产生数学的一些令人兴奋的新分支……**""可能离散数学与连续数学之间的界限并不像我说的那样分明。我们很习惯利用分得越来越细小的离散量去逼近一个连续量……。"又指出"这是因为计算机的基础是开关电路，而开关电路又是由离散数学比如说代数所描述的"[4]。表明计算机时代离不开离散数学。离散系统的分析将占有越来越重要的位置。计算科学也必然要处理离散系统。

将原来连续的时间坐标离散，进行近似数值求解，已经是众多科技研究人员的共识。首先是对于分析动力学系统的时间坐标离散求解，此系统维数恒定、保守且有 Lagrange 函数、Hamilton 变分原理、作用量；对于所有自由度的离散是统一的同步长，不过系统是非线性的。这样就成为离散时间系统。

分析动力学是牛顿以来发展的热点，先是天文，尤其是现代受到航空航天等高科技蓬勃发展的推动。牛顿力学是求解微分方程的。Lagrange 提出 Lagrange 函数

$$L(\boldsymbol{q},\dot{\boldsymbol{q}},t)=T-U \tag{1.1}$$

其中，T 是动能，而 U 是势能函数，是能量的表达方式。$\boldsymbol{q}$ 代表广义位移，而$\dot{\boldsymbol{q}}=\partial\boldsymbol{q}/\partial t$。写 $L(\boldsymbol{q},\dot{\boldsymbol{q}},t)$代表时变系统，而写 $L(\boldsymbol{q},\dot{\boldsymbol{q}})$则为时不变系统。为简单起见，以后就讲时不变系统。

怎样才可达成离散近似系统在**保辛**的同时依然**保守**，即破除**保辛则能量不能守恒**的误判，见文献[5]。

首先，要明确离散系统基本理论的概念。离散近似系统的基本数学理论，已经不再适用数学的李群理论(Lie group theory)了。李群是**连续群**，对应的描述对象是微分方程组，当然只能用于恒定维数的系统，而且对于全部自由度，时间是同步的[6]。适用于分析动力学，著作[7,8]中讲了许多李群理论，但也是适用于连续时间分析动力学的。离散近似系统虽然也是恒定维数系统，并且时间离散也是同步的，但已经不再是微分方程组了。李群理论的无穷小变换(Infinitesimal transformation)等基础手段已经不能采用了。读本书不需要掌握李群的深奥理论。

基本理论无论如何是必要的，离散后李群理论就不能用了，那么取代李群有什么群可用呢?

有！这就是离散的**传递辛矩阵群**，著作[1,9]强调了**传递辛矩阵**构成的群，它所传递的是各离散时间点的**状态向量**。传递辛矩阵群是离散群，如果时间一直延伸下去，则给出无限元素的离散群。

采用传递辛矩阵群是因为非线性微分方程组的分析求解困难，难以解决，只能离散近似数值求解而带来的。从基本概念的角度看，离散系统的数值求解，随着离散网格的分细，应当逼近于微分方程的解析解，也就是收敛于精确的解析解。于是可推论，传递辛矩阵群也必然逼近于对应的李群。可是，航空航天等多种工程的需求也要考虑，例如绳系结构等，不能达到处处可微分要求的课题。

以下先在能达到处处可微分要求的课题讲述**保辛-守恒**算法。前面已经解释了离散系统不能运用李群理论，表明著作[10]的结论不能成立。那么又如何设计**保辛-守恒**算法呢？

第一步要讲清楚，保辛、守恒，是对什么说的，将问题提清楚。离散近似的数值计算，无论是差分法还是有限元法，对于时间区段内，采用的是插值等方案。只讲究近似方便而根本无法考虑保辛或守恒等性质，因此保辛或守恒等性质只能**在离散的时间格点**处考虑。再说，数值结果也只能在时间格点处提供；数值结果的精度也要在格点处与解析解比较。需要计算误差小就加密网格。因此以下说保辛就是在**格点处**的近似解保辛，守恒也是在**格点处**的近似解守恒。提出的目标只能在离散格点处实现。至于不在格点处，保辛、守恒是根本无法顾及的。

达到保辛，可运用恒定维数的对称矩阵对应于传递辛矩阵的性质。这是著作[1,9]中反复讲解的性质。时间区段(t_a, t_b)的作用量本是

$$S(\boldsymbol{q}_a, \boldsymbol{q}_b; t_a, t_b) = \int_{t_a}^{t_b} L(\boldsymbol{q}, \dot{\boldsymbol{q}}, t)\,\mathrm{d}t \tag{1.2}$$

它是待求位移$\boldsymbol{q}(t)$的泛函,$\boldsymbol{q}_a$,$\boldsymbol{q}_b$则分别是t_a,t_b的位移向量。从变分原理$\delta S=0$(白体S是纯量)推导,即给出动力Euler-Lagrange方程

$$\frac{\mathrm{d}}{\mathrm{d}t}\left(\frac{\partial L}{\partial \dot{\boldsymbol{q}}}\right)-\frac{\partial L}{\partial \boldsymbol{q}}=\mathbf{0} \tag{1.3}$$

根据两端位移$\boldsymbol{q}_a$,$\boldsymbol{q}_b$,可采用有限元插值的方法,积分而得到近似作用量。

设有给定区段(t_a,t_b)。**区段作用量**$S(\boldsymbol{q}_a,\boldsymbol{q}_b;t_a,t_b)$只是两端位移$\boldsymbol{q}_a$,$\boldsymbol{q}_b$的函数[$(t_a,t_b)$不变],而与如何达到该位移状态无关,这里并未作线性系统的假设。**线性系统时**$S(\boldsymbol{q}_a,\boldsymbol{q}_b;t_a,t_b)$是$\boldsymbol{q}_a$,$\boldsymbol{q}_b$的二次函数。注意**动力学的时间区段作用量**就是**结构力学的区段变形能**。其实能写成$S(\boldsymbol{q}_a,\boldsymbol{q}_b)$已经蕴涵着只是两端位移$\boldsymbol{q}_a$,$\boldsymbol{q}_b$的函数的意思。否则,还要设法表达经过怎样的途径达到位移状态$(\boldsymbol{q}_a,\boldsymbol{q}_b)$的,写$S(\boldsymbol{q}_a,\boldsymbol{q}_b)$就不够了。

分别引入对于$\boldsymbol{q}_a$,$\boldsymbol{q}_b$的对偶向量

$$\boldsymbol{p}_a=-\partial S/\partial \boldsymbol{q}_a,\quad \boldsymbol{p}_b=\partial S/\partial \boldsymbol{q}_b$$

或

$$p_{aj}=-\partial S/\partial q_{aj},\quad p_{bj}=\partial S/\partial q_{bj} \tag{1.4a,b}$$

组成两端的**状态向量**,

$$\boldsymbol{v}_a=\begin{Bmatrix}\boldsymbol{q}_a\\ \boldsymbol{p}_a\end{Bmatrix},\quad \boldsymbol{v}_b=\begin{Bmatrix}\boldsymbol{q}_b\\ \boldsymbol{p}_b\end{Bmatrix} \tag{1.5}$$

根据微积分**偏微商次序无关**规则,有

$$-\partial p_{ai}/\partial q_{bj}=\partial p_{bj}/\partial q_{ai}\quad (=\partial^2 S/\partial q_{ai}\partial q_{bj})$$

其中的偏微商是两端位移的函数。以下就分析结构力学讲述,时

间(t_a,t_b)变成长度坐标(z_a,z_b)；或者将符号 t 就看成坐标 z 即可。

将方程(1.4a)对 $\boldsymbol{q}_b$ 求解(求解的可能性是微积分教材的隐函数定理)，可得

$$\boldsymbol{q}_b=\boldsymbol{q}_b(\boldsymbol{q}_a,\boldsymbol{p}_a;z_a,z_b) \tag{1.6a}$$

将式(1.6a)的 $\boldsymbol{q}_b$ 代入式(1.4b)给出

$$\boldsymbol{p}_b=\boldsymbol{p}_b(\boldsymbol{q}_a,\boldsymbol{p}_a;z_a,z_b) \tag{1.6b}$$

这样，式(1.6a,b)成为从原对偶变量 $\boldsymbol{q}_a,\boldsymbol{p}_a$ 到新对偶变量 $\boldsymbol{q}_b,\boldsymbol{p}_b$ 的变换[方程(1.6)只是数学理论，并不要求数值求解]。应验证状态向量沿 z 方向的变换是正则变换。$\boldsymbol{q}_a,\boldsymbol{p}_a$ 是在 z_a 处的状态对偶变量，而 $\boldsymbol{q}_b,\boldsymbol{p}_b$ 则是在 z_b 处的状态对偶变量，力学意义很清楚。现采用微商的链式法则以导出变换，便于理解。动力学可将时间有限元采用两端边值条件，给定 $\boldsymbol{q}_a,\boldsymbol{q}_b$，而将两端的对偶向量 $\boldsymbol{p}_a,\boldsymbol{p}_b$ 用 $\boldsymbol{q}_a,\boldsymbol{q}_b$ 来确定。但分析力学则通常采用对偶状态向量 $\boldsymbol{q}_a,\boldsymbol{p}_a$ 的初值条件，而将另一端的对偶变量 $\boldsymbol{q}_b,\boldsymbol{p}_b$ 当成一个变换，即**辛矩阵乘法的变换**。该变换的条件非常有趣。

规定 m 维向量函数 $\boldsymbol{f}(\boldsymbol{q})$对 n 维向量变量 $\boldsymbol{q}$ 的微商为

$$\frac{\partial \boldsymbol{f}}{\partial \boldsymbol{q}}=\begin{pmatrix} \partial f_1/\partial q_1 & \partial f_1/\partial q_2 & \cdots & \partial f_1/\partial q_n \\ \partial f_2/\partial q_1 & \partial f_2/\partial q_2 & \cdots & \partial f_2/\partial q_n \\ \vdots & \vdots & & \vdots \\ \partial f_m/\partial q_1 & \partial f_m/\partial q_2 & \cdots & \partial f_m/\partial q_n \end{pmatrix} \tag{1.7}$$

这里的规定与Jacobi矩阵相同。为一般起见，将 $\boldsymbol{f}$(就是 $\boldsymbol{q}_b$)写成了 m 维向量。当然适用于 $m=n$。

设积分到 k 号时间区段(t_a,t_b)，$t_a=t_{k-1}$，$t_b=t_k$，函数是向量 $\boldsymbol{v}_b(\boldsymbol{v}_a)$，而自变量 $\boldsymbol{v}_a$ 也是向量。其偏微商是

$$\frac{\partial \boldsymbol{v}_k}{\partial \boldsymbol{v}_{k-1}}=\begin{bmatrix}\partial \boldsymbol{q}_k/\partial \boldsymbol{q}_{k-1} & \partial \boldsymbol{q}_k/\partial \boldsymbol{p}_{k-1}\\ \partial \boldsymbol{p}_k/\partial \boldsymbol{q}_{k-1} & \partial \boldsymbol{p}_k/\partial \boldsymbol{p}_{k-1}\end{bmatrix}=\boldsymbol{S}_k$$

要探讨的是变换(1.6a,b)的性质。现在要证明 $2n\times 2n$ 矩阵

$$\frac{\partial \boldsymbol{v}_{\mathrm{b}}}{\partial \boldsymbol{v}_{\mathrm{a}}}=\begin{bmatrix}\partial \boldsymbol{q}_{\mathrm{b}}/\partial \boldsymbol{q}_{\mathrm{a}} & \partial \boldsymbol{q}_{\mathrm{b}}/\partial \boldsymbol{p}_{\mathrm{a}}\\ \partial \boldsymbol{p}_{\mathrm{b}}/\partial \boldsymbol{q}_{\mathrm{a}} & \partial \boldsymbol{p}_{\mathrm{b}}/\partial \boldsymbol{p}_{\mathrm{a}}\end{bmatrix}=\boldsymbol{S} \tag{1.8}$$

是**传递辛矩阵**,其中,$\partial \boldsymbol{q}_{\mathrm{b}}/\partial \boldsymbol{p}_{\mathrm{a}}$ 等皆为 $n\times n$ 矩阵。

一定要注意,现在面临非线性问题,与线性问题的传递辛矩阵 $\boldsymbol{S}$ 取常值不同,传递辛矩阵 $\boldsymbol{S}$ 是两端位移 $\boldsymbol{q}_{\mathrm{a}},\boldsymbol{q}_{\mathrm{b}}$ 的函数。非线性问题要求存在真实解,这里标记真实解的 $\boldsymbol{q}_{\mathrm{a}},\boldsymbol{q}_{\mathrm{b}}$ 为 $\boldsymbol{q}_{\mathrm{a}}^*,\boldsymbol{q}_{\mathrm{b}}^*$。有如变分法,一定要区别真实解 $\boldsymbol{q}_{\mathrm{a}}^*,\boldsymbol{q}_{\mathrm{b}}^*$ 与可能的变分 $\delta\boldsymbol{q}_{\mathrm{a}},\delta\boldsymbol{q}_{\mathrm{b}}$,它们是两回事。两端对偶向量也有真实解与其变分。事实上,$\boldsymbol{S}$ 阵也是指 $\boldsymbol{S}^*$,在 $\boldsymbol{q}_{\mathrm{a}}^*,\boldsymbol{q}_{\mathrm{b}}^*$ 处取值的。显然

$$\boldsymbol{q}_{\mathrm{a}}=\boldsymbol{q}_{\mathrm{a}}^*+\delta\boldsymbol{q}_{\mathrm{a}},\quad \boldsymbol{q}_{\mathrm{b}}=\boldsymbol{q}_{\mathrm{b}}^*+\delta\boldsymbol{q}_{\mathrm{b}}$$

注意,离散系统只是对于时间坐标的离散,而状态则仍然是连续的。分析动力学的 Lagrange 括号、Poisson 括号传统是在连续系统下讲述的;以下对非线性离散系统的讲述需要 Jacobi 矩阵等内容,这是在工科大学微积分中一定有的。现在复习之。

1.1 坐标变换的 Jacobi 矩阵

作为数学基本知识,应复习工科大学微积分教材。设有 2 维坐标 x,y 要变换到 $\xi(x,y),\eta(x,y)$,此时有 Jacobi 矩阵

$$\boldsymbol{J}_{\mathrm{T}}=\begin{bmatrix}\partial\xi/\partial x & \partial\xi/\partial y\\ \partial\eta/\partial x & \partial\eta/\partial y\end{bmatrix}=\frac{\partial(\xi,\eta)}{\partial(x,y)} \tag{1.1.1}$$

而其 Jacobi 行列式则是

$$\det(\boldsymbol{J}_{\mathrm{T}})=\left|\frac{\partial(\xi,\eta)}{\partial(x,y)}\right|=\frac{\partial\xi}{\partial x}\frac{\partial\eta}{\partial y}-\frac{\partial\xi}{\partial y}\frac{\partial\eta}{\partial x} \tag{1.1.2}$$

变换的合成应当考虑。设有顺次的坐标变换:(a)从 x,y 变换到 x_1,y_1;(b)再从 x_1,y_1 变换到 ξ,η。其合成变换仍是从 x,y 变换到 ξ,η 的变换。设变换(a),(b)的变换阵分别为

$$(\mathrm{a}):\boldsymbol{S}_{\mathrm{a}}=\begin{pmatrix}\partial x_1/\partial x & \partial x_1/\partial y\\ \partial y_1/\partial x & \partial y_1/\partial y\end{pmatrix},(\mathrm{b}):\boldsymbol{S}_{\mathrm{b}}=\begin{pmatrix}\partial\xi/\partial x_1 & \partial\xi/\partial y_1\\ \partial\eta/\partial x_1 & \partial\eta/\partial y_1\end{pmatrix}$$

综合为

$$\boldsymbol{J}_{\mathrm{T}}=\boldsymbol{S}_{\mathrm{b}}\cdot\boldsymbol{S}_{\mathrm{a}}$$

即

$$\frac{\partial(\xi,\eta)}{\partial(x,y)}=\frac{\partial(\xi,\eta)}{\partial(x_1,y_1)}\frac{\partial(x_1,y_1)}{\partial(x,y)} \tag{1.1.3}$$

无非是矩阵乘法而已。传递矩阵的合成也是矩阵乘法。验证:

$$\partial\xi/\partial x=(\partial\xi/\partial x_1)(\partial x_1/\partial x)+(\partial\xi/\partial y_1)(\partial y_1/\partial x)$$

等,其实就是 2 维的链式微商。因此其行列式也是

$$\det(\boldsymbol{J}_{\mathrm{T}})=\det(\boldsymbol{S}_{\mathrm{b}})\cdot\det(\boldsymbol{S}_{\mathrm{a}}) \tag{1.1.4}$$

变量(ξ,η)是(x,y)的函数,则(x,y)就是(ξ,η)的逆函数。也有逆变换$\partial(x,y)/\partial(\xi,\eta)$。正变换后再进行逆变换就是恒等变换,有

$$\frac{\partial(\xi,\eta)}{\partial(x,y)}\frac{\partial(x,y)}{\partial(\xi,\eta)}=\frac{\partial(\xi,\eta)}{\partial(\xi,\eta)}=\boldsymbol{I}$$

$$\det\left[\frac{\partial(x,y)}{\partial(\xi,\eta)}\right]\cdot\det\left[\frac{\partial(\xi,\eta)}{\partial(x,y)}\right]=1$$

其行列式为互逆。微积分中的链式微商是大量运用的,请复习大学微积分教材。以上是一般的 2 维变换的合成。以后将用于分析结构力学的正则变换,当然是多维的。其实基本点是一样的。

1.2 传递辛矩阵，Lagrange 括号与 Poisson 括号

要验证式(1.8)的 $\boldsymbol{S}$ 是传递辛矩阵，就应验证等式 $\boldsymbol{S}^{\mathrm{T}}\boldsymbol{J}\boldsymbol{S}=\boldsymbol{J}$ 成立。执行矩阵乘法，有

$$\boldsymbol{S}^{\mathrm{T}}=\begin{bmatrix}(\partial\boldsymbol{q}_{\mathrm{b}}/\partial\boldsymbol{q}_{\mathrm{a}})^{\mathrm{T}} & (\partial\boldsymbol{p}_{\mathrm{b}}/\partial\boldsymbol{q}_{\mathrm{a}})^{\mathrm{T}}\\(\partial\boldsymbol{q}_{\mathrm{b}}/\partial\boldsymbol{p}_{\mathrm{a}})^{\mathrm{T}} & (\partial\boldsymbol{p}_{\mathrm{b}}/\partial\boldsymbol{p}_{\mathrm{a}})^{\mathrm{T}}\end{bmatrix}$$

$$\boldsymbol{J}\boldsymbol{S}=\begin{bmatrix}\partial\boldsymbol{p}_{\mathrm{b}}/\partial\boldsymbol{q}_{\mathrm{a}} & \partial\boldsymbol{p}_{\mathrm{b}}/\partial\boldsymbol{p}_{\mathrm{a}}\\-\partial\boldsymbol{q}_{\mathrm{b}}/\partial\boldsymbol{q}_{\mathrm{a}} & -\partial\boldsymbol{q}_{\mathrm{b}}/\partial\boldsymbol{p}_{\mathrm{a}}\end{bmatrix}$$

乘出来，

$$\boldsymbol{S}^{\mathrm{T}}\boldsymbol{J}\boldsymbol{S}=\begin{bmatrix}\{\boldsymbol{q}_{\mathrm{a}},\boldsymbol{q}_{\mathrm{a}}\}_{\boldsymbol{q}_{\mathrm{b}},\boldsymbol{p}_{\mathrm{b}}} & \{\boldsymbol{q}_{\mathrm{a}},\boldsymbol{p}_{\mathrm{a}}\}_{\boldsymbol{q}_{\mathrm{b}},\boldsymbol{p}_{\mathrm{b}}}\\\{\boldsymbol{p}_{\mathrm{a}},\boldsymbol{q}_{\mathrm{a}}\}_{\boldsymbol{q}_{\mathrm{b}},\boldsymbol{p}_{\mathrm{b}}} & \{\boldsymbol{p}_{\mathrm{a}},\boldsymbol{p}_{\mathrm{a}}\}_{\boldsymbol{q}_{\mathrm{b}},\boldsymbol{p}_{\mathrm{b}}}\end{bmatrix} \tag{1.2.1}$$

其中，$\{\boldsymbol{q}_{\mathrm{a}},\boldsymbol{p}_{\mathrm{a}}\}_{\boldsymbol{q}_{\mathrm{b}},\boldsymbol{p}_{\mathrm{b}}}$ 就是 Lagrange 括号，是一种简写。当然也指在真实解处的。而

$$\{\boldsymbol{q}_{\mathrm{a}},\boldsymbol{q}_{\mathrm{a}}\}_{\boldsymbol{q}_{\mathrm{b}},\boldsymbol{p}_{\mathrm{b}}}=\left(\frac{\partial\boldsymbol{q}_{\mathrm{b}}}{\partial\boldsymbol{q}_{\mathrm{a}}}\right)^{\mathrm{T}}\cdot\frac{\partial\boldsymbol{p}_{\mathrm{b}}}{\partial\boldsymbol{q}_{\mathrm{a}}}-\left(\frac{\partial\boldsymbol{p}_{\mathrm{b}}}{\partial\boldsymbol{q}_{\mathrm{a}}}\right)^{\mathrm{T}}\cdot\frac{\partial\boldsymbol{q}_{\mathrm{b}}}{\partial\boldsymbol{q}_{\mathrm{a}}}$$

$$\{\boldsymbol{q}_{\mathrm{a}},\boldsymbol{p}_{\mathrm{a}}\}_{\boldsymbol{q}_{\mathrm{b}},\boldsymbol{p}_{\mathrm{b}}}=\left(\frac{\partial\boldsymbol{q}_{\mathrm{b}}}{\partial\boldsymbol{q}_{\mathrm{a}}}\right)^{\mathrm{T}}\cdot\frac{\partial\boldsymbol{p}_{\mathrm{b}}}{\partial\boldsymbol{p}_{\mathrm{a}}}-\left(\frac{\partial\boldsymbol{p}_{\mathrm{b}}}{\partial\boldsymbol{q}_{\mathrm{a}}}\right)^{\mathrm{T}}\cdot\frac{\partial\boldsymbol{q}_{\mathrm{b}}}{\partial\boldsymbol{p}_{\mathrm{a}}}$$

$$\{\boldsymbol{p}_{\mathrm{a}},\boldsymbol{q}_{\mathrm{a}}\}_{\boldsymbol{q}_{\mathrm{b}},\boldsymbol{p}_{\mathrm{b}}}=\left(\frac{\partial\boldsymbol{q}_{\mathrm{b}}}{\partial\boldsymbol{p}_{\mathrm{a}}}\right)^{\mathrm{T}}\cdot\frac{\partial\boldsymbol{p}_{\mathrm{b}}}{\partial\boldsymbol{q}_{\mathrm{a}}}-\left(\frac{\partial\boldsymbol{p}_{\mathrm{b}}}{\partial\boldsymbol{p}_{\mathrm{a}}}\right)^{\mathrm{T}}\cdot\frac{\partial\boldsymbol{q}_{\mathrm{b}}}{\partial\boldsymbol{q}_{\mathrm{a}}}$$

$$\{\boldsymbol{p}_{\mathrm{a}},\boldsymbol{p}_{\mathrm{a}}\}_{\boldsymbol{q}_{\mathrm{b}},\boldsymbol{p}_{\mathrm{b}}}=\left(\frac{\partial\boldsymbol{q}_{\mathrm{b}}}{\partial\boldsymbol{p}_{\mathrm{a}}}\right)^{\mathrm{T}}\cdot\frac{\partial\boldsymbol{p}_{\mathrm{b}}}{\partial\boldsymbol{p}_{\mathrm{a}}}-\left(\frac{\partial\boldsymbol{p}_{\mathrm{b}}}{\partial\boldsymbol{p}_{\mathrm{a}}}\right)^{\mathrm{T}}\cdot\frac{\partial\boldsymbol{q}_{\mathrm{b}}}{\partial\boldsymbol{p}_{\mathrm{a}}}$$

许多时候不是在真实解处显式表示的，要由读者自行辨识了。

分析力学一般讨论的是多维情况。现在给出 n 维问题 Lagrange 括号的定义。n 维的位移与对偶向量是 n 维的 $\boldsymbol{q}_{\mathrm{b}}$、$\boldsymbol{p}_{\mathrm{b}}$，状态空间就是 $2n$ 维了。设有 2 个独立的参变量 u、v，而有 $\boldsymbol{q}_{\mathrm{b}}(u,v)$，$\boldsymbol{p}_{\mathrm{b}}(u,v)$的函数。当 u、v 变化时，给出了 $2n$ 维状态空间的 2 维超曲面。在状态空间 Lagrange 括号$\{u,v\}_{\boldsymbol{q}_{\mathrm{b}},\boldsymbol{p}_{\mathrm{b}}}$的定义是

$$\{u,v\}_{\boldsymbol{q}_{\mathrm{b}},\boldsymbol{p}_{\mathrm{b}}}=\sum_{k=1}^{n}\left(\frac{\partial q_{\mathrm{b}k}}{\partial u}\frac{\partial p_{\mathrm{b}k}}{\partial v}-\frac{\partial q_{\mathrm{b}k}}{\partial v}\frac{\partial p_{\mathrm{b}k}}{\partial u}\right)$$

$$=\sum_{k=1}^{n}\left|\frac{\partial(q_{\mathrm{b}k},p_{\mathrm{b}k})}{\partial(u,v)}\right| \tag{1.2.2}$$

它给出 Jacobi 行列式的纯量之和。单自由度 $n=1$ 时，求和号就没有了。参变量 u/v 似乎很抽象，但式(1.2.2)中出现的$\{u,v\}_{\boldsymbol{q}_{\mathrm{b}},\boldsymbol{p}_{\mathrm{b}}}$表明，向量 $\boldsymbol{q}_{\mathrm{b}}$，$\boldsymbol{p}_{\mathrm{b}}$ 只出现在 Lagrange 括号的定义中，而参变量 u，v 的地位是向量 $\boldsymbol{q}_{\mathrm{a}}$，$\boldsymbol{p}_{\mathrm{a}}$；即 u、v 是变换前状态 $\boldsymbol{q}_{\mathrm{a}}$、$\boldsymbol{p}_{\mathrm{a}}$ 的任意分量。这表明可以取

$$\begin{matrix} u=q_{\mathrm{a}i},v=q_{\mathrm{a}j}; & u=q_{\mathrm{a}i},v=p_{\mathrm{a}j}; \\ u=p_{\mathrm{a}i},v=q_{\mathrm{a}j}; & u=p_{\mathrm{a}i},v=p_{\mathrm{a}j}; \end{matrix}\qquad 0<i,j\leqslant n$$

等 4 种选择，写成 u、v 是更一般些。现在检验 Lagrange 括号，因

$$\frac{\partial\boldsymbol{q}_{\mathrm{b}}}{\partial\boldsymbol{q}_{\mathrm{a}}}=\begin{bmatrix}\partial q_{\mathrm{b}1}/\partial q_{\mathrm{a}1} & \partial q_{\mathrm{b}1}/\partial q_{\mathrm{a}2} & \cdots & \partial q_{\mathrm{b}1}/\partial q_{\mathrm{a}n}\\ \partial q_{\mathrm{b}2}/\partial q_{\mathrm{a}1} & \partial q_{\mathrm{b}2}/\partial q_{\mathrm{a}2} & \cdots & \partial q_{\mathrm{b}2}/\partial q_{\mathrm{a}n}\\ \vdots & \vdots & & \vdots\\ \partial q_{\mathrm{b}n}/\partial q_{\mathrm{a}1} & \partial q_{\mathrm{b}n}/\partial q_{\mathrm{a}2} & \cdots & \partial q_{\mathrm{b}n}/\partial q_{\mathrm{a}n}\end{bmatrix}$$

有

$$\{q_{\mathrm{a}i},q_{\mathrm{a}j}\}_{\boldsymbol{q}_{\mathrm{b}},\boldsymbol{p}_{\mathrm{b}}}=\left(\frac{\partial\boldsymbol{q}_{\mathrm{b}}}{\partial q_{\mathrm{a}i}}\right)^{\mathrm{T}}\cdot\left(\frac{\partial\boldsymbol{p}_{\mathrm{b}}}{\partial q_{\mathrm{a}j}}\right)-\left(\frac{\partial\boldsymbol{p}_{\mathrm{b}}}{\partial q_{\mathrm{a}i}}\right)^{\mathrm{T}}\cdot\left(\frac{\partial\boldsymbol{q}_{\mathrm{b}}}{\partial q_{\mathrm{a}j}}\right)$$

$$= \sum_{k=1}^{n} \left(\frac{\partial q_{bk}}{\partial q_{ai}} \frac{\partial p_{bk}}{\partial q_{aj}} - \frac{\partial q_{bk}}{\partial q_{aj}} \frac{\partial p_{bk}}{\partial q_{ai}} \right)$$

$$= \sum_{k=1}^{n} \left| \frac{\partial (q_{bk}, p_{bk})}{\partial (q_{ai}, q_{aj})} \right|$$

符合定义(1.2.2)。

用 4 个 $n \times n$ 子矩阵 $\boldsymbol{S}_{qq}, \boldsymbol{S}_{qp}, \boldsymbol{S}_{pq}, \boldsymbol{S}_{pp}$ 表达矩阵 $\boldsymbol{S}^{T}\boldsymbol{JS}$,

$$\boldsymbol{S}^{T}\boldsymbol{JS} = \begin{pmatrix} \boldsymbol{S}_{qq} & \boldsymbol{S}_{qp} \\ \boldsymbol{S}_{pq} & \boldsymbol{S}_{pp} \end{pmatrix}, \quad \begin{matrix} \boldsymbol{S}_{qq} = \{\boldsymbol{q}_a, \boldsymbol{q}_a\}_{\boldsymbol{q}_b, \boldsymbol{p}_b}, & \boldsymbol{S}_{qp} = \{\boldsymbol{q}_a, \boldsymbol{p}_a\}_{\boldsymbol{q}_b, \boldsymbol{p}_b} \\ \boldsymbol{S}_{pq} = \{\boldsymbol{p}_a, \boldsymbol{q}_a\}_{\boldsymbol{q}_b, \boldsymbol{p}_b}, & \boldsymbol{S}_{pp} = \{\boldsymbol{p}_a, \boldsymbol{p}_a\}_{\boldsymbol{q}_b, \boldsymbol{p}_b} \end{matrix} \tag{1.2.3}$$

具体表达出来

$$\boldsymbol{S}_{qq} = \begin{pmatrix} \{q_{a1}, q_{a1}\}_{\boldsymbol{q}_b, \boldsymbol{p}_b} & \{q_{a1}, q_{a2}\}_{\boldsymbol{q}_b, \boldsymbol{p}_b} & \cdots & \{q_{a1}, q_{an}\}_{\boldsymbol{q}_b, \boldsymbol{p}_b} \\ \{q_{a2}, q_{a1}\}_{\boldsymbol{q}_b, \boldsymbol{p}_b} & \{q_{a2}, q_{a2}\}_{\boldsymbol{q}_b, \boldsymbol{p}_b} & \cdots & \{q_{a2}, q_{an}\}_{\boldsymbol{q}_b, \boldsymbol{p}_b} \\ \vdots & \vdots & & \vdots \\ \{q_{an}, q_{a1}\}_{\boldsymbol{q}_b, \boldsymbol{p}_b} & \{q_{an}, q_{a2}\}_{\boldsymbol{q}_b, \boldsymbol{p}_b} & \cdots & \{q_{an}, q_{an}\}_{\boldsymbol{q}_b, \boldsymbol{p}_b} \end{pmatrix}$$

$$\boldsymbol{S}_{qp} = \begin{pmatrix} \{q_{a1}, p_{a1}\}_{\boldsymbol{q}_b, \boldsymbol{p}_b} & \{q_{a1}, p_{a2}\}_{\boldsymbol{q}_b, \boldsymbol{p}_b} & \cdots & \{q_{a1}, p_{an}\}_{\boldsymbol{q}_b, \boldsymbol{p}_b} \\ \{q_{a2}, p_{a1}\}_{\boldsymbol{q}_b, \boldsymbol{p}_b} & \{q_{a2}, p_{a2}\}_{\boldsymbol{q}_b, \boldsymbol{p}_b} & \cdots & \{q_{a2}, p_{an}\}_{\boldsymbol{q}_b, \boldsymbol{p}_b} \\ \vdots & \vdots & & \vdots \\ \{q_{an}, p_{a1}\}_{\boldsymbol{q}_b, \boldsymbol{p}_b} & \{q_{an}, p_{a2}\}_{\boldsymbol{q}_b, \boldsymbol{p}_b} & \cdots & \{q_{an}, p_{an}\}_{\boldsymbol{q}_b, \boldsymbol{p}_b} \end{pmatrix}$$

$$\boldsymbol{S}_{pq} = \begin{pmatrix} \{p_{a1}, q_{a1}\}_{\boldsymbol{q}_b, \boldsymbol{p}_b} & \{p_{a1}, q_{a2}\}_{\boldsymbol{q}_b, \boldsymbol{p}_b} & \cdots & \{p_{a1}, q_{an}\}_{\boldsymbol{q}_b, \boldsymbol{p}_b} \\ \{p_{a2}, q_{a1}\}_{\boldsymbol{q}_b, \boldsymbol{p}_b} & \{p_{a2}, q_{a2}\}_{\boldsymbol{q}_b, \boldsymbol{p}_b} & \cdots & \{p_{a2}, q_{an}\}_{\boldsymbol{q}_b, \boldsymbol{p}_b} \\ \vdots & \vdots & & \vdots \\ \{p_{an}, q_{a1}\}_{\boldsymbol{q}_b, \boldsymbol{p}_b} & \{p_{an}, q_{a2}\}_{\boldsymbol{q}_b, \boldsymbol{p}_b} & \cdots & \{p_{an}, q_{an}\}_{\boldsymbol{q}_b, \boldsymbol{p}_b} \end{pmatrix}$$

$$\boldsymbol{S}_{\mathrm{pp}}=\begin{pmatrix}\{p_{\mathrm{a}1},p_{\mathrm{a}1}\}_{\boldsymbol{q}_\mathrm{b},\boldsymbol{p}_\mathrm{b}} & \{p_{\mathrm{a}1},p_{\mathrm{a}2}\}_{\boldsymbol{q}_\mathrm{b},\boldsymbol{p}_\mathrm{b}} & \cdots & \{p_{\mathrm{a}1},p_{\mathrm{a}n}\}_{\boldsymbol{q}_\mathrm{b},\boldsymbol{p}_\mathrm{b}}\\ \{p_{\mathrm{a}2},p_{\mathrm{a}1}\}_{\boldsymbol{q}_\mathrm{b},\boldsymbol{p}_\mathrm{b}} & \{p_{\mathrm{a}2},p_{\mathrm{a}2}\}_{\boldsymbol{q}_\mathrm{b},\boldsymbol{p}_\mathrm{b}} & \cdots & \{p_{\mathrm{a}2},p_{\mathrm{a}n}\}_{\boldsymbol{q}_\mathrm{b},\boldsymbol{p}_\mathrm{b}}\\ \vdots & \vdots & & \vdots\\ \{p_{\mathrm{a}n},p_{\mathrm{a}1}\}_{\boldsymbol{q}_\mathrm{b},\boldsymbol{p}_\mathrm{b}} & \{p_{\mathrm{a}n},p_{\mathrm{a}2}\}_{\boldsymbol{q}_\mathrm{b},\boldsymbol{p}_\mathrm{b}} & \cdots & \{p_{\mathrm{a}n},p_{\mathrm{a}n}\}_{\boldsymbol{q}_\mathrm{b},\boldsymbol{p}_\mathrm{b}}\end{pmatrix}$$

其中下标全部是$\boldsymbol{q}_\mathrm{b},\boldsymbol{p}_\mathrm{b}$，矩阵当然包含了$0<i\leqslant n,0<j\leqslant n$顺序的全部元素。读者看到对应于**辛矩阵**的定义，Lagrange 括号的出现是自然的。

根据定义，Lagrange 括号具有反对称的性质

$$\{\boldsymbol{u},v\}_{\boldsymbol{q}_\mathrm{b},\boldsymbol{p}_\mathrm{b}}=-\{v,\boldsymbol{u}\}_{\boldsymbol{q}_\mathrm{b},\boldsymbol{p}_\mathrm{b}} \tag{1.2.4}$$

反对称性质表明，

$$\boldsymbol{S}_{\mathrm{qq}}=-\boldsymbol{S}_{\mathrm{qq}}^{\mathrm{T}},\quad \boldsymbol{S}_{\mathrm{pp}}=-\boldsymbol{S}_{\mathrm{pp}}^{\mathrm{T}},\quad \boldsymbol{S}_{\mathrm{qp}}=-\boldsymbol{S}_{\mathrm{pq}}^{\mathrm{T}} \tag{1.2.5}$$

但这还不能说明 $\boldsymbol{S}$ 是**传递辛矩阵**。以下来证明 $\boldsymbol{S}$ 是**传递辛矩阵**。

区段作用量 $S(\boldsymbol{q}_\mathrm{a},\boldsymbol{q}_\mathrm{b})$是两端位移的函数。认为$S(\boldsymbol{q}_\mathrm{a},\boldsymbol{q}_\mathrm{b})$是 2 次连续可微的，因此在$(\boldsymbol{q}_\mathrm{a}^*,\boldsymbol{q}_\mathrm{b}^*)$的邻域可运用 Taylor 展开而得到

$$\begin{aligned}S(\boldsymbol{q}_\mathrm{a},\boldsymbol{q}_\mathrm{b})=S_0^*&-\boldsymbol{p}_\mathrm{a}^{*\mathrm{T}}\cdot\delta\boldsymbol{q}_\mathrm{a}+\boldsymbol{p}_\mathrm{b}^{*\mathrm{T}}\cdot\delta\boldsymbol{q}_\mathrm{b}+\\&(\delta\boldsymbol{q}_\mathrm{a}^{\mathrm{T}})\boldsymbol{K}_{\mathrm{aa}}^*(\delta\boldsymbol{q}_\mathrm{a})/2+(\delta\boldsymbol{q}_\mathrm{b}^{\mathrm{T}})\boldsymbol{K}_{\mathrm{bb}}^*(\delta\boldsymbol{q}_\mathrm{b})/2+\\&(\delta\boldsymbol{q}_\mathrm{a}^{\mathrm{T}})\boldsymbol{K}_{\mathrm{ab}}^*(\delta\boldsymbol{q}_\mathrm{b})+O[(\delta\boldsymbol{q})^3]\end{aligned} \tag{1.2.6}$$

或用向量表示，令 $2n$ 维的两端位移变分向量为

$$\delta\boldsymbol{q}=\begin{Bmatrix}\delta\boldsymbol{q}_\mathrm{a}\\ \delta\boldsymbol{q}_\mathrm{b}\end{Bmatrix} \tag{1.2.7}$$

则可写出

$$\begin{aligned}U(\boldsymbol{q}_\mathrm{a},\boldsymbol{q}_\mathrm{b})=U_0^*&-\boldsymbol{p}_\mathrm{a}^{*\mathrm{T}}\cdot\delta\boldsymbol{q}_\mathrm{a}+\boldsymbol{p}_\mathrm{b}^{*\mathrm{T}}\cdot\delta\boldsymbol{q}_\mathrm{b}+\\&\delta\boldsymbol{q}^{\mathrm{T}}\cdot\boldsymbol{K}^*\cdot\delta\boldsymbol{q}/2+O[(\delta\boldsymbol{q})^3]\end{aligned} \tag{1.2.8}$$

二次微商的区段刚度矩阵仍是位移$(\boldsymbol{q}_\mathrm{a},\boldsymbol{q}_\mathrm{b})$或 $\boldsymbol{q}$ 的函数，其中，$\boldsymbol{K}^*$

表示其取值就是在真实解的$(\boldsymbol{q}_a^*,\boldsymbol{q}_b^*)$处，是对称矩阵。$(\boldsymbol{p}_a^*,\boldsymbol{p}_b^*)$表示端部对偶向量的真实解，它们已经是确定值了。$\delta\boldsymbol{q}$与$(\boldsymbol{q}_a,\boldsymbol{q}_b)$完全不是一回事，是独立的。同样，不标注的$(\boldsymbol{q}_a,\boldsymbol{q}_b)$则还要包含增量，$\boldsymbol{q}_a=\boldsymbol{q}_a^*+\delta\boldsymbol{q}_a$等，当然$\delta\boldsymbol{q}_a$等是小量。

传递辛矩阵是微商得到的，要考虑处于真实解的**邻域**。Lagrange括号、Jacobi矩阵等全部是真实解在其邻域经过微商后再取值在真实解处而得到的。两端的对偶力是

$$\boldsymbol{p}_a=-\partial S/\partial\boldsymbol{q}_a=\boldsymbol{p}_a^*+\delta\boldsymbol{p}_a,\quad \boldsymbol{p}_b=\partial S/\partial\boldsymbol{q}_b=\boldsymbol{p}_b^*+\delta\boldsymbol{p}_b \tag{1.2.9}$$

这样根据 Taylor 展开有

$$\begin{aligned}\boldsymbol{p}_a&=\boldsymbol{p}_a^*-\boldsymbol{K}_{aa}^*\cdot\delta\boldsymbol{q}_a-\boldsymbol{K}_{ab}^*\cdot\delta\boldsymbol{q}_b\\ \boldsymbol{p}_b&=\boldsymbol{p}_b^*+\boldsymbol{K}_{ba}^*\cdot\delta\boldsymbol{q}_a+\boldsymbol{K}_{bb}^*\cdot\delta\boldsymbol{q}_b\end{aligned} \tag{1.2.10}$$

高阶小量$O[(\delta\boldsymbol{q})^2]$就不写了。因此微商就要注意上面的$\delta\boldsymbol{q}$，$\delta\boldsymbol{p}$等。Taylor 展开式表明，$\boldsymbol{K}_{ab}^*=\boldsymbol{K}_{ba}^{*\mathrm{T}}$，即刚度矩阵是对称的。从式(1.2.10)看到，有$2n$个方程、4个向量变分$\delta\boldsymbol{q}_a,\delta\boldsymbol{q}_b;\delta\boldsymbol{p}_a,\delta\boldsymbol{p}_b$，因此其中2个向量变分是独立的。式(1.2.10)中，刚度矩阵

$$\boldsymbol{K}^*=\begin{pmatrix}\boldsymbol{K}_{aa}^* & \boldsymbol{K}_{ab}^*\\ \boldsymbol{K}_{ba}^* & \boldsymbol{K}_{bb}^*\end{pmatrix},\ \text{简单些},\boldsymbol{K}=\begin{pmatrix}\boldsymbol{K}_{aa} & \boldsymbol{K}_{ab}\\ \boldsymbol{K}_{ba} & \boldsymbol{K}_{bb}\end{pmatrix} \tag{1.2.11}$$

加上标记的$\boldsymbol{K}_{aa}^*$等无非是明确非线性系统取值于真实解处，简单些就不写了。$S(\boldsymbol{q}_a,\boldsymbol{q}_b)$是非线性两阶连续可微函数，$\boldsymbol{K}$阵是 Taylor 展开时出现的，也是$\boldsymbol{q}_a,\boldsymbol{q}_b$的函数。这样就有在何处取值的问题。因 Taylor 展开式是在真实位移$(\boldsymbol{q}_a^*,\boldsymbol{q}_b^*)$处，所以应在$(\boldsymbol{q}_a^*,\boldsymbol{q}_b^*)$处取值，写成$\boldsymbol{K}^*$。为简单起见而写成$\boldsymbol{K}$，当然是$2n\times 2n$对称矩阵。

于是运用矩阵/向量来表达

$$\boldsymbol{p}=\boldsymbol{p}^{*}+\boldsymbol{K}\cdot\delta\boldsymbol{q},\quad \boldsymbol{p}=\{-\boldsymbol{p}_{\mathrm{a}}^{\mathrm{T}},\boldsymbol{p}_{\mathrm{b}}^{\mathrm{T}}\}^{\mathrm{T}},\quad \delta\boldsymbol{p}=\boldsymbol{K}\cdot\delta\boldsymbol{q} \tag{1.2.12}$$

负号是从式(1.4a,b)的规定来的。

$\delta\boldsymbol{q}$,$\delta\boldsymbol{p}$ 各有 $2n$ 个分量,方程(1.2.12)表明 $\delta\boldsymbol{p}$ 由 $\delta\boldsymbol{q}$ 决定,而 $\delta\boldsymbol{q}$ 的 $2n$ 个分量则是独立变分的,这是按两端边界条件的提法得来的。情况又一次回到从著作[9]§1.1 就开始讲的:两端边界条件可以转化到传递形式,从而得到**传递辛矩阵**。依然是那一套,将式(1.2.12)分解写成

$$\delta\boldsymbol{p}_{\mathrm{a}}=-(\boldsymbol{K}_{\mathrm{aa}}\delta\boldsymbol{q}_{\mathrm{a}}+\boldsymbol{K}_{\mathrm{ab}}\delta\boldsymbol{q}_{\mathrm{b}}),\quad \delta\boldsymbol{p}_{\mathrm{b}}=\boldsymbol{K}_{\mathrm{ba}}\delta\boldsymbol{q}_{\mathrm{a}}+\boldsymbol{K}_{\mathrm{bb}}\delta\boldsymbol{q}_{\mathrm{b}} \tag{1.2.13}$$

将 $\delta\boldsymbol{q}_{\mathrm{b}}$,$\delta\boldsymbol{p}_{\mathrm{b}}$ 求解为状态变量 $\delta\boldsymbol{q}_{\mathrm{a}}$,$\delta\boldsymbol{p}_{\mathrm{a}}$ 的函数,当然应在

$$\det(\boldsymbol{K}_{\mathrm{ab}})\neq 0 \tag{1.2.14}$$

的条件下实行转化:

$$\begin{aligned}
\delta\boldsymbol{q}_{\mathrm{b}}&=-\boldsymbol{K}_{\mathrm{ab}}^{-1}\boldsymbol{K}_{\mathrm{aa}}\cdot\delta\boldsymbol{q}_{\mathrm{a}}-\boldsymbol{K}_{\mathrm{ab}}^{-1}\cdot\delta\boldsymbol{p}_{\mathrm{a}}\\
\delta\boldsymbol{p}_{\mathrm{b}}&=(\boldsymbol{K}_{\mathrm{ba}}-\boldsymbol{K}_{\mathrm{bb}}\boldsymbol{K}_{\mathrm{ab}}^{-1}\boldsymbol{K}_{\mathrm{aa}})\cdot\delta\boldsymbol{q}_{\mathrm{a}}-\boldsymbol{K}_{\mathrm{bb}}\boldsymbol{K}_{\mathrm{ab}}^{-1}\cdot\delta\boldsymbol{p}_{\mathrm{a}}
\end{aligned} \tag{1.2.15}$$

变分形式的 $\delta\boldsymbol{q}_{\mathrm{a}}$,$\delta\boldsymbol{p}_{\mathrm{a}}$;$\delta\boldsymbol{q}_{\mathrm{b}}$,$\delta\boldsymbol{p}_{\mathrm{b}}$,可化成为 Jacobi 矩阵的形式,写成矩阵/向量形式

$$\begin{aligned}
\frac{\partial\boldsymbol{v}_{\mathrm{b}}}{\partial\boldsymbol{v}_{\mathrm{a}}}=\frac{\partial(\boldsymbol{q}_{\mathrm{b}},\boldsymbol{p}_{\mathrm{b}})}{\partial(\boldsymbol{q}_{\mathrm{a}},\boldsymbol{p}_{\mathrm{a}})}&=\begin{bmatrix}\partial\boldsymbol{q}_{\mathrm{b}}/\partial\boldsymbol{q}_{\mathrm{a}} & \partial\boldsymbol{q}_{\mathrm{b}}/\partial\boldsymbol{p}_{\mathrm{a}}\\ \partial\boldsymbol{p}_{\mathrm{b}}/\partial\boldsymbol{q}_{\mathrm{a}} & \partial\boldsymbol{p}_{\mathrm{b}}/\partial\boldsymbol{p}_{\mathrm{a}}\end{bmatrix}\\
&=\begin{bmatrix}-\boldsymbol{K}_{\mathrm{ab}}^{-1}\boldsymbol{K}_{\mathrm{aa}} & -\boldsymbol{K}_{\mathrm{ab}}^{-1}\\ \boldsymbol{K}_{\mathrm{ba}}-\boldsymbol{K}_{\mathrm{bb}}\boldsymbol{K}_{\mathrm{ab}}^{-1}\boldsymbol{K}_{\mathrm{aa}} & -\boldsymbol{K}_{\mathrm{bb}}\boldsymbol{K}_{\mathrm{ab}}^{-1}\end{bmatrix}=\boldsymbol{S}
\end{aligned} \tag{1.2.16}$$

计算一遍 $\boldsymbol{S}^{\mathrm{T}}\boldsymbol{J}\boldsymbol{S}=\boldsymbol{J}$ 就可检验 $\boldsymbol{S}$ 是辛矩阵。因辛矩阵重要,所以一再地讲,必须有所体会。

按式(1.2.3)也就验证了 Lagrange 括号有

$$\{\boldsymbol{q}_{\mathrm{a}},\boldsymbol{q}_{\mathrm{a}}\}_{q_{\mathrm{b}},p_{\mathrm{b}}}=\boldsymbol{0},\quad \{\boldsymbol{p}_{\mathrm{a}},\boldsymbol{p}_{\mathrm{a}}\}_{q_{\mathrm{b}},p_{\mathrm{b}}}=\boldsymbol{0},\quad \{\boldsymbol{q}_{\mathrm{a}},\boldsymbol{p}_{\mathrm{a}}\}_{q_{\mathrm{b}},p_{\mathrm{b}}}=\boldsymbol{I}_n \tag{1.2.17}$$

具体地写出来，当 $0<i,j\leqslant n$ 时

$$\{q_{ai},q_{aj}\}_{q_k,p_k}=\sum_{k=1}^{n}\left(\frac{\partial q_{bk}}{\partial q_{ai}}\frac{\partial p_{bk}}{\partial q_{aj}}-\frac{\partial q_{bk}}{\partial q_{aj}}\frac{\partial p_{bk}}{\partial q_{ai}}\right)$$

$$=\sum_{k=1}^{n}\left|\frac{\partial(q_{bk},p_{bk})}{\partial(q_{ai},q_{aj})}\right|=0 \qquad (1.2.18a)$$

同理

$$\{p_{ai},p_{aj}\}_{q_k,p_k}=\sum_{k=1}^{n}\left(\frac{\partial q_{bk}}{\partial p_{ai}}\frac{\partial p_{bk}}{\partial p_{aj}}-\frac{\partial q_{bk}}{\partial p_{aj}}\frac{\partial p_{bk}}{\partial p_{ai}}\right)$$

$$=\sum_{k=1}^{n}\left|\frac{\partial(q_{bk},p_{bk})}{\partial(p_{ai},p_{aj})}\right|=0 \qquad (1.2.18b)$$

及

$$\{q_{ai},p_{aj}\}_{q_k,p_k}=\sum_{k=1}^{n}\left(\frac{\partial q_{bk}}{\partial q_{ai}}\frac{\partial p_{bk}}{\partial p_{aj}}-\frac{\partial q_{bk}}{\partial p_{aj}}\frac{\partial p_{bk}}{\partial q_{ai}}\right)$$

$$=\sum_{k=1}^{n}\left|\frac{\partial(q_{bk},p_{bk})}{\partial(q_{ai},p_{aj})}\right|=\delta_{ij} \qquad (1.2.18c)$$

这些公式给出从 $\boldsymbol{q}_a,\boldsymbol{p}_a$ 到 $\boldsymbol{q}_b,\boldsymbol{p}_b$ 的传递是辛矩阵的充分必要条件。证明毕。

本书的这一段证明与著作[1]不同。这里是用对称矩阵的传递形式表达是辛矩阵来验证的，推导很明白，而且也与著作[9]的思路一脉相承，得到了 Lagrange 括号的(1.2.18a,b,c)式。而著作[1]证明过程有不妥之处，虽然其结论是正确的。

于是 $\boldsymbol{S}=\partial\boldsymbol{v}_b/\partial\boldsymbol{v}_a$ 确实是**传递辛矩阵**，情况又与线性系统时符合了。这表明用区段变形能，即动力学的作用量产生的 $\boldsymbol{v}_a,\boldsymbol{v}_b$ 的变分是**传递辛矩阵的乘法**关系。以后会讲清楚：**传递辛矩阵乘法**就是**正则变换**。**正则变换**是 Hamilton 体系的本性，摄动法近似求解时，**正则变换**是很重要的。

传递辛矩阵 $\boldsymbol{S}=\partial \boldsymbol{v}_{\mathrm{b}}/\partial \boldsymbol{v}_{\mathrm{a}}$ 是偏微商，偏微商当然是对于**增量**讲的。

按区段作用量 $S(\boldsymbol{q}_{\mathrm{a}},\boldsymbol{q}_{\mathrm{b}})$ 给出的两端状态向量增量，无非是区段 $(t_{\mathrm{a}},t_{\mathrm{b}})$ 的两端变换。如果紧接着有区段 $(t_{\mathrm{b}},t_{\mathrm{c}})$，则同样处理得到从 $\boldsymbol{v}_{\mathrm{b}}$ 到 $\boldsymbol{v}_{\mathrm{c}}$ 的增量变换。两个正则变换的合成依然是正则变换，即辛矩阵乘法给出的仍是辛矩阵，辛矩阵有群的性质。

顺次两个变换的合成是讲，从 $\boldsymbol{q}_{\mathrm{a}},\boldsymbol{p}_{\mathrm{a}}$ 到 $\boldsymbol{q}_{\mathrm{b}},\boldsymbol{p}_{\mathrm{b}}$，再到 $\boldsymbol{q}_{\mathrm{c}},\boldsymbol{p}_{\mathrm{c}}$ 的变换，并不涉及对纵向坐标 t 的微商，因此适用于**离散坐标体系**。设从 $\boldsymbol{q}_{\mathrm{a}},\boldsymbol{p}_{\mathrm{a}}$ 到 $\boldsymbol{q}_{\mathrm{b}},\boldsymbol{p}_{\mathrm{b}}$ 的传递辛矩阵 $\boldsymbol{S}_{\mathrm{a}\sim\mathrm{b}}=\partial \boldsymbol{v}_{\mathrm{b}}/\partial \boldsymbol{v}_{\mathrm{a}}$，而从 $\boldsymbol{q}_{\mathrm{b}},\boldsymbol{p}_{\mathrm{b}}$ 到 $\boldsymbol{q}_{\mathrm{c}},\boldsymbol{p}_{\mathrm{c}}$ 的传递辛矩阵 $\boldsymbol{S}_{\mathrm{b}\sim\mathrm{c}}=\partial \boldsymbol{v}_{\mathrm{c}}/\partial \boldsymbol{v}_{\mathrm{b}}$，合成就是

$$\boldsymbol{S}_{\mathrm{a}\sim\mathrm{c}}=\boldsymbol{S}_{\mathrm{b}\sim\mathrm{c}}\cdot\boldsymbol{S}_{\mathrm{a}\sim\mathrm{b}}=(\partial \boldsymbol{v}_{\mathrm{c}}/\partial \boldsymbol{v}_{\mathrm{b}})\cdot(\partial \boldsymbol{v}_{\mathrm{b}}/\partial \boldsymbol{v}_{\mathrm{a}})=\partial \boldsymbol{v}_{\mathrm{c}}/\partial \boldsymbol{v}_{\mathrm{a}}$$

辛矩阵的乘法，其实就是 Jacobi 矩阵的乘法。道理无非是链式微商而已。进一步还应证明：**传递辛矩阵乘法的合成相当于两个相邻区段的区段变形能合并**，即两者是一致的。

将式(1.2.18)表达成分量，是

$$\{q_i,q_j\}=0,\quad \{p_i,p_j\}=0,\quad \{q_i,p_j\}=\delta_{ij} \tag{1.2.19}$$

虽然 Lagrange 括号写的是全量，但注意其定义(1.2.12)是偏微商，蕴涵了增量。

与 Lagrange 括号相对应的有 Poisson 括号。Poisson 括号则反过来，将 u,v 看成为状态向量 $\boldsymbol{q},\boldsymbol{p}$ 的任意两个函数 $u(\boldsymbol{q},\boldsymbol{p})$，$v(\boldsymbol{q},\boldsymbol{p})$。Poisson 括号的定义为

$$\begin{aligned}[u,v]_{\boldsymbol{q},\boldsymbol{p}} &\xlongequal{\text{def}}\left(\frac{\partial u}{\partial \boldsymbol{q}}\right)^{\mathrm{T}}\frac{\partial v}{\partial \boldsymbol{p}}-\left(\frac{\partial u}{\partial \boldsymbol{p}}\right)^{\mathrm{T}}\frac{\partial v}{\partial \boldsymbol{q}}\\ &=\sum_{k=1}^{n}\begin{vmatrix}\partial u/\partial q_k & \partial u/\partial p_k\\ \partial v/\partial q_k & \partial v/\partial p_k\end{vmatrix}\end{aligned}$$

$$= \sum_{k=1}^{n} \left| \frac{\partial(u, v)}{\partial(q_k, p_k)} \right| \tag{1.2.20}$$

其中,$\partial u/\partial \boldsymbol{q}$ 是向量,其转置$(\partial u/\partial \boldsymbol{q})^{\mathrm{T}}$ 是行向量,乘积仍然是标量。于是 Poisson 括号给出一个标量,其中,u,v 也可是坐标 t 的函数,t 只是一个参数。显然也有 $[u,v]_{\boldsymbol{q},\boldsymbol{p}}=-[v,u]_{\boldsymbol{q},\boldsymbol{p}}$,即 Poisson 括号是反对称的。Poisson 括号的应用是很广泛的。

如果 $\boldsymbol{u}$ 是一个向量而 v 是纯量,则$\partial \boldsymbol{u}/\partial \boldsymbol{q}$ 是矩阵,$(\partial \boldsymbol{u}/\partial \boldsymbol{q})^{\mathrm{T}}$ 是其转置阵,于是$(\partial \boldsymbol{u}/\partial \boldsymbol{q})^{\mathrm{T}} \cdot (\partial v/\partial \boldsymbol{q})$仍给出向量;如果 $\boldsymbol{u},\boldsymbol{v}$ 全部是向量,则 Poisson 括号给出的就是矩阵了。该矩阵 i 行,j 列的元素是 $[u_i,v_j]_{\boldsymbol{q},\boldsymbol{p}}$。

揭示 Lagrange 括号及 Poisson 括号与辛矩阵的关系有启发意义。记 $\boldsymbol{v}_{\mathrm{b}}=\boldsymbol{v}_{\mathrm{b}}(\boldsymbol{v}_{\mathrm{a}})$,则

$$\partial \boldsymbol{v}_{\mathrm{b}}/\partial \boldsymbol{v}_{\mathrm{a}}=\boldsymbol{S}$$

就是式(1.8)。前面证明 $\boldsymbol{S}$ 是辛矩阵,$\boldsymbol{S}^{\mathrm{T}}\boldsymbol{J}\boldsymbol{S}=\boldsymbol{J}$ 满足,就给出了 Lagrange 括号的(1.2.18)。故 Lagrange 括号的(1.2.18a,b,c)式与 $\boldsymbol{S}$ 为辛矩阵是互为因果关系的,Lagrange 括号的(1.2.18a,b,c)就是**共轭辛正交归一关系**。

根据 $\boldsymbol{S}$ 为辛矩阵,就可验证 Poisson 括号的特征。因根据辛矩阵群的性质,知道 $\boldsymbol{S}^{\mathrm{T}}$ 也是辛矩阵,有 $\boldsymbol{S}\boldsymbol{J}\boldsymbol{S}^{\mathrm{T}}=\boldsymbol{J}$。将 $\boldsymbol{S}\boldsymbol{J}\boldsymbol{S}^{\mathrm{T}}=\boldsymbol{J}$ 乘出来,就得到用 Poisson 括号组成的矩阵。为了看清楚 Poisson 括号,将 $\boldsymbol{S}\boldsymbol{J}\boldsymbol{S}^{\mathrm{T}}=\boldsymbol{J}$ 具体表达为

$$\boldsymbol{S}=\begin{pmatrix} \partial \boldsymbol{q}_{\mathrm{b}}/\partial \boldsymbol{q}_{\mathrm{a}} & \partial \boldsymbol{q}_{\mathrm{b}}/\partial \boldsymbol{p}_{\mathrm{a}} \\ \partial \boldsymbol{p}_{\mathrm{b}}/\partial \boldsymbol{q}_{\mathrm{a}} & \partial \boldsymbol{p}_{\mathrm{b}}/\partial \boldsymbol{p}_{\mathrm{a}} \end{pmatrix},\boldsymbol{J}\boldsymbol{S}^{\mathrm{T}}=\begin{pmatrix} (\partial \boldsymbol{q}_{\mathrm{b}}/\partial \boldsymbol{p}_{\mathrm{a}})^{\mathrm{T}} & (\partial \boldsymbol{p}_{\mathrm{b}}/\partial \boldsymbol{p}_{\mathrm{a}})^{\mathrm{T}} \\ -(\partial \boldsymbol{q}_{\mathrm{b}}/\partial \boldsymbol{q}_{\mathrm{a}})^{\mathrm{T}} & -(\partial \boldsymbol{p}_{\mathrm{b}}/\partial \boldsymbol{q}_{\mathrm{a}})^{\mathrm{T}} \end{pmatrix}$$

$$\boldsymbol{SJS}^{\mathrm{T}}=\begin{bmatrix}\frac{\partial \boldsymbol{q}_{\mathrm{b}}}{\partial \boldsymbol{q}_{\mathrm{a}}}\left(\frac{\partial \boldsymbol{q}_{\mathrm{b}}}{\partial \boldsymbol{p}_{\mathrm{a}}}\right)^{\mathrm{T}}-\frac{\partial \boldsymbol{q}_{\mathrm{b}}}{\partial \boldsymbol{p}_{\mathrm{a}}}\left(\frac{\partial \boldsymbol{q}_{\mathrm{b}}}{\partial \boldsymbol{q}_{\mathrm{a}}}\right)^{\mathrm{T}} & \frac{\partial \boldsymbol{q}_{\mathrm{b}}}{\partial \boldsymbol{q}_{\mathrm{a}}}\left(\frac{\partial \boldsymbol{p}_{\mathrm{b}}}{\partial \boldsymbol{p}_{\mathrm{a}}}\right)^{\mathrm{T}}-\frac{\partial \boldsymbol{q}_{\mathrm{b}}}{\partial \boldsymbol{p}_{\mathrm{a}}}\left(\frac{\partial \boldsymbol{p}_{\mathrm{b}}}{\partial \boldsymbol{q}_{\mathrm{a}}}\right)^{\mathrm{T}} \\ \frac{\partial \boldsymbol{p}_{\mathrm{b}}}{\partial \boldsymbol{q}_{\mathrm{a}}}\left(\frac{\partial \boldsymbol{q}_{\mathrm{b}}}{\partial \boldsymbol{p}_{\mathrm{a}}}\right)^{\mathrm{T}}-\frac{\partial \boldsymbol{p}_{\mathrm{b}}}{\partial \boldsymbol{p}_{\mathrm{a}}}\left(\frac{\partial \boldsymbol{q}_{\mathrm{b}}}{\partial \boldsymbol{q}_{\mathrm{a}}}\right)^{\mathrm{T}} & \frac{\partial \boldsymbol{p}_{\mathrm{b}}}{\partial \boldsymbol{q}_{\mathrm{a}}}\left(\frac{\partial \boldsymbol{p}_{\mathrm{b}}}{\partial \boldsymbol{p}_{\mathrm{a}}}\right)^{\mathrm{T}}-\frac{\partial \boldsymbol{p}_{\mathrm{b}}}{\partial \boldsymbol{p}_{\mathrm{a}}}\left(\frac{\partial \boldsymbol{p}_{\mathrm{b}}}{\partial \boldsymbol{q}_{\mathrm{a}}}\right)^{\mathrm{T}}\end{bmatrix}=\boldsymbol{J}$$

看左上的子矩阵，取其 i 行，j 列的元素，为

$$(\boldsymbol{SJS}^{\mathrm{T}})_{\mathrm{qq}}=\left(\frac{\partial q_{\mathrm{b}i}}{\partial \boldsymbol{q}_{\mathrm{a}}}\right)^{\mathrm{T}}\cdot\frac{\partial q_{\mathrm{b}j}}{\partial \boldsymbol{p}_{\mathrm{a}}}-\left(\frac{\partial q_{\mathrm{b}i}}{\partial \boldsymbol{p}_{\mathrm{a}}}\right)^{\mathrm{T}}\cdot\frac{\partial q_{\mathrm{b}j}}{\partial \boldsymbol{q}_{\mathrm{a}}}=[q_{\mathrm{b}i},q_{\mathrm{b}j}]_{\boldsymbol{q}_{\mathrm{a}},\boldsymbol{p}_{\mathrm{a}}}$$

省略 Poisson 括号的下标 $\boldsymbol{q}_{\mathrm{a}}$，$\boldsymbol{p}_{\mathrm{a}}$，有

$$(\boldsymbol{SJS}^{\mathrm{T}})_{\mathrm{qq}}=\begin{bmatrix}[q_{\mathrm{b}1},q_{\mathrm{b}1}] & [q_{\mathrm{b}1},q_{\mathrm{b}2}] & \cdots & [q_{\mathrm{b}1},q_{\mathrm{b}n}] \\ [q_{\mathrm{b}2},q_{\mathrm{b}1}] & [q_{\mathrm{b}2},q_{\mathrm{b}2}] & \cdots & [q_{\mathrm{b}2},q_{\mathrm{b}n}] \\ \vdots & \vdots & & \vdots \\ [q_{\mathrm{b}n},q_{\mathrm{b}1}] & [q_{\mathrm{b}n},q_{\mathrm{b}2}] & \cdots & [q_{\mathrm{b}n},q_{\mathrm{b}n}]\end{bmatrix}=\mathbf{0}$$

$$(\boldsymbol{SJS}^{\mathrm{T}})_{\mathrm{qp}}=\begin{bmatrix}[q_{\mathrm{b}1},p_{\mathrm{b}1}] & [q_{\mathrm{b}1},p_{\mathrm{b}2}] & \cdots & [q_{\mathrm{b}1},p_{\mathrm{b}n}] \\ [q_{\mathrm{b}2},p_{\mathrm{b}1}] & [q_{\mathrm{b}2},p_{\mathrm{b}2}] & \cdots & [q_{\mathrm{b}2},p_{\mathrm{b}n}] \\ \vdots & \vdots & & \vdots \\ [q_{\mathrm{b}n},p_{\mathrm{b}1}] & [q_{\mathrm{b}n},p_{\mathrm{b}2}] & \cdots & [q_{\mathrm{b}n},p_{\mathrm{b}n}]\end{bmatrix}=\boldsymbol{I}$$

$$(\boldsymbol{SJS}^{\mathrm{T}})_{\mathrm{pq}}=\begin{bmatrix}[p_{\mathrm{b}1},q_{\mathrm{b}1}] & [p_{\mathrm{b}1},q_{\mathrm{b}2}] & \cdots & [p_{\mathrm{b}1},q_{\mathrm{b}n}] \\ [p_{\mathrm{b}2},q_{\mathrm{b}1}] & [p_{\mathrm{b}2},q_{\mathrm{b}2}] & \cdots & [p_{\mathrm{b}2},q_{\mathrm{b}n}] \\ \vdots & \vdots & & \vdots \\ [p_{\mathrm{b}n},q_{\mathrm{b}1}] & [p_{\mathrm{b}n},q_{\mathrm{b}2}] & \cdots & [p_{\mathrm{b}n},q_{\mathrm{b}n}]\end{bmatrix}=-\boldsymbol{I}$$

$$(\boldsymbol{SJS}^{\mathrm{T}})_{\mathrm{pp}}=\begin{bmatrix}[p_{\mathrm{b}1},p_{\mathrm{b}1}] & [p_{\mathrm{b}1},p_{\mathrm{b}2}] & \cdots & [p_{\mathrm{b}1},p_{\mathrm{b}n}] \\ [p_{\mathrm{b}2},p_{\mathrm{b}1}] & [p_{\mathrm{b}2},p_{\mathrm{b}2}] & \cdots & [p_{\mathrm{b}2},p_{\mathrm{b}n}] \\ \vdots & \vdots & & \vdots \\ [p_{\mathrm{b}n},p_{\mathrm{b}1}] & [p_{\mathrm{b}n},p_{\mathrm{b}2}] & \cdots & [p_{\mathrm{b}n},p_{\mathrm{b}n}]\end{bmatrix}=\mathbf{0}$$

这符合 Poisson 括号的反对称性质。所以 Lagrange 括号与 Poisson 括号是密切关联的。按上面辛矩阵的性质有

$$[q_{ai},q_{aj}]_{\boldsymbol{q},\boldsymbol{p}}=0,\quad [p_{ai},p_{aj}]_{\boldsymbol{q},\boldsymbol{p}}=0,\quad [q_{ai},p_{aj}]_{\boldsymbol{q},\boldsymbol{p}}=\delta_{ij} \tag{1.2.21}$$

也是**共轭辛正交归一关系**。因 $\boldsymbol{q}_a,\boldsymbol{p}_a$ 与 $\boldsymbol{q},\boldsymbol{p}$ 是**传递辛矩阵乘法变换**关系，根据链式微商的规则，有

$$\begin{aligned}
[u,v]_{\boldsymbol{q},\boldsymbol{p}} &= \sum_{k=1}^{n}\begin{vmatrix}\partial u/\partial q_k & \partial u/\partial p_k\\ \partial v/\partial q_k & \partial v/\partial p_k\end{vmatrix}\\
&= \sum_{k=1}^{n}\sum_{i=1}^{n}\begin{vmatrix}\partial u/\partial q_{ai} & \partial u/\partial p_{ai}\\ \partial v/\partial q_{ai} & \partial v/\partial p_{ai}\end{vmatrix}\cdot\begin{vmatrix}\partial q_{ai}/\partial q_k & \partial q_{ai}/\partial p_k\\ \partial p_{ai}/\partial q_k & \partial p_{ai}/\partial p_k\end{vmatrix}\\
&= [u,v]_{\boldsymbol{q}_a,\boldsymbol{p}_a}\\
&= [u,v]
\end{aligned} \tag{1.2.22}$$

表明 **Poisson 括号在正则变换(传递辛矩阵乘法变换)下不变**，故可将其下标省略掉。

采用**辛**的表示也许更简洁些，

$$[u_1,u_2]_{\boldsymbol{v}}=(\partial u_1/\partial \boldsymbol{v})^{\mathrm{T}}\boldsymbol{J}(\partial u_2/\partial \boldsymbol{v}) \tag{1.2.23}$$

其中，$\boldsymbol{v}=\{\boldsymbol{q}^{\mathrm{T}},\boldsymbol{p}^{\mathrm{T}}\}^{\mathrm{T}}$；$u_1,u_2$ 当然是 $\boldsymbol{q},\boldsymbol{p}$ 的函数。如果 u_1,u_2 直接选自正则变量的分量，易知

$$[q_i,q_j]=0,\quad [p_i,p_j]=0$$

$$[q_i,p_j]=\delta_{ij},\quad [p_i,q_j]=-\delta_{ij}$$

$$(i,j=1,2,\cdots,n)$$

这些正则变量都是 $\boldsymbol{v}$ 的分量，若将 Poisson 括号写成 $2n\times 2n$ 矩阵，有

$$[\boldsymbol{v},\boldsymbol{v}]=\boldsymbol{J} \tag{1.2.24}$$

对时不变的线性系统，则 $\boldsymbol{S}$ 是定常辛矩阵；对变系数线性方

程，则 $\boldsymbol{S}$ 是随坐标 t 而变的辛矩阵；对非线性系统，则 $\boldsymbol{S}$ 是状态的辛矩阵。以上阐述并无对长度坐标 t 的微商，故**适用于离散系统**。事实上，这一节的理论就是在离散坐标下推导的。离散系统才能与有限元法相衔接。再说，一般非线性系统的求解总是要离散的，所以**适用于离散系统**很重要。以上是分析力学理论一般的描述。

1.3 保辛-守恒的参变量算法

固体有弹塑性的性质，工程中不能回避，计算力学当然要解决这些问题，尤其是机械工程中常见的接触问题。这些情况的特点是本构关系出现转折而不能微商。为此计算力学提出了参变量变分原理以及对应的参变量 2 次规划算法，见著作[11,12]，有效地予以解决。

参变量方法对于动力学是否也有效呢？以下以一个最简单的一维非线性振动问题为例，看参变量方法是如何解决离散系统的**保辛-守恒**算法的。最简单的问题就是：无阻尼 Duffing 弹簧振动的求解。

Hilbert 在《数学问题》报告中说："在讨论数学问题时，我们相信特殊化比一般化起着更为重要的作用。可能在大多数场合，我们寻找一个问题的答案而未能成功的原因，是在于这样的事实，即有一些比手头的问题更简单、更容易的问题没有完全解决或是完全没有解决。这时，一切都有赖于找出这些比较容易的问题并使用尽可能完善的方法和能够推广的概念来解决它们。这种方法是克服数学困难的最重要的杠杆之一。"

笼统地讲理论不适宜于工程师，用具体的例题来表述便于理解。看清楚计算无阻尼 Duffing 弹簧振动的求解，推广就容易了。再说本书的思路是只讲简单基本的内容！下面用熟知的无阻尼 Duffing 弹簧自由振动为例来介绍。微分方程是

$$\ddot{q}(t)+(\omega_s^2+\beta q^2)q(t)=0 \tag{1.3.1}$$

初始条件为 $q(0)$ 和 $\dot{q}(0)$。Lagrange 函数为

$$L(q,\dot{q})=(\dot{q}^2-\omega_s^2q^2-\beta q^4/2)/2 \tag{1.3.2}$$

该方程有 Jacobi 椭圆函数的解析解[13]，而 Jacobi 椭圆函数可用精细积分法计算[14]，数值上可达到计算机精度。这里不采用椭圆函数的解析解，而是进行离散数值求解。

非线性方程一般难以分析求解，只能采用近似数值积分。近似系统应当也是 Hamilton 系统，其保辛是近似系统的保辛。近似系统保辛不能保证近似解对于原系统保辛，甚至原系统的能量也未必守恒，故应使用**参变量**等多种方法。注意，近似方法中还有**摄动法**可用。

在选择摄动出发点的基本近似解时也应遵循保辛的性质。原系统(1.3.1)是非线性微分方程的初值问题。设积分已经到达时刻 t_0，得到了 q_0, p_0；而下一步是 t_f，要求计算此时的 q_f, p_f。作为时间区段($t_0 \sim t_f$)的基本近似解，可选择常系数线性振动的解，即取时间区段($t_0 \sim t_f$)的近似系统为

$$\begin{gathered} S_a(q_0,q_f)=\int_{t_0}^{t_f}L_a(q,\dot{q})\mathrm{d}t \\ L_a(q,\dot{q})=\dot{q}^2/2-\omega^2q^2/2 \end{gathered} \tag{1.3.3}$$

其中，弹簧力 $\omega^2 q$ 的选择是切线或某割线近似。虽然有保辛的要

求,但近似方法仍然是有选择余地的,即常系数 ω^2 的选择。对应的微分方程为

$$\ddot{q}_a(t)+\omega^2 q_a(t)=0 \tag{1.3.4}$$

常系数 ω^2 的选择可根据某个条件来选定,成为留有余地的所谓**参变量**。初值问题求解比较简单,当然是按给定参变量 ω^2 而求解的,得到时段结束时刻 t_f 的状态向量 q_f, p_f。参变量 ω^2 尚未完全确定,由于希望保持能量守恒,恰好可通过调整参变量 ω^2 使原系统能量在时段结束时刻 t_f 守恒。由于近似方程(1.3.4)为 Hamilton 系统并可解析求解,能确保保辛,并且在保辛基础上通过调整参变量 ω^2 保证能量在积分格点处守恒。

还可以通过摄动得到更为精细的方法。近似系统(1.3.4)的 Hamilton 函数

$$H_a(\boldsymbol{v})=p^2/2+\omega^2 q^2/2$$

是线性时不变系统,利用它可执行时变正则变换。引入 Hamilton 函数 $H_a(\boldsymbol{v})$标志的近似线性系统,就是要基于它进行基于线性时不变系统的时变正则变换。因此要将二次 Hamilton 函数表达为

$$H_a(\boldsymbol{v})=-\boldsymbol{v}^T(\boldsymbol{J}\boldsymbol{H}_a)\boldsymbol{v}/2 \tag{1.3.5}$$

根据矩阵 $\boldsymbol{H}_a$,容易计算本征向量辛矩阵 $\boldsymbol{\Psi}_a$,而初始单位矩阵的响应辛矩阵为

$$\boldsymbol{S}_a(t)=\exp(\boldsymbol{H}_a t) \tag{1.3.6}$$

可验证 $\boldsymbol{S}_a^T\boldsymbol{J}\boldsymbol{S}_a=\boldsymbol{J}$。运用 $\boldsymbol{S}_a(t)$可进行时变的正则变换

$$\boldsymbol{v}=\boldsymbol{S}_a(t)\cdot\boldsymbol{v}_e \quad 或 \quad \boldsymbol{v}_e=\boldsymbol{S}_a^{-1}\boldsymbol{v}=-\boldsymbol{J}\boldsymbol{S}_a^T\boldsymbol{J}\boldsymbol{v} \tag{1.3.7}$$

变换后待求状态向量函数是 $\boldsymbol{v}_e(t)$,微分方程是

$$\dot{\boldsymbol{v}}_e=\boldsymbol{H}_e\boldsymbol{v}_e,\boldsymbol{H}_e=\boldsymbol{J}\boldsymbol{S}_a^T\boldsymbol{J}(\boldsymbol{H}_a-\boldsymbol{H})\boldsymbol{S}_a=\boldsymbol{S}_a^{-1}(\boldsymbol{H}-\boldsymbol{H}_a)\boldsymbol{S}_a \tag{1.3.8}$$

其中，$\boldsymbol{H}$ 是式(1.3.2)所对应的 Hamilton 矩阵，

$$\boldsymbol{H}_{\mathrm{a}}-\boldsymbol{H}=\begin{pmatrix} 0 & 0 \\ \omega_{\mathrm{s}}^2+\beta q^2-\omega^2 & 0 \end{pmatrix} \tag{1.3.9}$$

容易验证 $\boldsymbol{H}_{\mathrm{e}}$ 是 Hamilton 矩阵。**参变量** ω^2 仍是待定。根据格点处能量保守，t_{f} 时刻原系统的能量守恒成为补充条件，可提供一个方程，用以确定参变量 ω^2。非线性方程，求解要迭代。作为参变量的初值，在普通情况下可用切线的 ω^2；或用通常的保辛差分法，例如保辛 Euler 差分法等再结合割线近似等。虽然开始的**参变量**初值不够准，在迭代中是可逐步修正的。

变换后的微分方程(1.3.8)的求解也要初始条件。根据方程(1.3.7)，并且由于 $\boldsymbol{S}_{\mathrm{a}}(t_0)=\boldsymbol{I}$，故

$$\boldsymbol{v}_{\mathrm{e}0}=\boldsymbol{v}_0 \tag{1.3.10}$$

方程(1.3.8)也是 Hamilton 系统，对此可用例如保辛差分或时间有限元等保辛近似方法求解。因 H_{a} 是原系统 H 的主要部分，而近似系统 H_{a} 是非常精细地求解的，并且正则变换本身是精确的，所以 H 的主要部分已经“消化”了，从而对于系统 H_{e} 的近似求解所带来的误差已经是高阶小量了，可以得到满意的数值解。通过能量守恒求解参变量 ω^2 必然导向迭代。迭代有各种各样的方法，可设想步骤如下：

(1)根据 q_0，p_0，采用参变量 ω^2 的初值问题。最粗糙的作法是用切线近似的 ω^2，讲究些也可用简单的差分法近似计算一个 q_{f}，再采用割线近似的 ω^2 等。

(2)根据 q_0，p_0，ω^2，精细求解初值问题，得到辛矩阵以及 $q_{\mathrm{f}0}$，$p_{\mathrm{f}0}$。

(3)根据辛矩阵进行其乘法的正则变换得到矩阵 $\boldsymbol{H}_e$,见方程(1.3.8)。

(4)摄动后的初值边界条件见方程(1.3.10)。

(5)近似保辛求解变换后 H_e 的系统,并计算 t_f 处的 q_f,p_f 与能量 H_f。

(6)比较初始 Hamilton 函数 $H_0=H(q_0,p_0)$与 $H_f=H(q_f,p_f)$之差 $\Delta H(\omega^2)=H_f-H_0$,如果误差 ΔH 满足指定精度则接受,否则修改新的参变量 ω_{new}^2。

(7)修改 ω_{new}^2 的方法可以是根据临近两次的 ω^2 和对应的 Hamilton 函数,通过割线按直线插值确定新的参变量 ω_{new}^2,然后返回步骤(2)。

应当证明,不论参变量 ω^2 选择什么数值,以上的积分总是保辛的。

证明:因为变换用辛矩阵乘法 $\boldsymbol{v}=\boldsymbol{S}_a(t)\cdot\boldsymbol{v}_e$,故

$$\boldsymbol{v}_0=\boldsymbol{S}_{a0}\cdot\boldsymbol{v}_{e0},\quad \boldsymbol{v}_f=\boldsymbol{S}_{af}\cdot\boldsymbol{v}_{ef}$$

其中,$\boldsymbol{S}_{a0}$,$\boldsymbol{S}_{af}$是辛矩阵。又因正则变换后,采用例如区段变形能的有限元法推导的传递

$$\boldsymbol{v}_{ef}=\boldsymbol{S}_{e\Delta}\cdot\boldsymbol{v}_{e0}$$

其中,$\boldsymbol{S}_{e\Delta}$也是辛矩阵,从而得到

$$\boldsymbol{v}_f=\boldsymbol{S}_{af}\boldsymbol{S}_{e\Delta}\boldsymbol{v}_{e0}=(\boldsymbol{S}_{af}\boldsymbol{S}_{e\Delta}\boldsymbol{S}_{a0}^{-1})\boldsymbol{v}_0=\boldsymbol{S}_\Delta\cdot\boldsymbol{v}_0,\quad \boldsymbol{S}_\Delta=\boldsymbol{S}_{af}\boldsymbol{S}_{e\Delta}\boldsymbol{S}_{a0}^{-1}$$

则传递矩阵 $\boldsymbol{S}_\Delta$ 是 3 个辛矩阵的乘积;根据辛矩阵群的性质,$\boldsymbol{S}_\Delta$ 也是辛矩阵。故不论 ω^2 如何选择,状态传递总是保辛的。这样,在保辛条件外,还有参变量 ω^2 的选择余地,以满足更多的条件。当前应选择格点处能量守恒条件得以满足。通俗地讲,参变量方法

是有弹性的，**“太极拳”**，含蓄。

状态传递保辛后，能量是否守恒也很重要。任意选择的**参变量** ω^2 不能保证原系统在格点处能量守恒。好在**参变量** ω^2 的选择可**按能量守恒而求解**。因此用参变量 ω^2 做辛矩阵乘法的正则变换后再保辛近似，既保辛又使能量守恒，打破了所谓保辛则能量不能守恒，能量守恒就不能保辛的两难命题。这个相互冲突的结论只适用于刚性的有限差分积分格式。因差分格式没有参变量，故要求保辛后就没有选择余地了。运用含有参变量的辛矩阵乘法正则变换可达到能量守恒，故可称为**“保辛-守恒算法”**。

从数学的角度看，以上的算法依赖于参变量 ω^2 的选择，因为每步时间区段的离散积分，给出的数值结果对于参变量 ω^2 是连续变化的，符合拓扑学的同伦。就如同有两个点 $(x_1, y_1<0)$、$(x_2, y_2>0)$，两点间连通一条连续曲线，则必然会与 $y=0$ 的线相交。关键点是连续变化，这是最简单的同伦(Homotopy)，可有助于理解。

前面讲述是在可精细求解的近似系统基础上再运用辛矩阵乘法摄动而求解的。直接运用精细积分近似系统求解而不进行摄动也可实现**保辛-守恒**。摄动求解当然可使精度大幅度提高，但也有较大的计算工作量。不摄动而减少离散格点的步长也能提高精度。

参变量正则变换的保辛-守恒算法显现出了其优越性。保辛说的是“近似解的传递保辛”，守恒说的是“近似解使原系统在格点处守恒”。单自由度问题只能有一个参变量；而 n 自由度问题就可以有 n 维的参变向量。这样保辛后还可使多个守恒条件得到满足，有足够的弹性。虽然现在用 Duffing 弹簧的例题讲解，但参变量方法是一般适用的。然而有多个守恒量时,非线性联立方程的求解会麻烦些。

算例 1　考虑上述的 Duffing 方程,取参数为 $\omega_s=0.2$ 和 $\beta=1.0$,非线性比较强;初始条件为 $q(0)=1, p(0)=1$。在 0 到20(s)区间上积分,时间积分步长为 $\eta=0.1$。

采用线性系统(1.3.4)来近似 Duffing 方程,并通过调整参变量 ω^2 使原系统能量在积分格点处守恒,即未曾使用保辛摄动时,给出的计算结果如图 1-1(a)~(d)所示。图 1-1(a)~(d)分别表示 Duffing 方程的相轨迹、位移、Hamilton 函数的相对误差以及参变

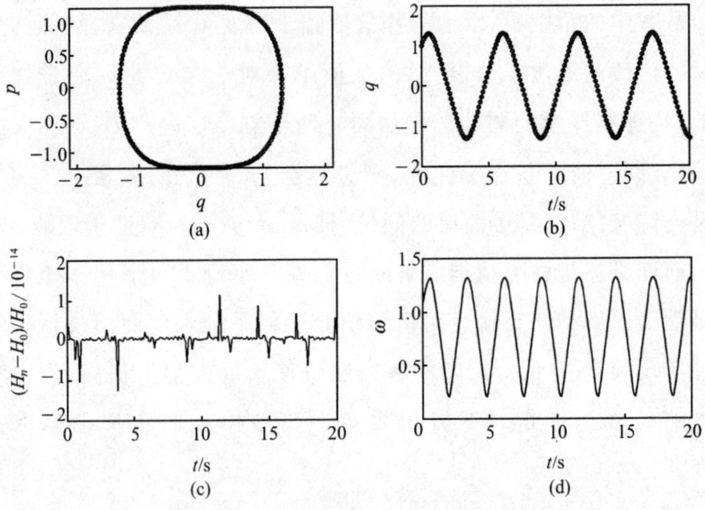

图 1-1　Duffing 方程保辛-守恒算法积分结果

量 ω 的变化情况。在图 1-1(a)和(b)中,实线为通过椭圆函数计算的解析解,而圆圈为本书方法结果。图 1-1(a)表明相平面上近似解与精确解的椭圆函数轨道符合得很好。图 1-1(c)表明,上述方

法得到的 Hamilton 函数的相对误差已经达到 10^{-14}，这已经接近计算机精度。当然，如果计算机系统的精度更高，则 Hamilton 函数也能达到更高的精度。

若采用线性系统(1.3.4)的单位响应矩阵 $\boldsymbol{S}_{\mathrm{a}}(t)$ 作时变正则变换，然后通过保辛方法求解方程(1.3.8)，并同样调整参变量 ω^2 使原系统能量在积分格点处守恒，则结果如图 1-2(a)～(d)所示，图 1-2 与图 1-1 表示的含义相同。图 1-1 和图 1-2 的差别很小，若采用数值比较可知，图 1-2 的结果更精确一些。

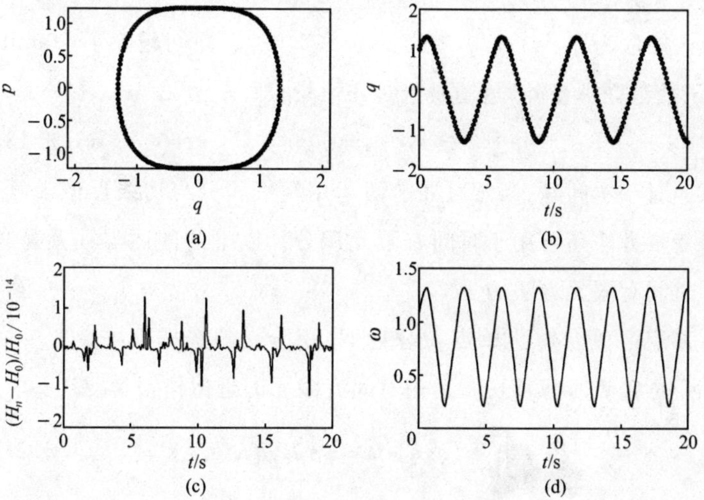

图 1-2　Duffing 方程保辛摄动-守恒算法积分结果

以上两种近似解的误差表现在相位上，当时间长时会表现出来。若积分到 200(s)，则以上两种方法的位移与解析解有明显差别，其中第二种方法更精确些，但需要的计算量也显著增加，这也说明正则变换摄动法精度更好些。至此看到，**参变量保辛-守恒算**

法确实达到了**保辛-守恒**，虽然只是一个简单例题，也表明文献[10]所述有误。

算例 2 考虑 Kepler 问题，Lagrange 与 Hamilton 函数分别是

$$\begin{aligned} L(\boldsymbol{q},\dot{\boldsymbol{q}})&=(\dot{q}_1^2+\dot{q}_2^2)/2+1/\sqrt{q_1^2+q_2^2} \\ H(\boldsymbol{q},\boldsymbol{p})&=(p_1^2+p_2^2)/2-1/\sqrt{q_1^2+q_2^2} \end{aligned} \tag{1.3.11}$$

其 Hamilton 正则方程为

$$\begin{gathered} \dot{q}_1=p_1,\quad \dot{q}_2=p_2 \\ \dot{p}_1=-q_1/(q_1^2+q_2^2)^{3/2},\quad \dot{p}_2=-q_2/(q_1^2+q_2^2)^{3/2} \end{gathered} \tag{1.3.12}$$

初始条件取为 $q_1=0.4, q_2=0, p_1=0, p_2=2$。此问题除了 Hamilton 函数是守恒量外，角动量也是守恒量，即

$$\Theta=q_1p_2-q_2p_1 \tag{1.3.13}$$

守恒。对于本问题，当然可如前面运用精细积分与切线近似求解，但参变量方法还可用于时间有限元积分。以下的阐述与计算是参变量时间有限元方法的。

采用区段变形能**单点**积分近似，积分点的选择也可带上参变量。令 η 代表时间步长。运用时间有限元的近似作用量

$$S=\int_0^\eta L(\boldsymbol{q},\dot{\boldsymbol{q}})\mathrm{d}t\approx\eta\cdot L(\overline{\boldsymbol{q}},\Delta\boldsymbol{q}/\eta) \tag{1.3.14}$$

这近乎是微积分的中值定理。例如，取

$$\overline{\boldsymbol{q}}=(\boldsymbol{q}_0+\boldsymbol{q}_\mathrm{f})/2 \tag{1.3.15}$$

这是直线插值。于是

$$S=\eta\cdot L(\overline{\boldsymbol{q}},(\boldsymbol{q}_\mathrm{f}-\boldsymbol{q}_0)/\eta) \tag{1.3.16}$$

只是 $\boldsymbol{q}_0, \boldsymbol{q}_\mathrm{f}$ 的函数而没有参变量。应引入参变量，带上参变向量的时间有限元就能达到守恒。仔细分析可知，被积分函数是

$L(\boldsymbol{q},\dot{\boldsymbol{q}})$，微积分中值定理是时间区段内某一点。取直线插值的 $\overline{\boldsymbol{q}}$，无非是取中点近似而已。选择了 $\boldsymbol{q}_{\mathrm{f}}$ 就完全确定了。然而实际轨道不能保证是直线，在 $\overline{\boldsymbol{q}}=(\boldsymbol{q}_0+\boldsymbol{q}_{\mathrm{f}})/2$附近的位移也可以选择。可在中点$(\boldsymbol{q}_0+\boldsymbol{q}_{\mathrm{f}})/2$ 附近选择积分点，以引入参变量。取

$$\overline{\boldsymbol{q}}=(\boldsymbol{q}_0+\boldsymbol{q}_{\mathrm{f}})/2+\mathrm{diag}(\nabla L)\cdot\boldsymbol{\gamma} \tag{1.3.17}$$

其中，n 维向量 γ 就是参变量；而∇L 是梯度向量

$$\nabla L\approx\partial L/\partial\boldsymbol{q}\big|_{\overline{\boldsymbol{q}},(\boldsymbol{q}_{\mathrm{f}}-\boldsymbol{q}_0)/\Delta t}\approx\partial L/\partial\boldsymbol{q}\big|_{\boldsymbol{q}_0,(\boldsymbol{q}_{\mathrm{f}}-\boldsymbol{q}_0)/\Delta t} \tag{1.3.18}$$

就是运用出发点附近的近似也可以，$(\boldsymbol{q}_{\mathrm{f}}-\boldsymbol{q}_0)/\Delta t$ 也不用反复迭代，只要用第一次计算的即可，就是说∇L 只需计算一次，以减少计算工作量。而 $\mathrm{diag}(\nabla L)$是以∇L 为对角元的对角矩阵。因此可支持不超过 n 个守恒量。如果有 n 个守恒量，系统就是可积分的了。一般实际的系统有 $m<n$ 个守恒量，则只要选择 m 个参变量就可以了。当只有一个守恒量时，只需要一个参变量，可选择

$$\overline{\boldsymbol{q}}_\gamma=(\boldsymbol{q}_0+\boldsymbol{q}_{\mathrm{f}})/2+\gamma\cdot\nabla L \tag{1.3.19}$$

其中，γ 是参变量。调整参变量 γ 可达到能量守恒，通常向量 $\gamma\cdot\nabla L$是很小的。这样

$$S=\eta L(\overline{\boldsymbol{q}}_\gamma,\Delta\boldsymbol{q}/\eta)=f(\boldsymbol{q}_0,\boldsymbol{q}_{\mathrm{f}},\gamma) \tag{1.3.20}$$

是参变量 γ 的函数；从而时间有限元方法得到的传递辛矩阵 $\boldsymbol{S}(\gamma)$，成为参数 γ 的矩阵函数；确定参数 γ，只要根据 Hamilton 函数守恒的条件即可。

这说明参变量差分法也是可行的。

对于本算例的 Kepler 问题，我们选择一个参变量 γ 以保证 Hamilton 函数守恒。在 0～1000(s)上积分，时间步长为 $\eta=0.1$。图 1-3(a)～(d)分别给出了 Hamilton 函数的相对误差、与角动量

的相对误差、参变量 γ 随时间变化以及 Kepler 问题的轨迹。数值近似给出了计算机精度的 Hamilton 函数，而角动量大体上自动守恒。积分得到的轨道出现椭圆轨道进动，这是近似积分无法避免的。

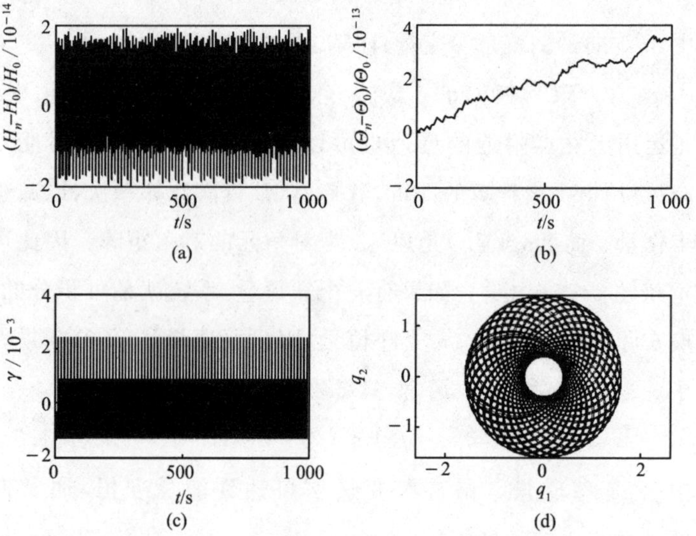

图 1-3　Kepler 问题保辛-守恒算法积分结果

若在 0～4π(s)上积分，时间步长为 $\eta=\pi/30$。分别采用保辛的中点近似方法[即采用方程(1.3.16)给出的近似而不引入参变量]和本书保辛-守恒方法积分，计算结果如图 1-4 所示，其中，黑点表示解析解，而实线和虚线分别给出保辛-守恒方法和中点近似方法的积分结果。在上面给出的初始条件下，Kepler 椭圆轨道的周期为 2π，图 1-4 表明这两种方法都会出现椭圆轨道进动，但保辛-守恒方法的椭圆轨道进动要慢一些，更精确一些。

以上例题表明**保辛-守恒算法**,并非必须采用**正则变换**不可。但正则变换属于分析动力学的核心内容。过去没有计算机,正则变换的表达经常采用生成函数的方法讲述[15]。此时,要用生成函数的偏微商去求解,以得到正则变换,运用的是隐函数定理。理论上讲,全部成立。但这给正则变换的数值计算带来许多困难。数值计算需要显式表达正则变换。

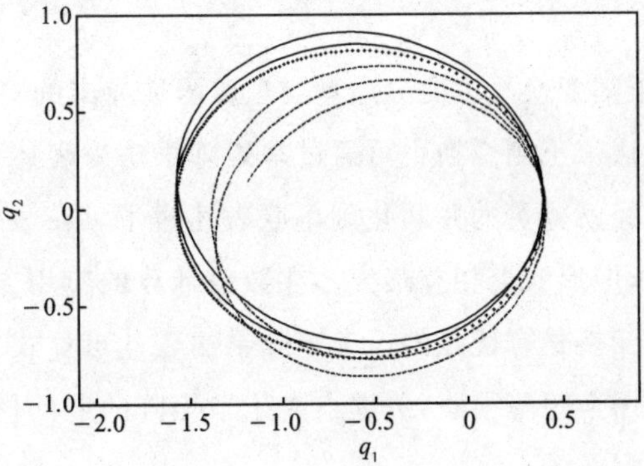

图 1-4 保辛中点近似方法和保辛-守恒方法比较

运用传递辛矩阵,就可以显式表达正则变换,见下节。

讨论 **保辛-守恒**的意义在于尽量提高长时间数值计算的精度,保持系统本来具备的性质。离散毕竟是近似,能保持的性质应尽量保持。**保辛-守恒**是针对动力学保守系统的离散讲的,不可忽视所谓的算法阻尼。一般来说,系统总是有阻尼的,通常很小。保守系统是其很好的近似。但小阻尼的因素怎么在积分中计及呢?

动力学有摄动法,可将一些小的因素计及的。首先是将忽略了小因素的系统积分好,**保辛-守恒**积分的结果就是摄动的出发点。

在此基础上可将阻尼等因素在计算中计及。考虑了阻尼因素，系统就不再能量守恒了，本来也不保守么。妥当的计算应将数值结果尽量符合实际发生的情况。所以，**保辛-守恒**是手段，而不是目的；可提供近似系统很好的近似解，进一步还要有后续步骤，组合起来方可取得符合实际的数值结果。看问题不可片面。

1.4 用辛矩阵乘法表述的正则变换

通常，正则变换是由变分原理与生成函数导出的[15]，但这并不是唯一的方法。正则变换也可通过**辛矩阵乘法**来表述，在著作[9]的附录5已经就弹簧的并联化到串联表述过了。在数学理论上二者是一致的，但形式上相差很大。在数值计算的应用方面，辛矩阵乘法的正则变换是有优点的。辛矩阵乘法表达可显式提供正则变换的公式。用辛矩阵乘法，关键点在于辛矩阵的群的性质；正则变换后仍然是保辛的。

以下将辛矩阵乘法的正则变换划分为时不变的变换与时变的变换，分别讲述之。

1.4.1 时不变正则变换的辛矩阵乘法表述

时不变正则变换可用状态空间的本征向量展开表述。

时不变点变换：

$$\boldsymbol{Q}=\boldsymbol{Q}(\boldsymbol{q}) \tag{1.4.1}$$

时不变正则变换：

$$\boldsymbol{Q}=\boldsymbol{Q}(\boldsymbol{q},\boldsymbol{p}) \tag{1.4.2a}$$

$$\boldsymbol{P}=\boldsymbol{P}(\boldsymbol{q},\boldsymbol{p}) \tag{1.4.2b}$$

取 Hamilton 函数为 $H_a(\boldsymbol{v})$的时不变线性对偶方程

$$\dot{\boldsymbol{q}}=(\partial H_a/\partial \boldsymbol{p})=\boldsymbol{A}\boldsymbol{q}+\boldsymbol{D}\boldsymbol{p}$$

$$\dot{\boldsymbol{p}}=-\partial H_a/\partial \boldsymbol{q}=-\boldsymbol{B}\boldsymbol{q}-\boldsymbol{A}^{\mathrm{T}}\boldsymbol{p}$$

或

$$\dot{\boldsymbol{v}}=\boldsymbol{H}_a\boldsymbol{v},\quad \boldsymbol{H}_a=\begin{pmatrix}\boldsymbol{A} & \boldsymbol{D}\\ -\boldsymbol{B} & -\boldsymbol{A}^{\mathrm{T}}\end{pmatrix} \tag{1.4.3}$$

其中,$n\times n$ 矩阵 $\boldsymbol{A},\boldsymbol{B},\boldsymbol{D}$ 取常值,就存在与时间 t 无关的本征向量辛矩阵 $\boldsymbol{\Psi}_a$。求解可用本征向量展开法,表达为

$$\boldsymbol{v}=\boldsymbol{\Psi}_a\boldsymbol{v}_e \quad 或 \quad \boldsymbol{v}_e=\boldsymbol{\Psi}_a^{-1}\boldsymbol{v}=-\boldsymbol{J}\boldsymbol{\Psi}_a^{\mathrm{T}}\boldsymbol{J}\boldsymbol{v} \tag{1.4.4}$$

加上下标 a 就代表近似解。因本征向量辛矩阵 $\boldsymbol{\Psi}_a$ 与时间 t 无关,故式(1.4.4)给出了辛矩阵乘法的时不变正则变换。这个正则变换是线性的。本征向量辛矩阵 $\boldsymbol{\Psi}_a$ 的展开可将方程(1.4.3)在变换后正交化了。$\boldsymbol{v}_e$ 代替 $\boldsymbol{v}$ 为待求向量。

正则变换与原 Hamilton 函数无关。近似时不变线性系统 $H_a(\boldsymbol{v})$的选择应与原系统的 Hamilton 函数 $H(\boldsymbol{v},t)$相差不大。选择近似的线性系统就是为了得到其变换辛矩阵 $\boldsymbol{\Psi}_a$(本征向量展开法进行正则变换)。方程(1.4.4)是正则变换的方程,将 $\boldsymbol{v}=\boldsymbol{\Psi}_a\boldsymbol{v}_e$ 代入$H(\boldsymbol{v},t)$,导出的新 Hamilton 函数是 $H_e(\boldsymbol{v}_e,t)=H(\boldsymbol{\Psi}_a\boldsymbol{v}_e,t)$。这样就得到求解 $\boldsymbol{v}_e$ 的 Hamilton 体系,而 $H_e(\boldsymbol{v}_e,t)$就是变换后的 Hamilton 函数,这是时不变的正则变换。

近似线性系统 $H_a(\boldsymbol{v})$的完全解可帮助推导正则变换,但近似线性系统的完全解不是变换后的对偶向量 $\boldsymbol{v}_e$。近似线性系统 $H_a(\boldsymbol{v})$的完全解也并非一定要解析解。事实上,本征向量辛矩阵 $\boldsymbol{\Psi}_a$ 一般是用数值方法计算求解的,具体算法见下章。第 0 章虽然讲了许多

本征向量辛矩阵 $\boldsymbol{\Psi}_a$ 的理论与性质,但毕竟不是完全的解析解;事实上一般情况的 $\boldsymbol{\Psi}_a$ 是要用数值方法计算求解的。

如 $H(\boldsymbol{v},t)$是时变的线性系统,$H(\boldsymbol{v},t)=-\boldsymbol{v}^{\mathrm{T}}\boldsymbol{JH}(t)\boldsymbol{v}/2$,则变换后

$$H_e(\boldsymbol{v}_e,t)=H(\boldsymbol{\Psi}_a\boldsymbol{v}_e,t)=-\boldsymbol{v}_e^{\mathrm{T}}\boldsymbol{H}_e\boldsymbol{v}_e/2 \tag{1.4.5}$$

其中,

$$H_e(t)=\boldsymbol{\Psi}_a^{\mathrm{T}}\boldsymbol{JH}(t)\boldsymbol{\Psi}_a$$

这就是对于时变线性系统的情况,可用于时变系统的 Riccati 微分方程求解。近似线性系统 Hamilton 矩阵 $\boldsymbol{H}_a$ 的选择有一定的任意性,例如取 $\boldsymbol{H}(t)$的平均值等。这样 $\boldsymbol{JH}_e(t)$大体上就接近对角化了,对于数值求解是有帮助的。

以上讲的是时不变正则变换,只用到本征向量辛矩阵 $\boldsymbol{\Psi}_a$,是同一辛矩阵乘法的变换。然而时不变系统的解也可用于时变正则变换,见下节。

1.4.2 时变正则变换的辛矩阵乘法表述

著作[9]的附录 5 用**离散**坐标的**区段变形能**函数(作用量),介绍了不同辛矩阵乘法的正则变换,现在要在连续坐标中讲述。在时间坐标上的不同辛矩阵乘法就表明是时变的正则变换。时变正则变换要寻找函数

$$\boldsymbol{q}_e=\boldsymbol{q}_e(\boldsymbol{q},\boldsymbol{p},t),\quad \boldsymbol{p}_e=\boldsymbol{p}_e(\boldsymbol{q},\boldsymbol{p},t)$$

或

$$\boldsymbol{v}_e=\boldsymbol{v}_e(\boldsymbol{v},t),\quad \boldsymbol{v}_e^{\mathrm{T}}=\{\boldsymbol{q}_e^{\mathrm{T}},\boldsymbol{p}_e^{\mathrm{T}}\} \tag{1.4.6}$$

其中,函数 $\boldsymbol{q}_e$,$\boldsymbol{p}_e$ 或 $\boldsymbol{v}_e$ 是变换后的状态。正则变换要求变换后的状态变量微分方程,依然有 Hamilton 正则方程的形式。原来系统

的状态向量是 $\boldsymbol{v}(t)$，其 Hamilton 正则方程为

$$\dot{\boldsymbol{v}}=\mathrm{d}\boldsymbol{v}/\mathrm{d}t=\boldsymbol{J}\cdot(\partial H/\partial \boldsymbol{v}) \tag{1.4.7}$$

当然有初始条件 $\boldsymbol{v}(t_0)=\boldsymbol{v}_0$，问题在于方程(1.4.7)求解困难。所以要在正则变换后再求解。最一般的非线性系统，其$(\partial H/\partial \boldsymbol{v})$可取任何形式。这里只考虑函数 $H(\boldsymbol{q},\boldsymbol{p},t)=H(\boldsymbol{v},t)$是二次可微的情况，就是要求

$$\partial H/\partial \boldsymbol{v}=\boldsymbol{H}(\boldsymbol{v},t)\cdot\boldsymbol{v} \tag{1.4.7$'$}$$

其中，$\boldsymbol{H}(\boldsymbol{v},t)$也是可微的。

1.4.3 基于线性时不变系统的时变正则变换

动力学非线性系统的求解是时间积分初值问题，时间步是不长的。在时间步内，可运用时不变正则变换，从$\boldsymbol{v}(t)$通过正则变换到 $\boldsymbol{v}_{\mathrm{e}}(t)$的 Hamilton 系统后，其对应的 Hamilton 函数是 $H_{\mathrm{e}}(\boldsymbol{q}_{\mathrm{e}},\boldsymbol{p}_{\mathrm{e}},t)=H_{\mathrm{e}}(\boldsymbol{v}_{\mathrm{e}},t)$，对偶方程

$$\mathrm{d}\boldsymbol{v}_{\mathrm{e}}/\mathrm{d}t=\dot{\boldsymbol{v}}_{\mathrm{e}}=\boldsymbol{J}\cdot(\partial H_{\mathrm{e}}/\partial \boldsymbol{v}_{\mathrm{e}}) \tag{1.4.8}$$

时变正则变换也要寻找一个能得到完全解的近似的 Hamilton 系统。可用时不变线性 Hamilton 系统来执行时变正则变换，位移函数 $\boldsymbol{v}_{\mathrm{a}}(t)$，其 Hamilton 函数记为 $H_{\mathrm{a}}(\boldsymbol{v})$，原因是时不变线性系统容易寻求完全解。从应用的角度看，选择 $H_{\mathrm{a}}(\boldsymbol{v})$应在考虑的时间区段内与原问题的 Hamilton 函数 $H(\boldsymbol{v},t)$相差不多。

式(1.4.4)给出了近似线性时不变系统 $H_{\mathrm{a}}(\boldsymbol{v})$的本征向量辛矩阵 $\boldsymbol{\Psi}_{\mathrm{a}}$ 的时不变正则变换。然而，近似线性时不变系统 $H_{\mathrm{a}}(\boldsymbol{v})$也可提供时变正则变换。求解了本征向量辛矩阵 $\boldsymbol{\Psi}_{\mathrm{a}}$ 后，还有初始单位矩阵的响应辛矩阵

$$
\begin{aligned}
\boldsymbol{S}_{\mathrm{a}}(t)&=\exp(\boldsymbol{H}_{\mathrm{a}}t)=\exp[\boldsymbol{\Psi}_{\mathrm{a}}(\boldsymbol{D}_{\mathrm{p}}t)\boldsymbol{\Psi}_{\mathrm{a}}^{-1}]\\
&=\boldsymbol{\Psi}_{\mathrm{a}}[\boldsymbol{I}+(\boldsymbol{D}_{\mathrm{p}}t)+(\boldsymbol{D}_{\mathrm{p}}t)^2/2+\cdots]\boldsymbol{\Psi}_{\mathrm{a}}^{-1}\\
&=\boldsymbol{\Psi}_{\mathrm{a}}\cdot\boldsymbol{D}(t)\cdot\boldsymbol{\Psi}_{\mathrm{a}}^{-1}\\
\boldsymbol{D}(t)&=\exp(\boldsymbol{D}_{\mathrm{p}}t)
\end{aligned}
\tag{1.4.9}
$$

可验证 $\boldsymbol{S}_{\mathrm{a}}^{\mathrm{T}}\boldsymbol{J}\boldsymbol{S}_{\mathrm{a}}=\boldsymbol{J}$。运用 $\boldsymbol{S}_{\mathrm{a}}(t)$可进行辛矩阵乘法的正则变换

$$
\boldsymbol{v}=\boldsymbol{S}_{\mathrm{a}}(t)\cdot\boldsymbol{v}_{\mathrm{e}}\quad 或\quad \boldsymbol{v}_{\mathrm{e}}=\boldsymbol{S}_{\mathrm{a}}^{-1}\boldsymbol{v}=-\boldsymbol{J}\boldsymbol{S}_{\mathrm{a}}^{\mathrm{T}}\boldsymbol{J}\boldsymbol{v}
\tag{1.4.10}
$$

因 $\boldsymbol{S}_{\mathrm{a}}(t)$是时间的函数,故是时变辛矩阵乘法的时变正则变换。

以下要探讨在式(1.4.10)时变的正则变换后,$\boldsymbol{v}_{\mathrm{e}}=-\boldsymbol{J}\boldsymbol{S}_{\mathrm{a}}^{\mathrm{T}}\boldsymbol{J}\boldsymbol{v}$ 所满足的微分方程。对 $\boldsymbol{v}_{\mathrm{e}}$ 微商可推导微分方程

$$
\dot{\boldsymbol{v}}_{\mathrm{e}}=\boldsymbol{H}_{\mathrm{e}}\boldsymbol{v}_{\mathrm{e}},\quad \boldsymbol{H}_{\mathrm{e}}=\boldsymbol{J}\boldsymbol{S}_{\mathrm{a}}^{\mathrm{T}}\boldsymbol{J}(\boldsymbol{H}_{\mathrm{a}}-\boldsymbol{H})\boldsymbol{S}_{\mathrm{a}}=\boldsymbol{S}_{\mathrm{a}}^{-1}(\boldsymbol{H}-\boldsymbol{H}_{\mathrm{a}})\boldsymbol{S}_{\mathrm{a}}
\tag{1.4.11}
$$

具体推导过程如下:

$$
\begin{aligned}
\dot{\boldsymbol{v}}_{\mathrm{e}}&=-\boldsymbol{J}\dot{\boldsymbol{S}}_{\mathrm{a}}^{\mathrm{T}}\boldsymbol{J}\boldsymbol{v}+\boldsymbol{S}_{\mathrm{a}}^{-1}\dot{\boldsymbol{v}}\\
&=-\boldsymbol{J}\boldsymbol{S}_{\mathrm{a}}^{\mathrm{T}}(\boldsymbol{H}_{\mathrm{a}}^{\mathrm{T}}\boldsymbol{J})\boldsymbol{v}-\boldsymbol{J}\boldsymbol{S}_{\mathrm{a}}^{\mathrm{T}}\boldsymbol{J}\cdot\boldsymbol{J}(\partial\boldsymbol{H}/\partial\boldsymbol{v})\\
&=\boldsymbol{J}\boldsymbol{S}_{\mathrm{a}}^{\mathrm{T}}\boldsymbol{J}\boldsymbol{H}_{\mathrm{a}}\boldsymbol{S}_{\mathrm{a}}\boldsymbol{v}_{\mathrm{e}}+\boldsymbol{J}\boldsymbol{S}_{\mathrm{a}}^{\mathrm{T}}(\partial\boldsymbol{H}/\partial\boldsymbol{v})\big|_{\boldsymbol{v}=\boldsymbol{S}_{\mathrm{a}}(t)\cdot\boldsymbol{v}_{\mathrm{e}}}\\
&=\boldsymbol{H}_{\mathrm{e}}\boldsymbol{v}_{\mathrm{e}}
\end{aligned}
\tag{1.4.11'}
$$

此即正则变换后 $\boldsymbol{v}_{\mathrm{e}}$ 满足的微分方程。基于式(1.4.7′),$\boldsymbol{J}(\partial H/\partial\boldsymbol{v})\big|_{\boldsymbol{v}=\boldsymbol{v}_{\mathrm{e}}}=\boldsymbol{H}\boldsymbol{v}_{\mathrm{e}}$。方程(1.4.11)仍是 Hamilton 正则方程,这要认真验证。先验证 $\boldsymbol{H}_{\mathrm{e}}$ 是 Hamilton 矩阵,即验证$(\boldsymbol{J}\boldsymbol{H}_{\mathrm{e}})^{\mathrm{T}}=\boldsymbol{J}\boldsymbol{H}_{\mathrm{e}}$,如下

$$
\begin{aligned}
(\boldsymbol{J}\boldsymbol{H}_{\mathrm{e}})^{\mathrm{T}}&=[\boldsymbol{J}\boldsymbol{J}\boldsymbol{S}_{\mathrm{a}}^{\mathrm{T}}\boldsymbol{J}(\boldsymbol{H}_{\mathrm{a}}-\boldsymbol{H})\boldsymbol{S}_{\mathrm{a}}]^{\mathrm{T}}\\
&=-\boldsymbol{S}_{\mathrm{a}}^{\mathrm{T}}[\boldsymbol{J}(\boldsymbol{H}_{\mathrm{a}}-\boldsymbol{H})]^{\mathrm{T}}\boldsymbol{S}_{\mathrm{a}}=\boldsymbol{J}\boldsymbol{H}_{\mathrm{e}}
\end{aligned}
$$

因为出现了矩阵因子$(\boldsymbol{H}_{\mathrm{a}}-\boldsymbol{H})$;而按条件,$\boldsymbol{H}_{\mathrm{a}}$ 的选择应是接近于 $\boldsymbol{H}$ 的,故正则变换后 $\boldsymbol{H}_{\mathrm{e}}$ 已经是小量了。正则变换其实就是为了得到$(\boldsymbol{H}_{\mathrm{a}}-\boldsymbol{H})$;也就是说,正则变换(1.4.10)已经将近似线性系统的解

“消化”掉了。让 $\boldsymbol{H}_{\mathrm{e}}$ 成为小量的 Hamilton 矩阵，然后再进行近似计算，即使有些误差，从整体来看误差就很小了。验证了 $(\boldsymbol{J}\boldsymbol{H}_{\mathrm{e}})^{\mathrm{T}}=\boldsymbol{J}\boldsymbol{H}_{\mathrm{e}}$，即变换后仍是 Hamilton 体系，就保辛了。在此看到，选择好 $\boldsymbol{H}_{\mathrm{a}}$ 的近似线性系统很重要，也只有线性系统才能通过计算得到很精确的数值解，因此花费许多篇幅讲述精细积分法与线性系统的本征向量展开法求解，是值得的。

要求 $\boldsymbol{H}_{\mathrm{a}}$ 的选择应接近于 $\boldsymbol{H}$，事实上还有不同的接近方法。在 $\boldsymbol{H}_{\mathrm{a}}$ 选择时仍留有余地，即容许存在**参变量**。此参变量为数值求解，发展**保辛-守恒算法**是重要因素。

1.4.4 包含时间坐标的正则变换

从理论上讲，正则变换还应考虑时间变量 t 一起参加的变换。以上的讲述认为时间 t 完全是自变量，一切函数全部是 t 的函数。现在时间也要处理为变量，与对偶向量一样参加变换。这可利用前面讲述的给定时间区段的正则变换。其实 t 本身也可以当作正则变换的函数的，办法是顶替原来的时间，引入某一个参变量 s，而将时间 t 看成是该参变量 s 的函数。当 t 变换时 s 不变。从分析结构力学有

$$\begin{aligned}\mathrm{d}U&=(\partial U/\partial \boldsymbol{q}_{\mathrm{a}})^{\mathrm{T}}\cdot \mathrm{d}\boldsymbol{q}_{\mathrm{a}}+(\partial U/\partial \boldsymbol{q}_{\mathrm{b}})^{\mathrm{T}}\cdot \mathrm{d}\boldsymbol{q}_{\mathrm{b}}+(\partial U/\partial t_{\mathrm{a}})\mathrm{d}t_{\mathrm{a}}+(\partial U/\partial t_{\mathrm{b}})\mathrm{d}t_{\mathrm{b}}\\&=\sum_{i=1}^{n}[p_{\mathrm{b}i}\mathrm{d}q_{\mathrm{b}i}-p_{\mathrm{a}i}\mathrm{d}q_{\mathrm{a}i}]+H(\boldsymbol{q}_{\mathrm{a}},\boldsymbol{p}_{\mathrm{a}},t_{\mathrm{a}})\mathrm{d}t_{\mathrm{a}}-H(\boldsymbol{q}_{\mathrm{b}},\boldsymbol{p}_{\mathrm{b}},t_{\mathrm{b}})\mathrm{d}t_{\mathrm{b}}\end{aligned}\tag{1.4.12}$$

实际上，对于分析动力学这就是

$$\mathrm{d}S(\boldsymbol{q}_{\mathrm{a}},t_{\mathrm{a}};\boldsymbol{q}_{\mathrm{b}},t_{\mathrm{b}})=\boldsymbol{p}_{\mathrm{b}}^{\mathrm{T}}\mathrm{d}\boldsymbol{q}_{\mathrm{b}}-\boldsymbol{p}_{\mathrm{a}}^{\mathrm{T}}\mathrm{d}\boldsymbol{q}_{\mathrm{a}}-H_{\mathrm{b}}\cdot \mathrm{d}t_{\mathrm{b}}+H_{\mathrm{a}}\cdot \mathrm{d}t_{\mathrm{a}}$$

$$H_{\mathrm{b}}=H(\boldsymbol{q}_{\mathrm{b}},\boldsymbol{p}_{\mathrm{b}},t_{\mathrm{b}}),\quad H_{\mathrm{a}}=H(\boldsymbol{q}_{\mathrm{a}},\boldsymbol{p}_{\mathrm{a}},t_{\mathrm{a}})$$

$$\boldsymbol{p}_a=-\partial S/\partial \boldsymbol{q}_a, \quad \boldsymbol{p}_b=\partial S/\partial \boldsymbol{q}_b \tag{1.4.13}$$

$$\partial S/\partial t_a=H_a, \quad \partial S/\partial t_b=-H_b$$

让时间 t 与位移向量 $\boldsymbol{q}$ 共同参与正则变换,将参变量 s 代替原系统的"时间"。在正则变换前 s 就是时间 t,而 t 是参加变换的,但 s 不变换。带参变量 s 的系统的位移向量是 $n+1$ 维的,构造为

$$\tilde{\boldsymbol{q}}^{\mathrm{T}}=\{\boldsymbol{q}^{\mathrm{T}}, t\}, \quad \tilde{\boldsymbol{p}}^{\mathrm{T}}=\{\boldsymbol{p}^{\mathrm{T}}, -H\} \tag{1.4.14}$$

以下系统就成为按自变量 s 离散的"时间"区段的 $n+1$ 维的"时"不变体系。

将方程(1.4.13)用 $\tilde{\boldsymbol{q}}_a, \tilde{\boldsymbol{q}}_b$ 表达,将作用量 S 看成是 $\tilde{S}(\tilde{\boldsymbol{q}}_a, \tilde{\boldsymbol{q}}_b)$,两端的 s_a, s_b 不参加变分。于是,s_a 处的 $\tilde{\boldsymbol{q}}_a$ 就由原来的 $\boldsymbol{q}_a$ 与 t_a 构成,见式(1.4.14);$\tilde{\boldsymbol{q}}_b$ 同。而

$$\mathrm{d}\tilde{S}(\tilde{\boldsymbol{q}}_a, \tilde{\boldsymbol{q}}_b)=\tilde{\boldsymbol{p}}_b^{\mathrm{T}}\mathrm{d}\tilde{\boldsymbol{q}}_b-\tilde{\boldsymbol{p}}_a^{\mathrm{T}}\mathrm{d}\tilde{\boldsymbol{q}}_a$$

$$\tilde{\boldsymbol{p}}_b=\partial\tilde{S}/\partial\tilde{\boldsymbol{q}}_b, \quad \tilde{\boldsymbol{p}}_a=-\partial\tilde{S}/\partial\tilde{\boldsymbol{q}}_a \tag{1.4.15}$$

就是新作用量 $\tilde{S}(\tilde{\boldsymbol{q}}_a, \tilde{\boldsymbol{q}}_b)$ 的全微分。其实新作用量就是旧的作用量

$$\tilde{S}(\tilde{\boldsymbol{q}}_a, \tilde{\boldsymbol{q}}_b)=S(\boldsymbol{q}_a, t_a; \boldsymbol{q}_b, t_b) \tag{1.4.16}$$

表述不同而已。

"时"不变体系讲究其特征方程,其中,$n+1$ 维的"能量"是守恒的;而新的自变量 s 的区段是不变的。重要的区别是关于线性体系,这对于求解非常需要。即使原先 n 维的系统是线性的,但在 $n+1$ 维中已经不再是线性了。既然扩展系统脱胎于原来的线性系统,当然要充分利用原来系统的所有特性。恰当运用扩展系统与原来系统的关系成为重要课题。

本书是讲究应用的,不认可空讲理论。于是讲讲可能的应用

成为必要。最优控制的方程是 Hamilton 系统的，通常是给定时间区段的。但时间区段的长度往往本身就是控制的目标之一，给定时间区段则会无法予以修改。这表明将时间也当作变量的理论是必要的。再请注意，最优控制与分析结构力学相模拟，结构力学的 Hamilton 函数是混合能，故混合能的理论是很重要的。结构优化有修改区域的理论与方法。结合起来是必要的。这样，Hamilton 体系理论与结构优化也联系起来了。

以往，结构优化与 Hamilton 体系理论未曾发生关系。现在证明结构力学有限元与 Hamilton 体系相互关联；而结构力学与最优控制有模拟关系，其基础便是 Hamilton 体系。所以结构优化尤其是区域变化与最优控制应联系在一起考虑。这些体系考虑给出了方向性的认识，当然要具体化。不过这是要结合工程需求不断深入的。

辛数学与有关学科结合，是可以起飞的。**“行成于思，毁于随”**，不可盲目随着别人走，而要结合力学、物理等，调整思路，自己干。

多体动力学的积分是有广泛应用的，哪怕只是微分-代数方程的求解，也还有很多问题。下一节就讨论这方面的积分问题。

1.5 受约束系统的积分

受约束系统分析，首先应就分析动力学积分的**分类**做进一步探讨。以往总是在连续时间系统之下分析问题。当看到有微分的约束时，有**完整系统**和**非完整系统**的划分。位移的代数约束认为是**完**

整系统(holonomic system),因为运用隐函数定理,可将代数约束方程预先满足并加以消元,成为减维的独立位移系统,以满足 Lagrange 广义位移的要求,因此在分析力学分类中称为**完整**系统。但隐函数定理不是算法,真要数值求解不是很容易,于是就出现了微分-代数方程(Differential Algebraic Equation'DAE)的求解。这是个很热门的方向,约束是代数方程。一些著作习惯于将代数方程进行微商,微商的次数就是其指标(Index),转化到联立微分方程来进行数值求解[8]。可能是要归化到常微分方程组的理论吧。

然而数学理论方便,并不代表数值方法有效。从数值求解的角度看,反而使问题变复杂了。代数方程本来就是微分方程的积分,反而将它化成微分方程再进行数值积分,多余的"**虚功**"么。归化到微分方程组再进行离散数值积分,前面的归化步是连续的、精确的,而离散数值积分是近似的,**往返不等价**么。方法论已经不合适了,怎么可能比原来的代数方程约束更精确、更方便呢?

代数方程显然比微分方程容易进行数值处理,可在数值求解迭代时作为等式约束同时满足。等式约束比不等式约束的处理容易多了。求解 DAE 的这方面可见文献[16],从其中的简单例题,可看到约束条件的满足是非常好的,表明指标积分方法不可取。

传统分析力学分类的**非完整**(non-holonomic)系统则表示不能将约束通过消元的方法,变换到 Lagrange 独立广义位移的系统,其中包含有不能解析积分的**微分等式约束**以及**不等式约束**[15]。不能用解析法积分的**微分等式约束**(状态空间的约束)也带来了麻烦。离散系统的约束不是直接对于每个节点的位移的,因为涉及位移的时间微商或动量,故无法在每个节点单独处理。用数值方法离散后，微分成为差分了，微分等式约束也就转化成为**代数约束方程**了。但该约束方程不是单个节点位移的方程，必然涉及相邻节点位移，处理上将带来一些麻烦。但这毕竟仍是**代数约束方程**，仍可予以迭代求解。在性质上与不等式约束不同。

所以从离散系统求解的角度进行**分类**时，划分为**等式约束**与**不等式约束**也许更好些。而划分为

- **完整约束**（位移空间的约束）
- **非完整等式约束**（状态空间的约束）
- **不等式约束**

3 种更全面些。

1.5.1 微分-代数方程的积分

传统的完整约束是直接对于位移的，在每个时间节点可以方便地表达而不涉及位移的时间微分或动量。所以容易在每个节点单独处理。理论上讲，约束条件是完全在位移空间(Configuration)的。节点满足约束条件，意味着位移和动量都只有 $n-n_c$ 个独立分量，其中 n, n_c 分别是位移和约束的维数。代数约束方程(位移空间的约束)不包含动量，故离散后的约束只与本节点的位移有关，而与相邻节点无关。节点 k 的相邻时间区段是 $k^{\#}$：$(k-1,k)$ 以及 $(k+1)^{\#}$：$(k,k+1)$。$k^{\#}$ 区段积分时得到的 $\boldsymbol{p}_k^{(k)\#}$，受到的约束与 $(k+1)^{\#}$ 区段的 k 点相同。因此 $\boldsymbol{p}_k^{(k)\#}$ 可直接用于 $\boldsymbol{p}_k^{(k+1)\#}$，即动量在节点处是连续的。这给 DAE 的求解带来了方便。

算例 1 3-D 的空间摆，通过 DAE 的时间有限元法求解。Lagrange 函数是

$$L=(\dot{x}^2+\dot{y}^2+\dot{z}^2)-z-\lambda(x^2+y^2+z^2-1)$$

其中,λ 是 Lagrange 乘子。于是得到方程

$$\ddot{x} = -2x\lambda, \ddot{y} = -2y\lambda, \ddot{z} = -2z\lambda - 1$$

$$x^2 + y^2 + z^2 - 1 = 0$$

采用指标积分的方法，运用 FORTRAN IMSL 软件包的 Petzold-Gear BDF 方法,时间区段是 0 ~ 200 s,时间步长是 0.1 s 。初始条件为

$$\{0, \sin(0.5), \cos(0.5), 0.06, 0, 0\}^{\mathrm{T}}$$

积分得到的轨道如图 1-5 所示。

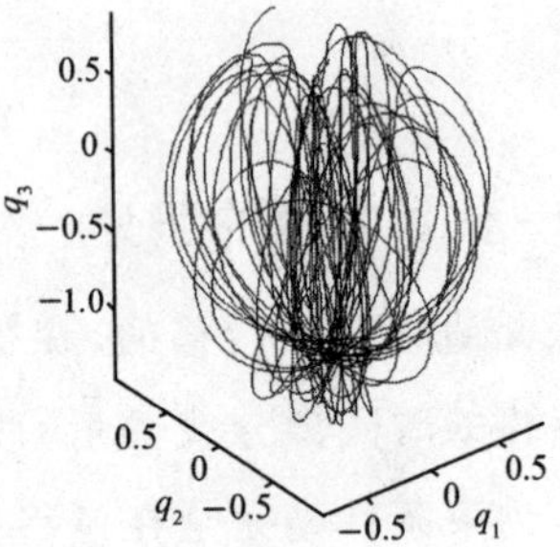

图 1-5

轨道不是完全在球面上,表明约束满足不好。如果采用时间有限元,结合代数约束方程积分,得到的轨道如图 1-6 所示。

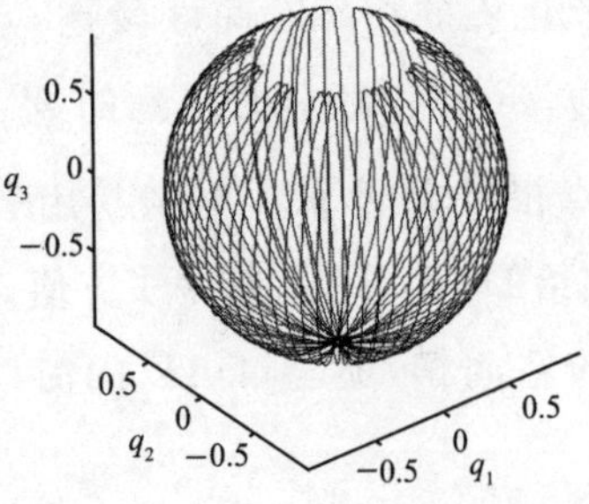

图 1-6

可见,采用指标积分的方法化成微分方程后再积分的结果,与代数方程的约束偏离不小。孰优孰劣,对比明显。更多的内容见文献[16]。

1.5.2 非完整等式约束的积分

介绍了微分-代数方程的求解,**非完整等式约束**的微分等式约束系统的积分,就呈现出来了。传统分析力学分类所谓的**非完整**(Non-holonomic)系统则表示不能将约束通过消元的方法,变换到独立广义位移的系统,其中包含有不能解析积分的**微分等式约束**。不能用解析法积分的微分等式约束造成的麻烦,是限于解析法积分的困难;然而用数值方法离散后,微分成为差分了,微分等式约束也就转化成为**代数约束方程**了。既然是**代数约束方程**,同样可采用文献[16]对付DAE的雷同方法,予以迭代求解。当然仍有许多数值问题要探讨,以下的内容是基于文献[17]的,讲解更基本些。

非完整微分等式约束方程中存在$\dot{\boldsymbol{q}}$,与代数约束方程相比有区别:代数约束方程只要用在每个时间节点处得到满足的约束方程来代替就可以了。DAE求解时,虽然在很小的时间段内,约束并不严格满足,但结果很好。非完整约束存在$\dot{\boldsymbol{q}}$,必然要差分来满足。时间区段内的位移可用两端位移进行插值,而区段速度$\dot{\boldsymbol{q}}$则用区段的差分表达,从而区段的线性微分等式约束也成为用差分表达,成为离散近似的**差分等式约束**,是时间区段的表达。从DAE的求解可看到,在很小的时间段内,约束不必处处严格满足,数值结果仍然可以很好。这就是离散分析方便的地方,可分散考虑各个因素。

变分原理的约束所对应的Lagrange乘子的力学意义是约束

力。因此每一步时间积分应区分两个阶段:第一阶段是在节点处的转折变换,此时要考虑转折处产生的冲量(Impulse,Lagrange 参数向量),待定;第二阶段,是通常的动力学自由运动的区段积分,不要 Lagrange 参数向量了。第一阶段待定的节点冲量的选择应使第二阶段的**差分等式约束**方程得到满足。用转折处的冲量代替了区段内的约束力,是近似的。

探讨求解方法论,应遵循如下思路。Hilbert 在《数学问题》中指出:"在讨论数学问题时,我们相信特殊化比一般化起着更为重要的作用。可能在大多数场合,我们寻找一个问题的答案而未能成功的原因,是在于这样的事实,即有一些比手头的问题更简单、更容易的问题没有完全解决或是完全没有解决。这时,一切都有赖于找出这些比较容易的问题并使用尽可能完善的方法和能够推广的概念来解决它们。这种方法是克服数学困难的最重要的杠杆之一。"

非完整约束是困难的力学、数学问题。按 Hilbert 所言,应从最简单问题切入。俗云,"解剖一只麻雀"。现从"麻雀"例题开始,见文献[17],p29,例 1.6。Lagrange 函数为

$$L = \frac{1}{2}(\dot{x}^2 + \dot{y}^2) + x$$

有非完整约束

$$\dot{x}\sin t - \dot{y}\cos t = 0$$

该问题有解析解,其轨道如图 1-7 所示,其中,实线是解析解,圆圈为数值解。

$$x = \sin^2 \omega t/(2\omega^2), \qquad y = (\omega t - \sin \omega t \cos \omega t)/(2\omega^2)$$

但如何离散数值积分之,应予以探讨。其实,该例题显然是保守体

系，能量守恒。两个未知数；一个非完整约束方程，再由能量守恒提供另一个方程，就得到了解析解。将该“麻雀”例题通过变分原理方法，用数值方法计算好，有启发意义，这对于推广到一般的非完整系统的数值积分有重要意义。按文献[16]对于DAE的求解，不必完全满足约束条件的。这条思路，应加以考虑。

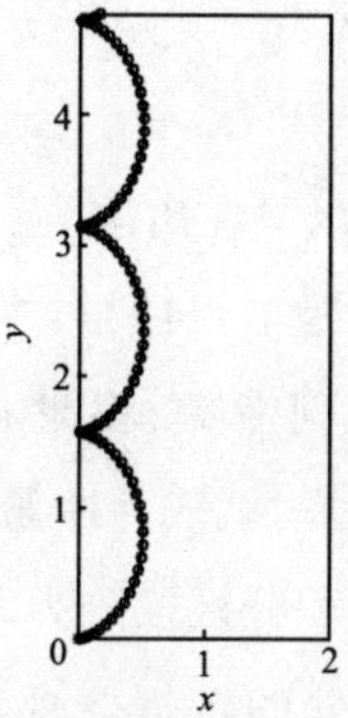

图 1-7　轨道

微分-代数方程的约束可以只在离散节点处加以满足。而时间区段的非完整约束表达，只能用差分的约束方程来近似，无非是让它得到满足。按DAE求解的思路，在小区段内的运动可以让它自由；而同时，让节点处的轨道发生瞬时的转折，以使第二阶段的时间区段自由运动的差分约束方程得以满足。在很小区段内，不追求处处满足约束，而是区段差分满足。

瞬时发生的转折必须有冲量。“麻雀”例题本来是2个未知位移函数 $x(t)$，$y(t)$，离散后时间点成为

$$t = 0, \eta, \cdots, (k-1)\eta, \cdots \tag{1.5.1}$$

一系列节点，节点位移为 x_k，y_k。动力学有因果关系，认为已经完成

了到 $t_{k-1}=(k-1)\eta$ 的积分。$\boldsymbol{q}_{k-1}$，$\boldsymbol{p}_{k-1}$ 已经得到，要继续积分时间区段 $k^{\#}$，两端节点是 $k-1, k$，即求解 $\boldsymbol{q}_k$，$\boldsymbol{p}_k$，要满足区段差分近似的非完整约束。$k^{\#}$ 区段的速度，用线性插值

$$\dot{x}_{k^{\#}}=(x_k-x_{k-1})/\eta,\quad \dot{y}_{k^{\#}}=(y_k-y_{k-1})/\eta$$

于是区段 $k^{\#}$ 的非完整约束表达为

$$(x_k-x_{k-1})\sin\bar{t}_k/\eta-(y_k-y_{k-1})\cos\bar{t}_k/\eta=0$$

$$\bar{t}_k=(t_k+t_{k-1})/2$$

微分-代数方程的约束可以只在离散节点处加以满足，因此与约束对应的 Lagrange 参数，成为节点冲量，本来就在节点处考虑。非完整约束的区段表达只是几何考虑。将与非完整约束对应的约束力集中在时间节点处加以考虑，就成为**冲量**。

于是将每个时间步的积分区段分为两个阶段：

第一阶段，是在节点处的转折变换，此时要考虑转折的**冲量**(Lagrange 参数向量)，**节点冲量的选择应使区段约束方程得到满足**。当前课题只有 2 个位移，转折变换有动能守恒，还有一个约束方程确定约束冲量的方向。

第二阶段，是通常 Lagrange 函数 $L=\dfrac{1}{2}(\dot{x}^2+\dot{y}^2)+x$ 的动力学区段积分，不用 Lagrange 参数向量了。作用量

$$\int_{t_{k-1}}^{t_k}L(\boldsymbol{q},\dot{\boldsymbol{q}})\mathrm{d}t,\ \boldsymbol{q}(t)=\{x(t),y(t)\}^{\mathrm{T}}\tag{1.5.2}$$

离散后 $\Delta x_k=x_k-x_{k-1}$，$\Delta y_k=y_k-y_{k-1}$。

$$S_k(\boldsymbol{q}_{k-1},\boldsymbol{q}_k)=[(\Delta x_k)^2+(\Delta y_k)^2]/(2\eta)+\eta\cdot(x_k+x_{k-1})/2$$

自由运动 $\boldsymbol{q}_{k-1}=\{x_{k-1},y_{k-1}\}^{\mathrm{T}}$ 为给定，而 $\boldsymbol{q}_k=\{x_k,y_k\}^{\mathrm{T}}$ 待求；并且

$$\boldsymbol{p}_{k-1}^{k^{\#}}=-\partial S_k/\partial\boldsymbol{q}_{k-1},\quad \boldsymbol{p}_k^{k^{\#}}=\partial S_k/\partial\boldsymbol{q}_k\tag{1.5.3}$$

其中，$\boldsymbol{p}_{k-1}^{(k-1)\#}$ 为给定，而 $\boldsymbol{p}_{k-1}^{k\#}$ 要用转折变换计算；$\boldsymbol{q}_k$ 待求，求出了 $\boldsymbol{q}_k$ 后 $\boldsymbol{p}_k^{k\#}$ 也就确定了。转折变换只是改变速度的方向，由于是同一节点，故位移不变、势能不变，而动能守恒，因此 $\boldsymbol{p}_{k-1}^{k\#}$ 只有一个未知数，而 $\boldsymbol{q}_k$ 有两个未知数。

现有 3 个未知数：x_k,y_k 处的 $\boldsymbol{q}_k$ 以及转折点的冲量(Lagrange 参数)；可提供的方程有 $\boldsymbol{p}_{k-1}^{(k-1)\#}$ 到 $\boldsymbol{p}_{k-1}^{k\#}$ 的节点动能守恒变换，要求满足区段约束条件的一个方程以及动力学积分的两个方程，共三个方程。求解全部是代数操作，虽然非线性但仍可予以迭代求解，这是对于 $k^{\#}$ 积分区段的求解。

求解毕竟要列出方程。$k^{\#}$ 区段的作用量为

$$S=(x_k-x_{k-1})^2/(2\eta)+(y_k-y_{k-1})^2/(2\eta)+(x_k+x_{k-1})\eta/2$$

则

$$-p_{k-1,x}^{k\#}=\partial S/\partial x_{k-1}=-(x_k-x_{k-1})/\eta+\eta/2$$

$$-p_{k-1,y}^{k\#}=\partial S/\partial y_{k-1}=-(y_k-y_{k-1})/\eta$$

$$p_{k,x}^{k\#}=\partial S/\partial x_k=(x_k-x_{k-1})/\eta+\eta/2$$

$$p_{k,y}^{k\#}=\partial S/\partial y_k=(y_k-y_{k-1})/\eta$$

$$(x_k-x_{k-1})\sin\bar{t}_k-(y_k-y_{k-1})\cos\bar{t}_k=0,\quad \bar{t}_k=(t_{k-1}+t_k)/2$$

这是 $k^{\#}$ 区段第二阶段的积分。“麻雀”例题即使简单，真实轨道仍是弯曲的。曲线可用许多首尾相连的线段来逼近，但在**节点处要转折**是必然的，需要节点 $k-1$ 处第一阶段的**转折变换**。显然**转折变换**的前后，其位置未曾变化，故**势能不变化**；转折变换只有动量发生变化，从 $p_{k-1}^{(k-1)\#}$ 变换到 $p_{k-1}^{k\#}$。在节点 $k-1$ 两侧，从斜率 $\tan\bar{t}_{k-1}$ 的 $(k-1)^{\#}$ 区段变化到斜率 $\tan\bar{t}_k$ 的 $k^{\#}$ 区段。从 $(k-1)^{\#}$ 区段的动

量 $p_{k-1}^{(k-1)\#}$ 变换到 $k^{\#}$ 区段的动量 $p_{k-1}^{k\#}$，节点两侧动量只有方向发生变化而**动能守恒**，故两侧动量绝对值不变，即 $|p_{k-1}^{(k-1)\#}|=|p_{k-1}^{k\#}|$。发生转折是冲量的作用，这个变换很**简单**，所以好。

此问题的解是周期为 2π 的周期解。如果取积分步长为 0.1，积分结果如图 1-8 所示，图中实线是解析解，而圆圈为间隔 10 个积分步长的数值积分的结果。两者对比，几乎重合，表明精度好。

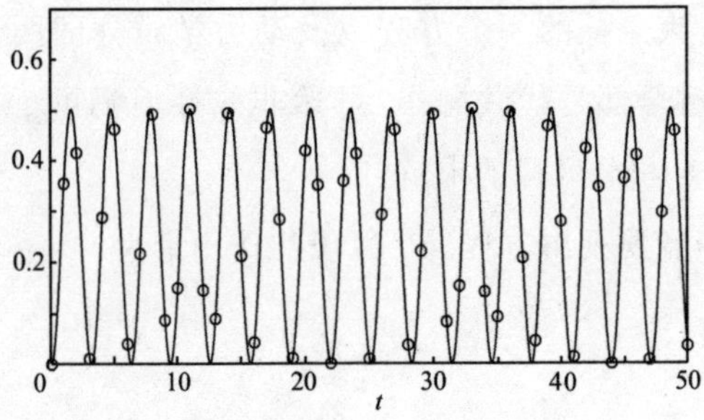

图 1-8

还应就**保辛-守恒**进行说明。从区段 $(k-1)^{\#}$ 结束时的能量，到区段 $k^{\#}$ 结束时的能量应当相同。而通常的数值积分即使保辛，仍难以保证能量守恒。补救的方法是第二阶段的积分，其插值函数可以带一个参变量，调整参变量可达到能量守恒，见文献[5]。数学理论是拓扑学的同伦。

"麻雀"例题是在倾斜平面上的运动，其势能函数简单，故可解析法积分。如果将 Lagrange 函数改成为

$$L=\frac{1}{2}(\dot{x}^2+\dot{y}^2)-(ax^2+by^2) \tag{1.5.4}$$

势能变化为椭球面，则难以积分出解析解了。为简单起见，取 $b=1,a=0.5$，进行计算。如初始条件选择为

$$x(0)=1, y(0)=\varphi(0)=\dot{x}(0)=\dot{y}(0)=0, \dot{\varphi}(0)=1 \tag{1.5.5}$$

同样的积分方法，积分步长为 0.1，积分到 400。积分结果 x-y 平面上的轨迹如图 1-9 所示，数值积分给出的能量的相对误差如图 1-10 所示。

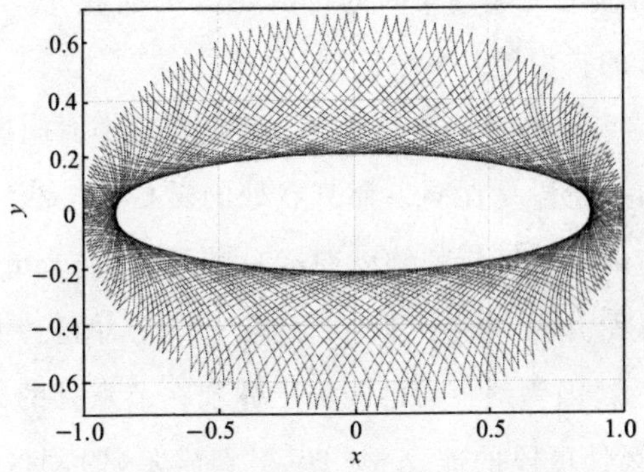

图 1-9　初始条件(1.5.5)对应的轨迹

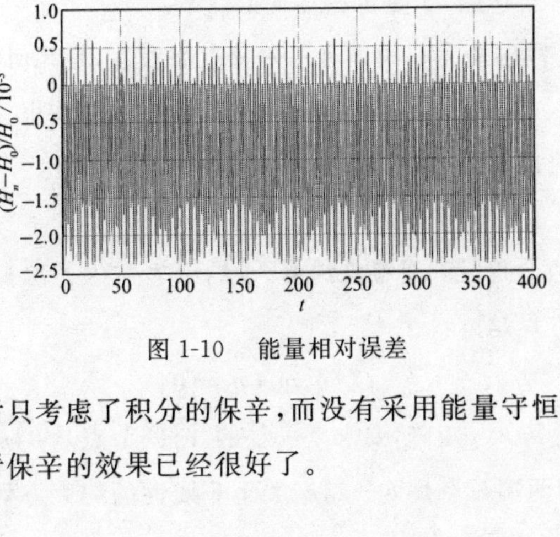

图 1-10　能量相对误差

计算时只考虑了积分的保辛，而没有采用能量守恒的修改，从数值结果看保辛的效果已经很好了。

一般些的课题，n 维位移，m 维约束，其积分方法尚需进一步考虑。第二阶段的积分是无约束 n 维自由运动，Lagrange 函数、作用量已经熟知。关键是第一阶段从区段 $(k-1)^{\#}$ 的动量 $p_{k-1}^{(k-1)\#}$ 到区段 $k^{\#}$ 的动量 $p_{k-1}^{k\#}$ 的转折变换。

从"麻雀"例题可得到启发：

(1) 未计及非完整约束时的自由度是 n，还有 $m < n$ 个非完整约束，则系统的自由度是 $n-m$。

(2) 位移可用简单的线性插值。每积分一个时间区段，可区分两个阶段。第一阶段是在同一个节点处的转折，非完整约束在节点要求满足，造成动量转折的约束冲量 λ_k 就是其 Lagrange 参数；而第二个阶段的积分是线性区段 $k^{\#}$：$(k-1,k)$ 的无约束积分，无 Lagrange 参数。因为约束力已经集中体现在节点处的冲量了。节点冲量的确定要使区段的非完整约束得到满足。时间区段内用无约束的作用量进行积分，变分原理计算的作用量是用两端节点位移的对称矩阵表达的，于是传递实现了保辛。

(3) 区段的非完整约束可用差分近似表达，是几何性质的。

(4) 第一阶段的转折变换要考虑节点冲量的约束，变换是在一个节点处完成的，位移已知。

(5) 尽量**保辛 - 守恒**。

于是两个阶段都要考虑约束。设约束表达为齐次拟线性，即给定的约束方程是

$$\boldsymbol{G}_0(\boldsymbol{q},t)\cdot\dot{\boldsymbol{q}}=\boldsymbol{0} \tag{1.5.6}$$

其中，$\boldsymbol{G}_0$ 为 $m\times n$ 矩阵，要求是满秩的。时间节点是 $0,\eta,\cdots,k\eta,\cdots$，区段 $k^{\#}$ 的两端节点是 $k-1,k$。关于非线性的约束方程，要求其微

商得到的切面是互相无关的。

在第二阶段，要表达为离散形式，无非是将速度$\dot{\boldsymbol{q}}$改变为区段差分，而节点位移$\boldsymbol{q}$则可采用区段两端的位移平均值而已。这有m个约束方程要满足。既然是区段约束，微分约束要近似为差分约束

$$\boldsymbol{G}_0[(\boldsymbol{q}_k+\boldsymbol{q}_{k-1})/2]\cdot(\boldsymbol{q}_k-\boldsymbol{q}_{k-1})/\eta=\boldsymbol{0} \qquad (1.5.7)$$

当然也可近似为

$$\frac{1}{2}[\boldsymbol{G}_0(\boldsymbol{q}_{k-1})+\boldsymbol{G}_0(\boldsymbol{q}_k)]\cdot(\boldsymbol{q}_k-\boldsymbol{q}_{k-1})/\eta=\boldsymbol{0} \qquad (1.5.7')$$

问题是第一阶段在节点$k-1$的转折变换。变换前后是同一个节点位移$\boldsymbol{q}_{k-1}$和时间t_{k-1}。根据时间积分使用的是对偶变量$\boldsymbol{q},\boldsymbol{p}$，所以将非完整约束方程改成为动量形式

$$\boldsymbol{G}(\boldsymbol{q},t)\cdot\boldsymbol{p}=\boldsymbol{0}$$

比较方便。从速度形式变换到动量形式，约束矩阵也要从$\boldsymbol{G}_0(\boldsymbol{q},t)$改换成$\boldsymbol{G}(\boldsymbol{q},t)$，该变换比较容易完成。集中到时间节点$t_{k-1}$，可写成

$$\boldsymbol{G}(\boldsymbol{q}_{k-1},t_{k-1})=\begin{pmatrix}\boldsymbol{g}_1\\\boldsymbol{g}_2\\\vdots\\\boldsymbol{g}_m\end{pmatrix},\quad \boldsymbol{g}_i\cdot\boldsymbol{p}=\boldsymbol{0};\quad i=1,2,\cdots,m \qquad (1.5.8)$$

其中，$\boldsymbol{g}_i(\boldsymbol{q}_{k-1},t_{k-1})$是$n$维的行向量，是$n$维动量空间的$i$号切平面。这是点$k-1$处的约束表达。任何动量向量$\boldsymbol{p}$只要与$\boldsymbol{g}_1,\boldsymbol{g}_2,\cdots,\boldsymbol{g}_m$全正交，就满足了约束条件。

前一步数值积分已经给出了n维向量$\boldsymbol{p}_{k-1}^{(k-1)\#}$，而转折变换要寻求$\boldsymbol{p}_{k-1}^{k\#}$，以作为第二阶段作用量保辛积分的初始条件。注意，$\boldsymbol{p}_{k-1}^{(k-1)\#}$与$\boldsymbol{p}_{k-1}^{k\#}$皆不保证能严格满足约束条件(1.5.8)，但其变化$\Delta\boldsymbol{p}_{k-1}=$

$\boldsymbol{p}_{k-1}^{k^{\#}}-\boldsymbol{p}_{k-1}^{(k-1)^{\#}}$，即节点的约束冲量，应严格满足约束条件(1.5.8)，有 m 个参数待定。解释如下。

因轨道转折，节点 $k-1$ 的 m 维约束会产生 m 维的冲量 $\boldsymbol{\lambda}_{k-1}$，即约束的 Lagrange 参数向量。冲量就沿约束的法线方向 $\boldsymbol{g}_1,\boldsymbol{g}_2,\cdots,\boldsymbol{g}_m$，因此 $\boldsymbol{p}_{k-1}^{k^{\#}}$ **必然可由** $\boldsymbol{p}_{k-1}^{(k-1)^{\#}}$ **与** $\boldsymbol{g}_1,\boldsymbol{g}_2,\cdots,\boldsymbol{g}_m$ **线性组合而成**。用公式表达

$$\boldsymbol{p}_{k-1}^{k^{\#}}=\boldsymbol{p}_{k-1}^{(k-1)^{\#}}+\boldsymbol{\lambda}_{k-1}^{\mathrm{T}}\boldsymbol{G} \tag{1.5.9}$$

其中，冲量 $\boldsymbol{\lambda}_{k-1}$ 是 m 维向量，m 个未知数。注意到 $\boldsymbol{p}_{k-1}^{k^{\#}}$ 是 n 维向量，但在式(1.5.9)的表达中，已经只有 m 个未知数了。所以在节点处转折的动量变换 $\boldsymbol{p}_{k-1}^{\#}$ 有 m 个未知数。

这 m 个参数的方程可由区段 $k^{\#}$ 的 m 个差分约束条件提供。

可用一个特殊的问题来表达数值方法。自由度 $n=5$，$m=2$ 个非完整约束，如图 1-11 所示。问题很简单，薄圆盘在水平刚性地面上无滑动滚动。刚体本来有 6 个自由度，但有地面的 1 个完整代数约束，所以是 $n=5$ 自由度，其 Lagrange 函数①为

$$L=\frac{M}{2}[\dot{x}^2+\dot{y}^2+a^2(\dot{\theta}^2+\cos^2\theta\dot{\psi}^2)-2a\sin\theta\dot{\theta}(\dot{x}\cos\psi+\dot{y}\sin\psi)+$$
$$2a\cos\theta\dot{\psi}(-\dot{x}\sin\psi+\dot{y}\cos\psi)]+\frac{1}{2}A(\dot{\theta}^2+\sin^2\theta\dot{\psi}^2)+$$
$$\frac{1}{2}C(\dot{\varphi}^2+\dot{\psi}\cos\theta)^2-Mga\sin\theta$$

约束为
$$\dot{x}+a\dot{\varphi}\sin\psi=0$$

---

① 符号的意义以及具体推导请见著作：吴大猷. 理论物理第一册：古典动力学. 北京：科学出版社，2010

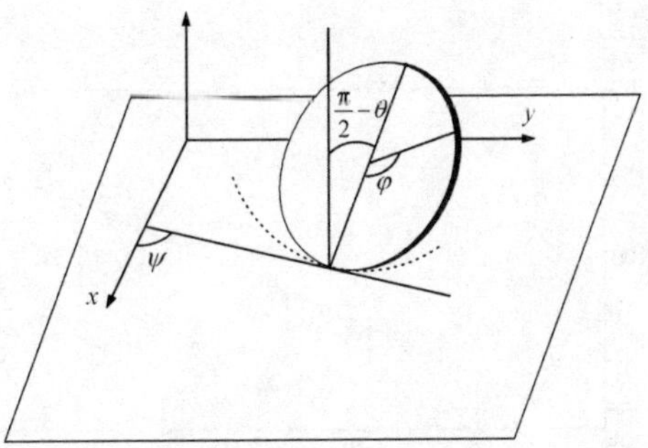

图 1-11　薄圆盘在水平刚性地面上无滑动滚动

$$\dot{y} - a\dot{\varphi}\cos\psi = 0$$

其中，M 为圆盘的质量，A 为圆盘绕直径的转动惯量，$C = 2A$ 为圆盘绕过圆心垂直圆盘转轴的转动惯量，a 为圆盘的半径。取 $M = 1$，$a = 1$，$A = 0.25$，$C = 0.5$ 和 $g = 1$，积分步长 0.1。初始条件为

$$x(0) = y(0) = 0,\quad \theta(0) = 1,\quad \psi(0) = 2,\quad \varphi(0) = 0$$

$$\dot{x}(0) = -\dot{\varphi}(0)\sin[\psi(0)],\quad \dot{y}(0) = \dot{\varphi}(0)\cos[\psi(0)]$$

$$\dot{\theta}(0) = 0.2,\quad \dot{\psi}(0) = 0.1,\quad \dot{\varphi}(0) = 0.6$$

积分结果如图 1-12 ~ 1-14 所示，x-y 平面上的轨迹如图 1-15 所示，数值积分给出的能量的相对误差如图 1-16 所示。

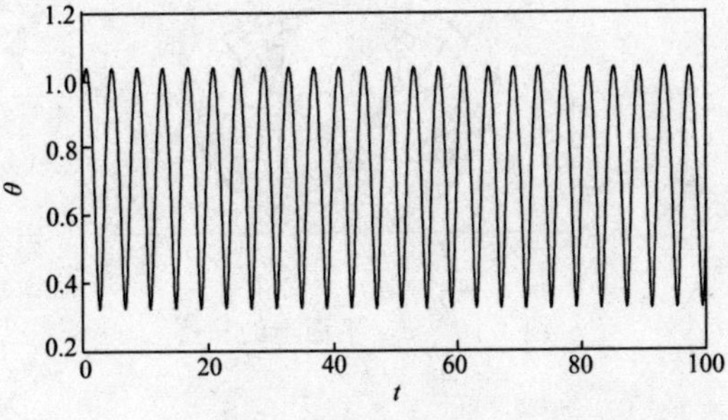

图 1-12　章动角 θ

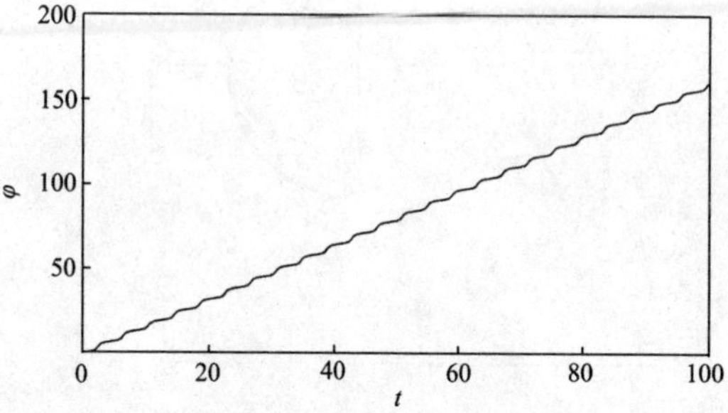

图 1-13　自转角 φ

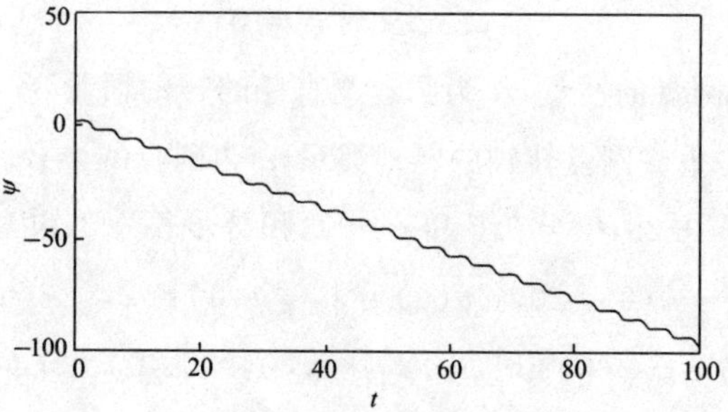

图 1-14　进动角 ψ

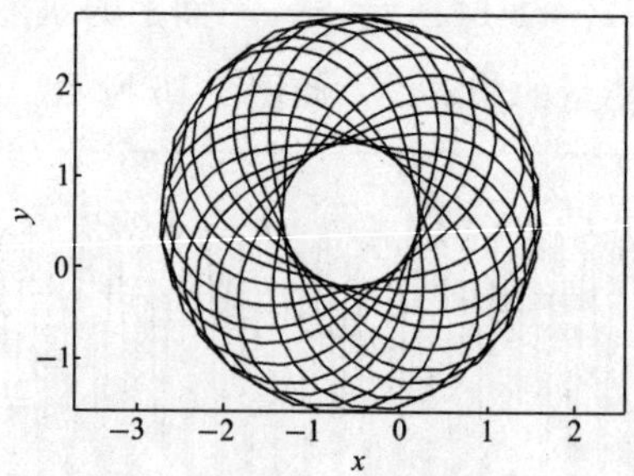

图 1-15　x-y 平面上的轨迹

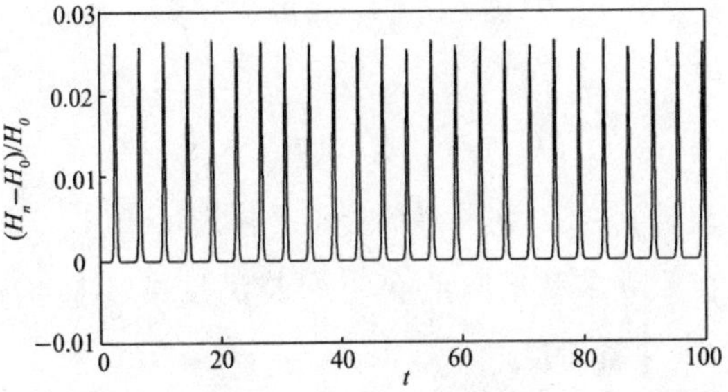

图 1-16 能量相对误差

其中,计算时只考虑了积分的保辛,从数值结果看保辛已经很好了。Hamilton 函数虽然有起伏,但总能返回来。

非完整约束动力学的积分,解析求解非常困难。数值积分求解似乎也并未深入探讨。一个圆盘的平地滚动,问题看来既简单又典型,许多分析动力学的著作讲这个问题。

以上方法与文献[17]有所不同,更具体,偏重于力学概念。

讨论 以上方法考虑约束,只有区段的差分约束。然而人们不禁要问,前面的方案只考虑了满足区段的约束,在节点处的约束没有考虑,能否也加以考虑呢?回答是:能!

方法 节点$(k-1)^{\#}$处的冲量原来是用于从 $\boldsymbol{p}_{k-1}^{(k-1)^{\#}}$ 直接变换到 $\boldsymbol{p}_{k-1}^{k^{\#}}$ 的 $\Delta\boldsymbol{p}_{k-1}=\boldsymbol{p}_{k-1}^{k^{\#}}-\boldsymbol{p}_{k-1}^{(k-1)^{\#}}$,没有考虑在节点$(k-1)^{\#}$处的约束条件。现在要加以考虑,就是要找出满足式(1.5.8)的 $\boldsymbol{p}_{k-1}$。

积分 $\boldsymbol{p}_{k-1}^{(k-1)^{\#}}$ 时只考虑了区段$(k-1)^{\#}$的差分近似的约束,而不是节点 $k-1$ 的式(1.5.8)。同样也未要求 $\boldsymbol{p}_{k-1}^{k^{\#}}$ 严格满足节点 $k-1$ 的式(1.5.8)。但要求动量的变化 $\Delta\boldsymbol{p}_{k-1}=\boldsymbol{p}_{k-1}^{k^{\#}}-\boldsymbol{p}_{k-1}^{(k-1)^{\#}}$ 严格满足节点$k-1$ 的式(1.5.8),即

$$\boldsymbol{G}(\boldsymbol{q}_{k-1},t_{k-1})\cdot\Delta\boldsymbol{p}_{k-1}=\boldsymbol{0}$$

要求解

$$\boldsymbol{G}(\boldsymbol{q}_{k-1},t_{k-1})\cdot\boldsymbol{p}_{k-1}=\boldsymbol{0}$$

其中，两个动量 $\boldsymbol{p}_{k-1}^{(k-1)\#}$，$\boldsymbol{p}_{k-1}^{k\#}$ 不能分别严格满足式(1.5.8)，而 $\Delta\boldsymbol{p}_{k-1}$ 为已知。现在要寻求动量向量 $\boldsymbol{p}_{k-1}$，严格满足式(1.5.8)。动量变化一定是有约束冲量向量

$$\boldsymbol{G}^{\mathrm{T}}(\boldsymbol{q}_{k-1},t_{k-1})\cdot\boldsymbol{\lambda}_{k-1}=\Delta\boldsymbol{p}_{k-1}$$

其中，$\boldsymbol{\lambda}_{k-1}$ 是 m 维 Lagrange 参数向量，它是垂直于节点 $k-1$ 的各约束切面的。现在要将 $\boldsymbol{\lambda}_{k-1}$ 区分为两部分 $\boldsymbol{\lambda}_{k-1}=\boldsymbol{\lambda}_{k-1,1}+\boldsymbol{\lambda}_{k-1,2}$，也即

$$\boldsymbol{G}^{\mathrm{T}}(\boldsymbol{q}_{k-1},t_{k-1})\cdot(\boldsymbol{\lambda}_{k-1,1}+\boldsymbol{\lambda}_{k-1,2})=\Delta\boldsymbol{p}_{k-1,1}+\Delta\boldsymbol{p}_{k-1,2}=\Delta\boldsymbol{p}_{k-1} \tag{1.5.8a}$$

取其中 $\boldsymbol{\lambda}_{k-1,1}$ 为待求。要求

$$\boldsymbol{p}_{k-1}=\boldsymbol{p}_{k-1}^{(k-1)\#}+\Delta\boldsymbol{p}_{k-1,1}=\boldsymbol{p}_{k-1}^{(k-1)\#}+\boldsymbol{G}^{\mathrm{T}}(\boldsymbol{q}_{k-1},t_{k-1})\cdot\boldsymbol{\lambda}_{k-1,1}$$

满足约束 $\boldsymbol{G}_{k-1}\cdot\boldsymbol{p}_{k-1}=\boldsymbol{0}$，其中，$\boldsymbol{G}_{k-1}=\boldsymbol{G}(\boldsymbol{q}_{k-1},t_{k-1})$。将 $\boldsymbol{p}_{k-1}$ 代入有

$$\boldsymbol{G}_{k-1}\boldsymbol{G}_{k-1}^{\mathrm{T}}\boldsymbol{\lambda}_{k-1,1}=-\boldsymbol{G}_{k-1}\boldsymbol{p}_{k-1}^{(k-1)\#}$$

其中，方程右侧为已知，而 $\boldsymbol{G}_{k-1}\boldsymbol{G}_{k-1}^{\mathrm{T}}$ 是满秩 $m\times m$ 矩阵，求解是很容易的。因只在同一个节点处操作一下，只要代数求解就可以了。以上介绍的积分方法与文献[17]讲的有所不同，但本质一样。

这样非完整微分约束，在区段是差分满足，而在节点处也可严格满足。两者可兼而得之了。

以上的求解方法延续了 DAE 积分方法[16]的思路。算法运用每个离散积分步的二阶段保辛积分法，得到了大体上令人满意的数值结果。显然，这些只是初步探讨，还需要更多深入的研究和实践。

1.5.3 非完整的不等式约束

主要困难在**不等式约束**，严重挑战。此时适宜的求解方法，便是参变量变分原理与配套的参变量二次规划。当然，非线性问题仍是要迭代求解的。

固体有弹塑性的性质，工程中不能回避，计算力学当然要解决这些问题。尤其机械工程中常见的**接触**问题。这些情况的特点是本构关系出现转折而不能微商。例如在空间展开式结构、机械振动、高速铁路的弓网接触等方面，是常见的。为此计算力学提出了**参变量变分原理**以及对应的**参变量二次规划算法**，见文献[11，12]，有效地予以解决。

参变量变分原理以及对应的**参变量二次规划算法**对于动力学也有效。例如绳系结构的动力学中，绳在张紧时是有刚度的，而绳在松滞时刚度为零。这表明群的乘法在张紧与松滞的转折点处不能达到解析函数的要求。例如用绳连接的两个单摆的运动，如图1-17 所示。表明李群理论对于这类问题不能使用。而传递辛矩阵群却可以使用。这里提供非线性的绳系 2 自由度摆的积分结果，就是用参变量变分原理计算的。从分析力学的角度分类，属于非完整的不等式约束系统了。

此种类型的结构在转折点处，显然不是多次可微分的，更谈不上是解析的了。因此不是单纯的微分方程李群理论所能覆盖的。显然，这是工程实际课题提出的**挑战**。

这方面需要进一步深入，也是进口商业程序系统所不能解决的课题。将发展寄托在“**禁运**”后的进口程序上，真是“**作茧自缚**”。要自主创新只能自己干，思路上也要“**破茧**”。只能按软件工程发

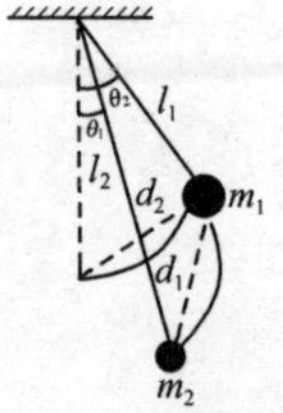

(a)绳连接的两个单摆

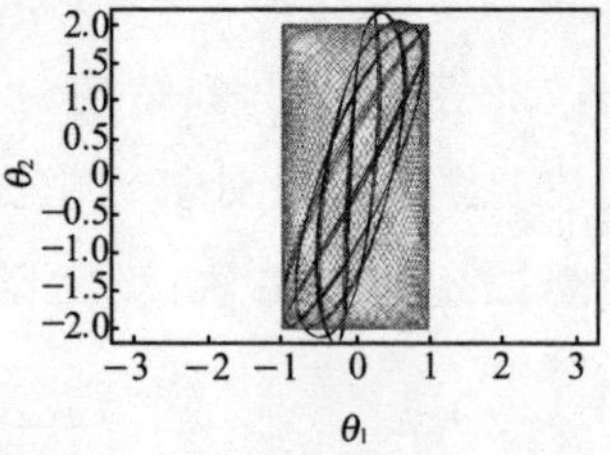

(b)位移图

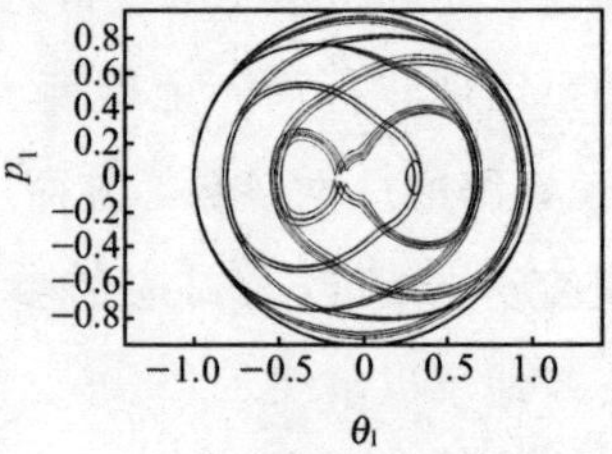

(c)质点1的相图

图 1-17 2 自由度单摆的积分结果

展自主程序系统予以发展。一定要按**软件产业**的思路发展国产CAE 软件,这样才能步上康庄大道。

参变量方法在本书第 3 章有进一步阐述,这里不再多说,转向保辛摄动方面进行介绍。

1.6 保辛摄动多层网格法[18,19]

传统有限元的插值是局部的,其单元刚度矩阵只与局部位移有关,因此组装的总刚度矩阵有稀疏性。线性问题时,单元刚度矩阵与位移无关,一次生成的总刚度矩阵可长远反复用下去,此时求解可用总刚度矩阵的三角分解,是很有效的。

但非线性问题所生成的单元刚度矩阵与位移有关，而位移则与全局情况相关，故非线性有限元的求解要迭代。非线性问题的迭代求解使稀疏总刚度矩阵的三角分解不再有效。

既然要迭代，则收敛快、减少迭代次数成为首先的考虑因素，而不是总刚度矩阵的稀疏性。单元刚度矩阵的局部位移就不再是决定因素，应考虑其他的收敛快的插值方法。多层网格法(Multi-grid method)是得到关注的。如果与分析结构力学、有限元法相结合，则可得到更好的发展。

以往一大批差分格式是脱离了变分原理而根据微分算子凭经验凑合的，五花八门而缺乏一般规则。有限元格式虽然也是五花八门，但在变分原理导引下生成的单元，保证了单元刚度矩阵的对称性，从而保持了保守体系的基本规则，故**自动保辛**，这是很大的优点。分析结构力学要面对一般的非线性系统。可先对一维非线性问题探讨多层次的有限元分析。容易理解些。

1.6.1 多层次有限元

可从简单例题来讲述。例如一维非线性悬链线问题，有解析解的。现在用有限元法求解。设原来直线长 L 等分成 2^N 个单元，若 $N=2$，则中间只有 3 点，有 3 个未知数，记为 w_i，$i=1,2,3$。

将单元局部插值并非有限元当然的方法。子结构分析时，可将整体划分成两个子结构(单元)。只在中间连接，位移为 w_2。如果线性，即认为 w_1，w_3 等于 $w_2/2$，三角形；但 w_1，w_3 并非 $w_2/2$。补救的方法是引入未知数

$$w_1'=w_1-w_2/2,\ w_3'=w_3-w_2/2 \tag{1.6.1a}$$

以代替绝对位移 w_1，w_3，即 w_1'，w_3' 是**相对位移**。于是在子结构内

成为相对位移的插值,而整体位移就是线性插值与子结构相对位移插值之和。单元内部的插值函数则仍然线性。$N=2$,故是 2 层次的有限元。独立位移未知数是 w_1', w_2, w_3',仍然是 $n=3$ 个,即 $n=(2^N-1)$个。相对位移与绝对位移的关系是

$$w_1=w_1'+w_2/2, \quad w_3=w_3'+w_2/2 \tag{1.6.1b}$$

相当于绝对位移与相对位移间有一个线性变换。传统有限元是用绝对位移组成总刚度矩阵的,而多层次有限元则用相对位移组成总刚度矩阵。应指出,当网格密度增加时,相对位移未知数是很少的。

位移法、有限元列式仍然是从最小势能原理出发,传统的有限元推导全部成立,尤其是**变分原理**。分析结构力学表明变分原理推导的有限元自动保辛。传统有限元刚度矩阵是对于绝对位移 $\boldsymbol{w}$ 而言的,总位移向量 $2^N-1=3$ 维,但单元的出口位移是 2 维。多层次有限元应当用**相对位移** $\boldsymbol{w}'$。相对位移的总位移向量 $\boldsymbol{w}'$ 与传统绝对总位移向量 $\boldsymbol{w}$ 之间相差一个 $n\times n$ 的线性变换 $\boldsymbol{T}$($\boldsymbol{T}$ 的生成后讲):

$$\boldsymbol{w}=\boldsymbol{T}\boldsymbol{w}' \tag{1.6.2}$$

但传统单元刚度矩阵是 2 维,相当于从 $\boldsymbol{T}$ 阵中提取有关的列,提取操作有单元位移的"对号",得到 $\boldsymbol{T}_{\mathrm{e}}$ 阵($2\times n$ 维阵)。于是传统绝对位移的 2×2 单元刚度矩阵 $\boldsymbol{R}$,转换到全局相对位移的 $n\times n$ 单元刚度矩阵为

$$\boldsymbol{R}_{\mathrm{e}}'=\boldsymbol{T}_{\mathrm{e}}^{\mathrm{T}}\boldsymbol{R}\boldsymbol{T}_{\mathrm{e}} \tag{1.6.3}$$

因已经对号、扩维,组装进相对位移的总刚度矩阵时,只要简单地加起来即可,总刚度矩阵(相对位移的)是满阵。

满阵的求解当然不如稀疏矩阵。线性有限元生成总刚度矩阵一次,三角化后可多次使用。故使用绝对位移稀疏矩阵求解是有效的。但非线性问题必然要**迭代**求解,单元刚度矩阵与总刚度矩阵都要反复生成,计算效率主要应从迭代的收敛性方面考虑。联立方程的求解也要反复进行。不同层次间的扩维,加入的相对位移未知数很小,对刚度矩阵的近似好。故应考虑用相对位移求解。

以一维为例,每个节点 1 个位移。设 $N=2$,故有 $n=2^N-1=3$ 个内部点,两端位移 w_0,w_4 给定。用 w_i,w_i' 分别代表绝对和相对位移。线性插值:

第一层 $\quad w_2=w_2'+(w_0+w_4)/2$

第二层 $\quad w_1=(w_0+w_2)/2+w_1'$

$$=(3w_0/4+w_2'/2+w_4/4)+w_1'$$

$$w_3=(w_2+w_4)/2+w_3'$$

$$=(w_0/4+w_2'/2+3w_4/4)+w_3'$$

$$\begin{Bmatrix} w_1 \\ w_2 \\ w_3 \end{Bmatrix}=\boldsymbol{w}=\boldsymbol{T}\boldsymbol{w}'+\boldsymbol{T}_0\boldsymbol{w}_{\mathrm{bd}},\quad \boldsymbol{T}=\begin{pmatrix} 1 & 0.5 & 0 \\ 0 & 1 & 0 \\ 0 & 0.5 & 1 \end{pmatrix}$$

$$\boldsymbol{T}_0=\begin{pmatrix} 3/4 & 1/4 \\ 1/2 & 1/2 \\ 1/4 & 3/4 \end{pmatrix},\quad \boldsymbol{w}_{\mathrm{bd}}=\begin{Bmatrix} w_0 \\ w_4 \end{Bmatrix}$$

其中,w_2 是第一层次节点的位移;w_1,w_3 是第二层次节点的位移。系数其实就是分层线性插值的结果。以后即使不是等分的网格,也可生成计算转换阵。

如果 $N=3$,则有 $n=2^N-1=7$ 个内部点。有转换阵

$$T=\begin{pmatrix}1 & 0.5 & 0 & 0.25 & 0 & 0 & 0\\ 0 & 1 & 0 & 0.5 & 0 & 0 & 0\\ 0 & 0.5 & 1 & 0.75 & 0 & 0 & 0\\ 0 & 0 & 0 & 1 & 0 & 0 & 0\\ 0 & 0 & 0 & 0.75 & 1 & 0.5 & 0\\ 0 & 0 & 0 & 0.5 & 0 & 1 & 0\\ 0 & 0 & 0 & 0.25 & 0 & 0.5 & 1\end{pmatrix}$$

注意，$\boldsymbol{T}$ 阵第一层次位移 w_4 的插值，与以下层次的相对位移无关，故中间行除对角元外全部是 0。中间列表明 w_4 对全部绝对位移有作用，显示了线性插值。

第二层，左上角与右下角的对角 3×3 阵就是第二层的转换阵，右上、左下的零表明了不同子区位移之间的相互无关性。

例如 5 号单元(4,5)，连接绝对位移 w_4，w_5，可仍用普通有限元插值计算得到单元刚度矩阵。然后抽取

$$\begin{Bmatrix} w_4 \\ w_5 \end{Bmatrix}=\boldsymbol{T}_{\mathrm{e}=5}\boldsymbol{w}',$$

$$\boldsymbol{T}_{\mathrm{e}=5}=\begin{pmatrix}0 & 0 & 0 & 1 & 0 & 0 & 0\\ 0 & 0 & 0 & 0.75 & 1 & 0.5 & 0\end{pmatrix}$$

按式(1.6.3)就得到该单元对总刚度矩阵(相对位移)的贡献。

既然总刚度矩阵是满阵，位移次序可任意编排。可将高划分层次的节点位移编排在先。最高层次位移影响全局。对任何结构的有限元节点位移都有插值影响。表现在转换阵 $\boldsymbol{T}$ 对应列是满的。

将位移重新编排

$$\boldsymbol{w}=\begin{Bmatrix} w_4 \\ w_2 \\ w_6 \\ w_1 \\ w_3 \\ w_5 \\ w_7 \end{Bmatrix},\quad \boldsymbol{T}=\begin{pmatrix} 1 & 0 & 0 & 0 & 0 & 0 & 0 \\ 0.5 & 1 & 0 & 0 & 0 & 0 & 0 \\ 0.5 & 0 & 1 & 0 & 0 & 0 & 0 \\ 0.25 & 0.5 & 0 & 1 & 0 & 0 & 0 \\ 0.75 & 0.5 & 0 & 0 & 1 & 0 & 0 \\ 0.75 & 0 & 0.5 & 0 & 0 & 1 & 0 \\ 0.25 & 0 & 0.5 & 0 & 0 & 0 & 1 \end{pmatrix},\quad \boldsymbol{w}=\boldsymbol{T}\boldsymbol{w}'$$

其中系数是线性插值决定的,无非是行、列互换而已。

非线性问题任何位移,对变形都会起作用,这是要求解的。但位移的有限元插值,有分层次的影响。

只用最高层次位移 w_4 线性插值不够细,还要再进一步划分。选择若干节点为下层次 w_2,w_6 的节点。在插值时下层次节点的相对位移 w_2',w_6' 对高层次的位移无作用。表现在转换阵 $\boldsymbol{T}$ 中高层次位移所对应的行为零。下层次节点位移对上层次一律无影响,故上半三角转换阵为零。最低层次相对位移只能影响自己,故对应的右下块为单位阵。

分层次求解,表明网格越来越细,近似解越逼近于真解。全部位移皆应迭代求解的。

1.6.2 多层次的迭代求解

非线性问题的满阵求解,必然要迭代。设有 $N=10$ 层次,共有 2^N-1 个未知数。迭代求解可逐步**按层次**进行。每个层次的联立方程也是**非**线性的,也需要迭代求解。k 层次求解的相对位移用 $\boldsymbol{w}^{(k)}$ 表示。$\boldsymbol{w}^{(k)}$ 中独立的相对位移数为 2^k-1,其余 2^N-2^k 个相对位移为零。应指出,非线性有限元迭代时,单元刚度矩阵也需要反复生成。除非特别声明,以后总是讲相对位移的。

当层次 k 比较低时,只要少量的迭代次数便可。k 层次的计算要继承上 $k-1$ 层次的结果,从而 k 层次开始迭代求解时,其单元刚度矩阵与总刚度矩阵是 $\boldsymbol{w}^{(k-1)}$ 的函数,其中有 $2^{k-1}-1$ 个元素非零。但 k 层次迭代要求解 $\boldsymbol{w}^{(k)}$,其中有 2^k-1 个元素非零。虽然最后划分网格很细,$(2^N-1)\times(2^N-1)$阵,但层次 k 有效的只是对应于$(2^k-1)\times(2^k-1)$的子对角阵。

启动时 $k=1$,开始迭代时 $\boldsymbol{w}^{(0)}=\boldsymbol{0}$,误差很大。非线性代数方程要迭代求解,但维数小且不需要很多次的迭代计算。网格划分很粗,中间点的相对位移是零,相当于绝对位移的线性插值。有限元可直接用**粗网格**进行,直接生成其分块总刚度矩阵,然后求解。粗网格的非线性刚度矩阵也要迭代的,但只要少量迭代即可;再说未知数少,故迭代的代价也不大。

$k=2$ 层次迭代时已经有了 $\boldsymbol{w}^{(1)}$,虽然不理想,但对绝对位移的近似已经好多了。误差来源是网格的线性插值,网格粗时误差大;而当网格密度增加时,误差急剧减少,**平方逼近**,迭代的收敛会加快。

k 层次迭代的控制误差应按 2^{-k} 作**指数量级**的减少。k 层次总刚度矩阵的生成也不必从生成最后的细网格$(2^N-1)\times(2^N-1)$总刚度矩阵,再抽取其子对角矩阵。可直接用对应的网格生成其 k 层次的子总刚度矩阵。

层次增加时,其子总刚度矩阵的尺度逐步增加。记网格直径为 $d=O(2^{-k})$,则相对位移的误差为 $O(d^2)$,迭代收敛就很快。高密度时,新增加的**相对位移数值小**,故收敛快是其很大优点。

1.6.3 数值例题

最简单的非线性的例题可用悬链线，设该线的拉伸刚度为比较大的 EF。原来单位长度的重量为 ρF。两端固定，$x_0=0$，$y_0=0$；$x_a=0.9L$，$y_a=0$。每个内部节点有 2 个独立位移未知数。设划分单元长度为 L/m 的 m 段，有限元分析时，外力集中在节点上为 $\rho FL/m$，向下。

对悬链线参数量纲为一具体赋值如下：$EF=2.4\times10^5$，$\rho F=25$，$L=100$。将解析解代入具体数值得到如图 1-18 所示的结果，可以看到悬链线考虑弹性变形和完全刚性的时候有比较明显的差别。这个解析解可以用来与后面本书数值解做对比。

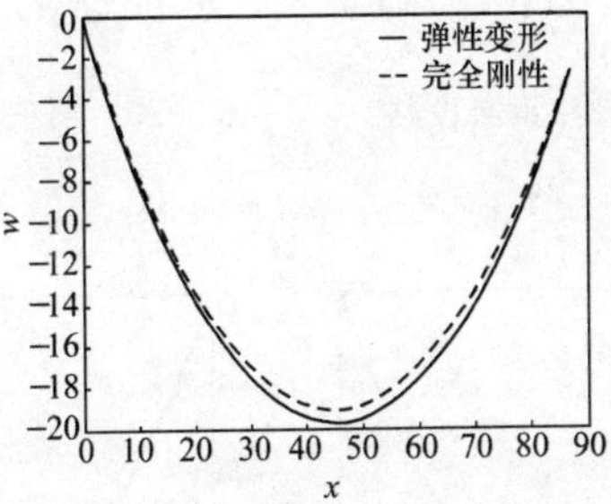

图 1-18　悬链线解析解

采用多层次有限元的方法以相对位移作为未知数，随着层数的增加，悬链线问题的计算过程如图 1-19～图 1-22 所示。对于这个悬链线问题只经过了很少的层次迭代就接近真解，到第五层次时曲线已经非常光滑，所以收敛速度是很快的。这个结论可以从

图 1-23 中得到，将第六层次的多层次有限元计算结果和解析解进行了对比。从图 1-23 中可以看到第六层次有限元计算结果已经和解析解几乎重合，吻合非常好，说明计算精度高。具体的数值对比见表 1-1。图 1-24 则从多层次有限元解与解析解误差的角度说明了收敛速度快的特点，只进行到第六层次绝对误差就很小了，与理论分析的结果吻合。

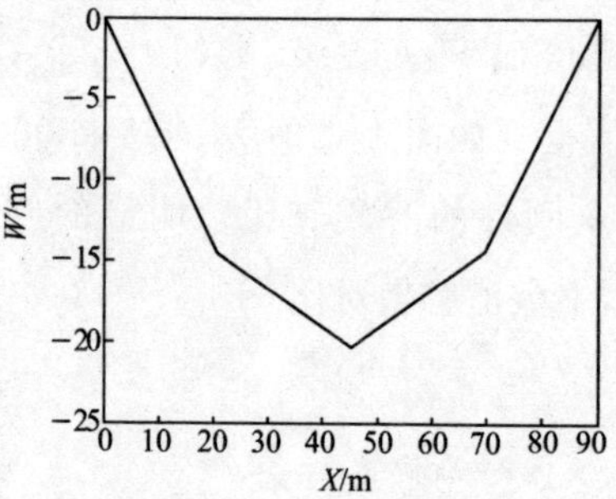

图 1-19　第二层次时竖向位移

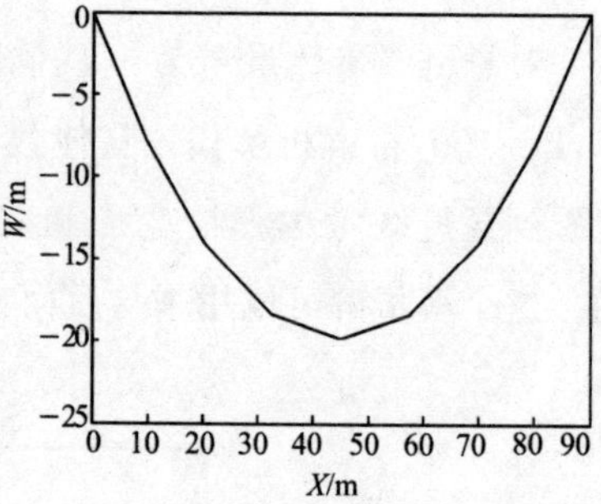

图 1-20　第三层次时竖向位移

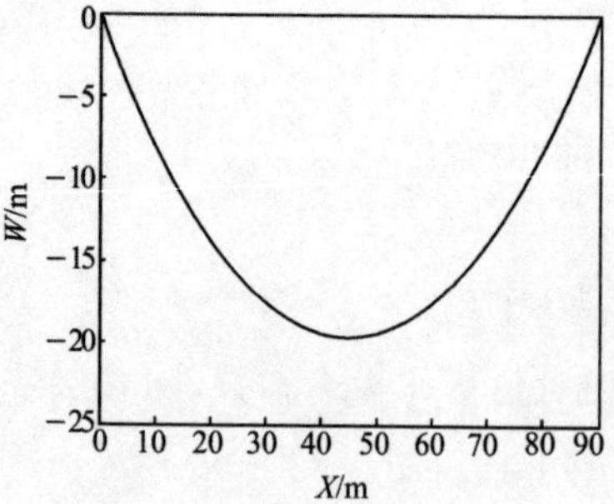

图 1-21　第四层次时竖向位移

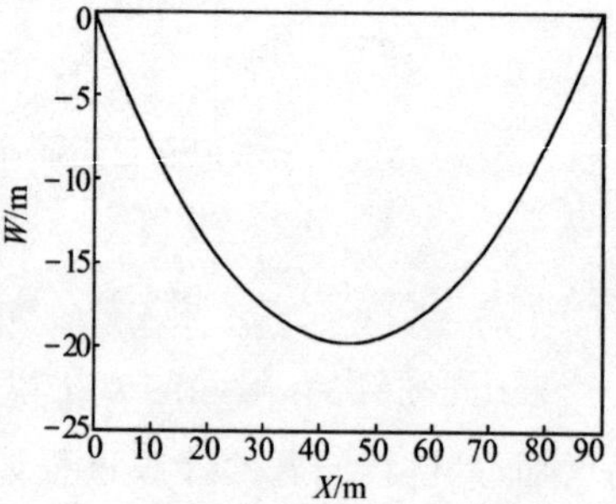

图 1-22　第五层次时竖向位移

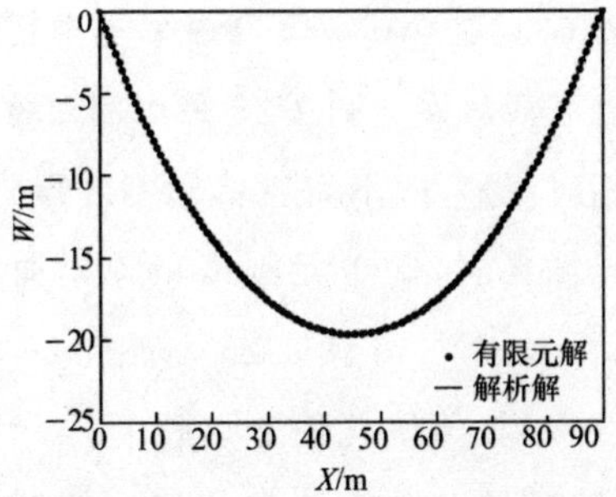

图 1-23　第六层次有限元解与解析解

表 1-1　　第六层次时多层次有限元解与解析解(纵向位移)

水平横坐标	多层次有限元解	解析解
7.031 3	−5.091 091	−5.103 069
28.125 0	−16.535 032	−16.534 537
45.0	−19.714 248	−19.713 283
53.437 5	−18.902 259	−18.901 521
71.718 8	−12.048 960	−12.049 589
87.187 5	−2.100 093	−2.101 307

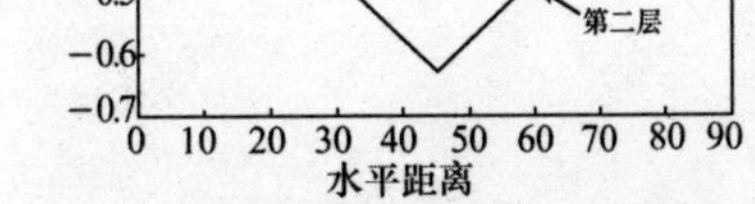

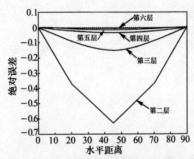

图 1-24　每层次有限元解与解析解误差

重要的是多层次有限元方法较之一般几何非线性有限元方法的主要优点是计算效率的提高。从图 1-25 中可以观察到这一结论。图 1-25 采用以绝对位移为未知数求解，为了体现对比性，图中两种方法在对单元循环，即单元刚度矩阵累加总刚度矩阵时采用

单元结点转换矩阵 **G** 实现。其实可以根据本书提出的多层次有限元方法的思想加以灵活运用。图 1-26 采用**相对位移**为未知数求解此问题。由于是相对位移，故不需要单元刚度矩阵经过式(1.6.3)的转换。在对单元循环时，即单元刚度矩阵累加总刚度矩阵时对结点位置直接“对号入座”。在图 1-25 与图 1-26 中的计算时间是三次的平均。可以看到，传统几何非线性有限元计算时间随着剖分密度加大，也就是随着节点未知数的增加计算时间非线性地增长。而多层次有限元方法只是随着计算未知数的增加，计算时间近乎线性增长，与多重网格方法有着异曲同工之处。从图 1-25 与图 1-26 的对比可以看到无论是采用绝对位移还是相对位移为未知数，多层次有限元方法较之传统有限元方法计算效率都有显著的提高。

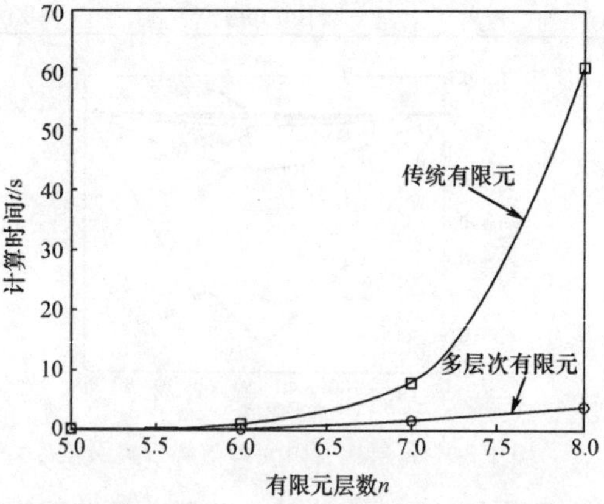

图 1-25　绝对位移多层次有限元与传统有限元计算效率的对比

讨论　本书主要是提出多层次有限元方法的思想，故给出了一个较简单的数值算例。从理论上分析多层次有限元迭代过程中,**采用相对位移为未知数要比采用绝对位移为未知数迭代计算效率高**。由于本书数值算例比较简单,没有体现出很大差别,但都比直接采用绝对位移为未知数的传统有限元直接迭代计算效率高。**相对位移数值小**,是对于近似结果的摄动。摄动当然要求小参数,结构力学有限元变分原理,其结果自然是保辛的。至于具体实施多层次有限元过程中采用哪种方式,可在以后研究复杂非线性问题中进一步研究。

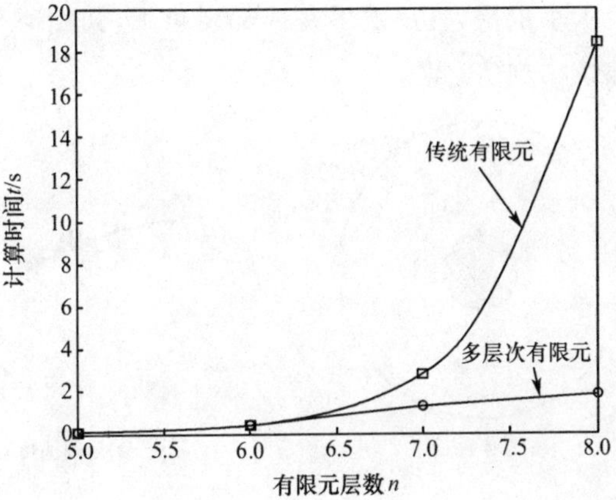

图 1-26 相对位移多层次有限元与传统有限元计算效率的对比

为了进一步说明以上方法的有效性,选取两个非线性控制问题,将多层次有限元算法与国外杂志至今流行很广的 **Gauss 伪谱**(Pseudo-spectra)方法进行比较。为了保证比较结果的可靠性,Gauss 伪谱算法的程序采用目前常用的 Matlab 工具箱。多层次有限元的程序当然是我们自己研制的。由于本书的两个数值算例属于强非线性最优控制问题,没有解析解,因此采用 Matlab 提供的 bvp4c 函数求解非线性 Hamilton 系统两点边值问题,并将 bvp4c

函数的绝对误差和相对误差选项分别设定为 10^{-14} 和 10^{-12}，这样得到的系统状态 $\boldsymbol{x}^*(t)$，协态 $\boldsymbol{\lambda}^*(t)$ 与控制输入 $\boldsymbol{u}^*(t)$ 作为参考解。

算例 1 考虑一个近地轨道卫星编队重构问题。在时间固定的情况下，一组由六颗小卫星组成的卫星编队，在连续小推力的作用下，由初始直线编队变化到目标位置并构成圆形编队，如图 1-27 所示。图 1-27(a)的中心球体表示地球，实线表示主卫星运行的圆轨道，方块表示在总体视角下看到的六颗小卫星群。图 1-27(b)中的五角星表示小卫星，且反映了在局部视角下，初始时刻六颗小卫星的直线编队构型。

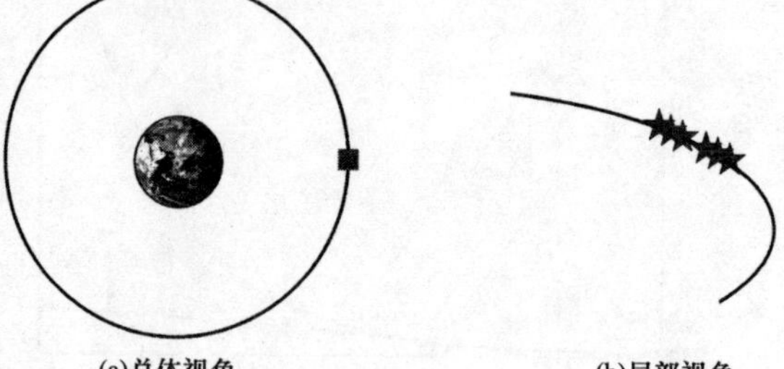

图 1-27 近地轨道卫星编队重构的初始状态

选择以常角速度运行在圆形参考轨道的主卫星为坐标原点建立旋转坐标系统。以 x,y,z 表示从星相对坐标原点的半径、切线和法线方向的位置，$\dot{x},\dot{y},\dot{z}$ 和 u_x,u_y,u_z 分别为对应三个位置的速度分量与控制输入加速度分量。为了方便运算，将编队卫星的受控动力学方程进行了**无量纲化**。并选取状态变量为 $\boldsymbol{x}=\{x,y,z,\dot{x},\dot{y},\dot{z}\}^{\mathrm{T}}=\{x_1,x_2,x_3,x_4,x_5,x_6\}^{\mathrm{T}}$，控制变量为 $\boldsymbol{u}=\{u_x,u_y,u_z\}^{\mathrm{T}}=\{u_1,u_2,u_3\}^{\mathrm{T}}$，则在状态空间中**无量纲化**的航天器

受控动力学方程可以表达为

$$
\begin{cases}
\dot{x}_1 = x_4 \\
\dot{x}_2 = x_5 \\
\dot{x}_3 = x_6 \\
\dot{x}_4 = 2x_5 - (1+x_1)\left[1/\left(\sqrt{(x_1+1)^2+x_2^2+x_3^2}\right)^3 - 1\right] + u_1 \\
\dot{x}_5 = -2x_4 - x_2\left[1/\left(\sqrt{(x_1+1)^2+x_2^2+x_3^2}\right)^3 - 1\right] + u_2 \\
\dot{x}_6 = -x_3/\left(\sqrt{(x_1+1)^2+x_2^2+x_3^2}\right)^3 + u_3
\end{cases}
$$

为了使六颗小卫星在初始时刻位于同一条直线上，本书选择第 1 到第 6 颗小卫星的**无量纲化**初始值分别为

$$1\times 10^{-5}\{0,0.650\ 3,0,0,0,0\}^{\mathrm{T}}$$

$$1\times 10^{-4}\{0,0.130\ 1,0,0,0,0\}^{\mathrm{T}}$$

$$1\times 10^{-4}\{0,0.195\ 1,0,0,0,0\}^{\mathrm{T}}$$

$$1\times 10^{-5}\{0,-0.650\ 3,0,0,0,0\}^{\mathrm{T}}$$

$$1\times 10^{-4}\{0,-0.130\ 1,0,0,0,0\}^{\mathrm{T}}$$

$$1\times 10^{-4}\{0,-0.195\ 1,0,0,0,0\}^{\mathrm{T}}$$

在受控连续小推力的作用下，编队卫星的最终目标是要构成圆形编队，即第 1 到第 6 颗小卫星的**无量纲化**目标值分别为

$$1\times 10^{-4}\{0,-0.650\ 3,0,0,0,0\}^{\mathrm{T}}$$

$$1\times 10^{-4}\{-0.325\ 1,0,0.563\ 2,0,0,0\}^{\mathrm{T}}$$

$$1\times 10^{-4}\{0.325\ 1,0,0.563\ 2,0,0,0\}^{\mathrm{T}}$$

$$1\times 10^{-4}\{0.650\ 3,0,0,0,0,0\}^{\mathrm{T}}$$

$$1\times 10^{-4}\{0.325\ 1,0,-0.563\ 2,0,0,0\}^{\mathrm{T}}$$

$$1\times 10^{-4}\{-0.325\ 1,0,-0.563\ 2,0,0,0\}^{\mathrm{T}}$$

本书采用非线性最优控制方法进行最节省能量的编队重构操作，

性能指标选择为

$$J_0=\frac{1}{2}\int_0^{t_f}(u_1^2+u_2^2+u_3^2)\mathrm{d}t$$

其中，**无量纲化**时间 $t_f=1.191$。

采用本书算法求解此非线性最优控制问题，近地轨道小卫星编队重构过程如图 1-28 所示。图 1-28(a)～(d)表示在连续小推力的控制作用下，六颗小卫星由直线编队逐渐变成圆形编队的过程。

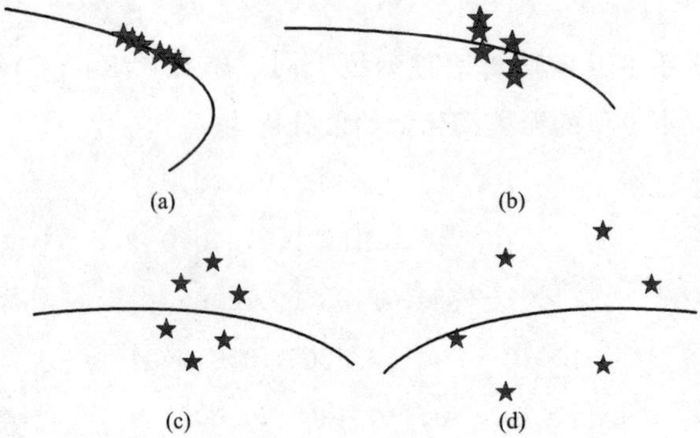

图 1-28　近地轨道小卫星编队重构过程

表 1-2 给出了不同离散区段个数情况下，本书算法和 Gauss 伪谱方法计算得到的状态与控制变量的相对误差。表 1-3 给出了两种方法的计算效率比较(采用 Matlab 提供的 bvp4c 函数求解非线性 Hamilton 系统两点边值问题作为参考解，求解此问题所需时间为 6.48 s。)。在表 1-2 和表 1-3 中，对于 Gauss 伪谱方法，m 表示采用的 Gauss 点的个数；而对于本书方法，m 表示整个求解区域被等分的份数，其中，符号"—"表示由于选取 Gauss 点数目过多导致 Gauss 伪谱方法无法求解。从表 1-2 中可以看出，本书算法在状态

变量和控制变量的求解精度上要明显高于 Gauss 伪谱方法，尤其本书算法在 $N=5$ 时计算的结果也远高于 Gauss 伪谱方法在 $N=7$ 时的计算精度。在计算效率方面，本书算法也要明显高于 Gauss 伪谱方法，即使在 $N=9$ 的情况下，本书算法的计算时间也要远小于 Gauss 伪谱方法在 $N=7$ 情况下的计算时间。

表 1-2　本书算法与 Gauss 伪谱方法计算精度比较　$(m=2^N)$

N	Gauss 伪谱方法				本书算法			
	x	z	u_x	u_z	x	z	u_x	u_z
5	0.005 6	0.004 4	0.061 7	0.057 9	$1.354\,6\times10^{-7}$	$7.355\,2\times10^{-8}$	$1.395\,2\times10^{-6}$	$3.337\,4\times10^{-6}$
6	0.004 2	0.003 2	0.049 1	0.038 9	$9.894\,9\times10^{-8}$	$5.333\,7\times10^{-8}$	$1.014\,8\times10^{-6}$	$2.383\,8\times10^{-6}$
7	0.004 1	0.002 3	0.037 5	0.026 8	$7.113\,1\times10^{-8}$	$3.820\,1\times10^{-8}$	$7.279\,1\times10^{-7}$	$1.694\,5\times10^{-6}$
8	—	—	—	—	$5.071\,7\times10^{-8}$	$2.718\,8\times10^{-8}$	$5.184\,2\times10^{-7}$	$1.201\,4\times10^{-6}$
9	—	—	—	—	$3.601\,2\times10^{-8}$	$1.928\,8\times10^{-8}$	$3.679\,0\times10^{-7}$	$8.506\,8\times10^{-7}$

表 1-3　本书算法与 Gauss 伪谱方法计算效率比较　$(m=2^N)$

N	t/s	
	Gauss 伪谱方法	本书算法
5	2.24	0.10
6	4.01	0.21
7	18.99	0.41
8	—	0.83
9	—	1.72

算例 2　考虑一个深空小行星探测任务问题。假设从地球发射一颗航天器与小行星交会，伴随小行星飞行或停留一定时间，然后从小行星出发返回地球，整个过程要尽可能减少时间和燃料消耗。这里假设小行星为 2001GP2，且从地球出发到小行星和从小行星返回地球的发射窗口已知。地球和小行星采用绕太阳的二体动力学模型。为了方便运算对受控航天器的动力学模型进行无量

纲化，即

$$\begin{cases}\dot{x}_1=x_2\\ \dot{x}_2=-x_1/(\sqrt{x_1^2+x_3^2+x_5^2})^3+u_1\\ \dot{x}_3=x_4\\ \dot{x}_4=-x_3/(\sqrt{x_1^2+x_3^2+x_5^2})^3+u_2\\ \dot{x}_5=x_6\\ \dot{x}_6=-x_5/(\sqrt{x_1^2+x_3^2+x_5^2})^3+u_3\end{cases}$$

其中，$\boldsymbol{x}=\{x,\dot{x},y,\dot{y},z,\dot{z}\}^{\mathrm{T}}=\{x_1,x_2,x_3,x_4,x_5,x_6\}^{\mathrm{T}}$ 为状态向量，$\boldsymbol{u}=\{u_x,u_y,u_z\}^{\mathrm{T}}=\{u_1,u_2,u_3\}^{\mathrm{T}}$ 为控制输入。本书通过能量等高线法确定发射窗口，并取航天器从地球出发时的初始状态为

$$\boldsymbol{x}_0=\{-0.996\,8,0.385\,0,-0.352\,0,-0.883\,0,0.001\,1,0.021\,4\}^{\mathrm{T}}$$

航天器到达小行星时的状态为

$$\boldsymbol{x}_1=\{-0.953\,7,0.287\,6,-0.304\,2,-0.956\,6,0,0\}^{\mathrm{T}}$$

航天器从小行星返回地球时的初始状态为

$$\boldsymbol{x}_2=\{0.948\,6,-0.278\,6,0.343\,1,0.973\,5,-0.001\,2,-0.022\,5\}^{\mathrm{T}}$$

航天器到达地球时的状态为

$$\boldsymbol{x}_3=\{-0.853\,4,0.512\,1,-0.531\,0,-0.853\,0,0,0\}^{\mathrm{T}}$$

而性能指标选择为

$$J_0=\frac{1}{2}\int_0^{t_{\mathrm{f}}}(u_1^2+u_2^2+u_3^2)\,\mathrm{d}t$$

其中，对于从地球探访小行星的**无量纲化**时间 $t_{\mathrm{f}}=6.794\,8$，而从小行星返回地球的**无量纲化**时间 $t_{\mathrm{f}}=3.285\,6$。

采用本书算法计算此非线性最优控制问题，航天器从地球出发探测小行星过程如图 1-29(a)～(d)顺序所示，航天器从小行星

出发返回地球过程如图 1-30(a)～(d)顺序所示。图中的中心大球体表示太阳，另外一个球体表示地球，方块表示小行星，五角星表示航天器，虚线表示地球的运行轨迹，点线表示小行星的运行轨迹，实线表示航天器的运行轨迹。

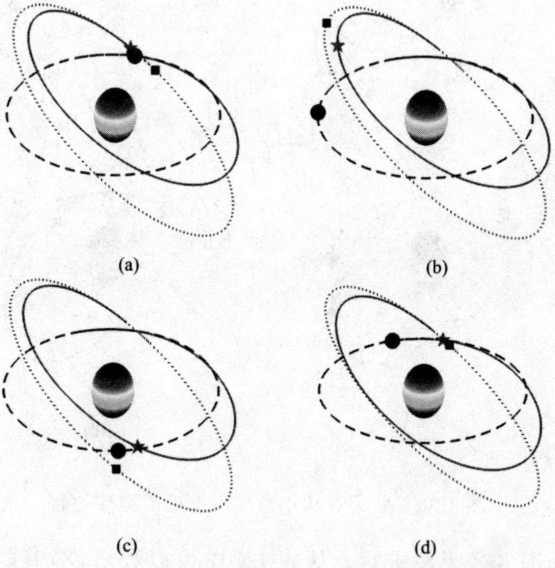

图 1-29　航天器从地球出发探测小行星过程

表 1-4 给出了不同离散区段个数情况下，本书算法和 Gauss 伪谱方法计算得到的状态与控制变量的相对误差；表 1-5 给出了两种方法的计算效率比较(采用 Matlab 提供的 bvp4c 函数求解非线性 Hamilton 系统两点边值问题作为参考解，求解此问题所需时间为 36.81 s。)。在表 1-4 和表 1-5 中，对于 Gauss 伪谱方法，m 表示采用的 Gauss 点的个数；而对于本书方法，m 表示整个求解区域被等分的份数，其中，符号"—"表示由于选取 Gauss 点数目过多导致

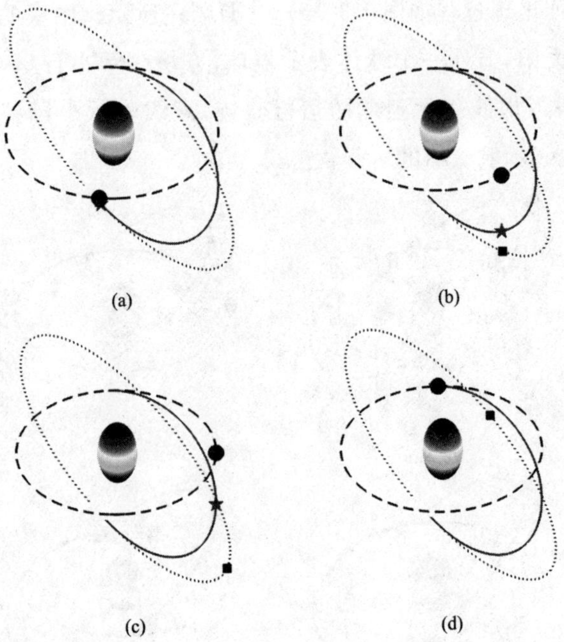

图 1-30　航天器从小行星出发返回地球过程

Gauss 伪谱方法无法求解。从表 1-4 中可以看出，本书算法在状态变量和控制变量的求解精度上要明显高于 Gauss 伪谱方法，而随着离散区段数目的增加，本书算法无论是状态变量还是控制变量的计算精度都明显增加，而 Gauss 伪谱方法的计算精度没有明显的变化。并且和算例 1 类似，本书算法在 $N=5$ 时计算的结果也远高于 Gauss 伪谱方法在 $N=7$ 时的计算精度。表 1-5 表明，在计算效率方面，本书算法也要优于 Gauss 伪谱方法，Gauss 伪谱方法在 $N=7$ 情况下的计算时间约是本书算法的 84 倍。即使在 $N=9$ 的情况下，本书算法的计算时间也要远小于 Gauss 伪谱方法在 $N=7$

情况下的计算时间。

表 1-4 本书算法与 Gauss 伪谱方法计算精度比较 ($m=2^N$)

N	Gauss 伪谱方法				本书算法			
	x	y	u_x	u_y	x	y	u_x	u_y
5	9.3683×10^{-5}	7.3384×10^{-5}	8.7263×10^{-5}	0.157 9	3.0948×10^{-8}	3.2104×10^{-8}	4.2707×10^{-8}	4.4033×10^{-7}
6	6.7637×10^{-5}	4.1069×10^{-5}	6.3790×10^{-5}	0.112 6	1.3925×10^{-9}	1.2685×10^{-9}	1.8290×10^{-9}	1.9510×10^{-8}
7	4.7728×10^{-5}	3.2860×10^{-5}	4.3620×10^{-5}	0.080 0	6.2369×10^{-11}	5.2497×10^{-11}	7.9661×10^{-11}	8.5846×10^{-10}
8	–	–	–	–	2.9193×10^{-12}	1.8607×10^{-12}	3.5368×10^{-12}	3.7624×10^{-11}
9	–	–	–	–	2.3337×10^{-13}	3.7007×10^{-13}	2.1264×10^{-13}	1.5214×10^{-12}

表 1-5 本书算法与 Gauss 伪谱方法计算效率比较 ($m=2^N$)

N	t/s	
	Gauss 伪谱方法	本书算法
5	5.96	0.47
6	24.85	0.88
7	146.60	1.75
8	—	3.46
9	—	7.19

具体的计算过程,另有论文。这里只是通过例题说明,独立自主,走自己的保辛多层次算法的路,是非常有前途的。

计算科学的年代,离散求解是不可缺少的。计算力学虽然已经发展了半个多世纪,依然还要深入,时代方向么。以上给出的例题,表明非线性系统的离散求解,还要深入研究。**机会**!别轻易放过了。

数学是最严格的,但也不能绝对化。经历了 20 世纪上半叶的数学危机后,大数学家、人称计算机之父的 J. von Neumann 论述数学分析的发展时说:"在牛顿之后的一百五十多年里,唯一有的只是一个不精确的、半物理的描述!然而与这种不精确的、数学上不充分的背景形成对照的是，数学分析中的某些最重要的进展却发生在这段时间！这一时期数学上的一些领军人物，例如 Euler，在学术上显然并不严密；而其他人，总的来说与 Gauss 或 Jacobi 差不多。当时数学分析发展的混乱与模糊无以复加，并且它与经验的关系当然也不符合我们今天的(或 Euclid 的)抽象与严密的概念。但是，没有哪一位数学家会把它排除在数学发展的历史长卷之外，这一时期产生的数学是曾经有过的第一流的数学！”

“很多最美妙的数学灵感来源于经验，而且很难相信会有绝对的、一成不变的、脱离所有人类经验的数学严密性概念。”

“人们根本就不清楚什么是所说的绝对严格。”

“大多数数学家决定无论如何还是要使用这个系统。毕竟古典数学正产生着既优美又实用的结果……它至少是建立在如同电子的存在一样坚实的基础上的。因此，一个人愿意承认科学，那他同样会承认古典数学系统。”

这些论述是很有启发意义的。

1.7 传递辛矩阵群

辛矩阵在后面要一再出现，因此应当将其性质做一归纳。其实文献[1,9]等一直讲这些内容。首先对其定义的方程 $\boldsymbol{S}^{\mathrm{T}}\boldsymbol{J}\boldsymbol{S}=\boldsymbol{J}$ 取行列式值，因 $\boldsymbol{J}$ 阵的行列式值为 1；转置阵的行列式值等于原阵的行列式值，故知 $\det(\boldsymbol{S})=\pm 1$。这表明**辛矩阵分成两类**，一类是 $\det(\boldsymbol{S})=1$，另一类是 $\det(\boldsymbol{S})=-1$。回顾正交变换阵中也可以分成 $+1$ 与 -1 两类，情况是类同的。因其行列式不为零，辛矩阵当然就有逆阵。

• 容易验证 $\boldsymbol{J}$ 与 $\boldsymbol{I}_{2n}$ 皆为辛矩阵。

• 辛矩阵的转置阵也为辛矩阵。其证明为将式(1.2.1)取逆阵，有 $\boldsymbol{S}^{-1}\boldsymbol{J}\boldsymbol{S}^{-\mathrm{T}}=\boldsymbol{J}$，左乘 $\boldsymbol{S}$，右乘 $\boldsymbol{S}^{\mathrm{T}}$，即得 $\boldsymbol{J}=\boldsymbol{S}\boldsymbol{J}\boldsymbol{S}^{\mathrm{T}}$，证毕。

• 辛矩阵的逆阵也是辛矩阵。

• 辛矩阵的乘法就是普通矩阵的乘法，当然适用结合律。

• 两个辛矩阵之乘积仍是辛矩阵。$\boldsymbol{I}_{2n}$是其单位元素。

$$(\boldsymbol{S}_1\boldsymbol{S}_2)\boldsymbol{S}_3=\boldsymbol{S}_1(\boldsymbol{S}_2\boldsymbol{S}_3)=\boldsymbol{S}_1\boldsymbol{S}_2\boldsymbol{S}_3$$

因此知，**辛矩阵构成一个群**。它显然有一个正规子群，即**行列式为1的辛矩阵子群**。行列式为−1的辛矩阵则是其对应的类，这些情况与正交矩阵很相似。

前面讲的全部是分析动力学离散系统，这是计算科学、有限元法发展、工程应用需求的必然结果。理论也到了**传递辛矩阵群**的阶段。然而时间坐标本来是连续的，只是因为求解困难而采用离散近似的。一律连续坐标微分方程的理论，必然需要李群理论。如果相信离散求解一定能逼近微分方程的解，则也一定会收敛到微分方程组的李群。不过李群、李代数理论比较高深，工程师掌握有困难。工程师很容易接受离散求解，因此**传递辛矩阵群**的概念，相信也比较容易被力学工作者所接受。

李群的著作对于普通的力学工作者掌握有困难，但要设法理解它。李群是连续群，建立微分方程一般理论时是有力的。连续坐标动力体系相当于微分方程的表述。而非线性的动力学方程要求在连续坐标下严格地分析求解是极为困难的。然而只证明解的存在性不敷应用需要，工程师需要数值解，从而采用离散后再求近似解是必然的。对于离散系统,李群理论就不再可用了。

再说,单参数李群理论(One parameter Lie group of transformation)要求,除抽象群的4个条件外,还要求条件[6]:

• 连续坐标。

• 对于初始条件是无限次可微,并且对于单参数(时间)坐标是解析的。

• 群的乘法是解析函数。

这些条件也是比较苛刻的。例如绳系结构的动力学等,表明在转折点处不能达到解析函数的要求。因此李群理论对于这类问题不能使用。而传递辛矩阵群却可以使用。

作者不是数学家,更不会按纯数学家思路,花费很多力气给出一个证明。虽然根据参变量变分原理与参变量二次规划,已经能解决这类问题,给出了一批工程师能接受的数值结果。然而,从严格数学理论的角度看,总是不够的。

离散系统的**传递辛矩阵**分析就是要逼近李群的。利用分得越来越细小的离散量去逼近一个连续量是数值求解常用的方法。可以设想,离散系统的**传递辛矩阵**分析,在网格划分非常细小时,是会逼近李群的。

随着计算机功能越来越强大,将时间区段分得越来越细小的离散系统去逼近连续量,对解决工程师关心的课题是现实可行的。基于分析动力学与分析结构力学的模拟[1],分析结构力学对于**传递辛矩阵**的推导,可直接从离散系统切入,Lagrange 括号与 Poisson 括号也已经对离散系统讲述了。离散系统只能有**传递辛矩阵的群**。从结构力学的角度讲解比较容易理解,其对应的离散系统就是有限单元法。这里要明确，离散的只是长度坐标，位移本身仍是连续的。因此仍要使用微积分的。

以下从结构力学的角度讲述。这些内容是可以跳过的。

结构力学的有限元位移法，是通过组装单元刚度矩阵而计算的。要考虑结构力学的非线性课题，其离散的区段变形能对应于动力学中离散的区段作用量。简单些，先认为区段的划分是等长度的。结构力学的区段变形能，用其两端位移表达是 $U(\boldsymbol{q}_a,\boldsymbol{q}_b)$。将 $U(\boldsymbol{q}_a,\boldsymbol{q}_b)$ 在解 $\boldsymbol{q}_a^*$，$\boldsymbol{q}_b^*$ 附近用 Taylor 级数展开，就出现切线刚度矩阵 $\boldsymbol{K}$。引入对偶变量 $\boldsymbol{p}_a$，$\boldsymbol{p}_b$，可将 $\boldsymbol{K}$ 表达为状态向量的传递形式。于是就出现了传递辛矩阵。传递辛矩阵也构成**传递辛矩阵群**，这是离散系统的群，当区段长度非常小时就逼近李群。因此，有如下对比：

连续坐标	离散坐标近似
微分方程组	差分方程组
李群	传递辛矩阵群
李代数，Hamilton 矩阵	Hamilton 矩阵乘区段长度的李代数
无穷小量(Infinitesimal)	小区段是有限长的

李群有对应的李代数[6]。传递辛矩阵群是否有，其对应的李代数又是什么呢？还是要从区段的变形能考虑。区段的传递辛矩阵对应的是区段变形能推导的 Hamilton 矩阵 $\boldsymbol{H}$ 乘区段长度 $\Delta z = z_b - z_a$。事实上，区段变形能本身就是连续系统作用量的近似。在区段内部是有限元插值得到的，因此矩阵 $\boldsymbol{H}$ 实际上也是平均意义上的矩阵，可认为在区段内取常值。这样，区段传递辛矩阵 $\boldsymbol{S}$ 与矩阵 $\boldsymbol{H}$ 就是指数函数的关系：

$$\boldsymbol{S}=\exp(\boldsymbol{H}\cdot\Delta z),\quad \Delta z=z_{\mathrm{b}}-z_{\mathrm{a}} \tag{1.7.1}$$

指数矩阵可用**精细积分法**计算得接近于计算机精度的，当然是在区段内取常值的 $\boldsymbol{H}$ 时，或后面讲的情况。

首先讲 Hamilton 矩阵，连续系统的 Hamilton 对偶方程可通过 Hamilton 矩阵乘状态向量得到。

李群元素是辛矩阵，而对应的李代数体就是 Hamilton 矩阵。讲李代数就需要两个 Hamilton 矩阵 $\boldsymbol{H}_1,\boldsymbol{H}_2$ 的交叉乘积(Commutor)的定义，用矩阵交叉乘积所定义的是李代数。两个 Hamilton 矩阵 $\boldsymbol{H}_1,\boldsymbol{H}_2$ 的**交叉乘积**

$$[\boldsymbol{H}_1,\boldsymbol{H}_2]=\boldsymbol{H}_1\cdot\boldsymbol{H}_2-\boldsymbol{H}_2\cdot\boldsymbol{H}_1 \tag{1.7.2}$$

仍给出 Hamilton 矩阵。验证为

$$\begin{aligned}(\boldsymbol{J}[\boldsymbol{H}_1,\boldsymbol{H}_2])^{\mathrm{T}}&=[\boldsymbol{J}(\boldsymbol{H}_1\cdot\boldsymbol{H}_2-\boldsymbol{H}_2\cdot\boldsymbol{H}_1)]^{\mathrm{T}}\\&=-(\boldsymbol{H}_1\cdot\boldsymbol{H}_2-\boldsymbol{H}_2\cdot\boldsymbol{H}_1)^{\mathrm{T}}\boldsymbol{J}\\&=-(\boldsymbol{H}_2^{\mathrm{T}}\boldsymbol{H}_1^{\mathrm{T}}-\boldsymbol{H}_1^{\mathrm{T}}\boldsymbol{H}_2^{\mathrm{T}})\boldsymbol{J}\\&=-(\boldsymbol{J}\boldsymbol{H}_2\boldsymbol{J}\boldsymbol{J}\boldsymbol{H}_1\boldsymbol{J}-\boldsymbol{J}\boldsymbol{H}_1\boldsymbol{J}\boldsymbol{J}\boldsymbol{H}_2\boldsymbol{J})\boldsymbol{J}\\&=-(\boldsymbol{J}\boldsymbol{H}_2\boldsymbol{H}_1-\boldsymbol{J}\boldsymbol{H}_1\boldsymbol{H}_2)\\&=\boldsymbol{J}(\boldsymbol{H}_1\boldsymbol{H}_2-\boldsymbol{H}_2\boldsymbol{H}_1)=\boldsymbol{J}[\boldsymbol{H}_1,\boldsymbol{H}_2]\end{aligned}$$

所以两个 Hamilton 矩阵 $\boldsymbol{H}_1,\boldsymbol{H}_2$ 的李代数乘法 $[\boldsymbol{H}_1,\boldsymbol{H}_2]$，仍是 Hamilton 矩阵。即使乘了区段长度而成为 $\boldsymbol{H}_1\Delta z_1,\boldsymbol{H}_2\Delta z_2$，仍然适用

$$[\boldsymbol{H}_1\Delta z_1,\boldsymbol{H}_2\Delta z_2]=(\boldsymbol{H}_1\cdot\boldsymbol{H}_2-\boldsymbol{H}_2\cdot\boldsymbol{H}_1)\Delta z_1\cdot\Delta z_2$$

所以仍是李代数。

两个 Hamilton 矩阵 $\boldsymbol{H}_1,\boldsymbol{H}_2$ 的普通加法 $\boldsymbol{H}_1+\boldsymbol{H}_2$ 就是李代数的加法，仍给出 Hamilton 矩阵。显然

反对称性质：

$$[\boldsymbol{H}_1,\boldsymbol{H}_2]=-[\boldsymbol{H}_2,\boldsymbol{H}_1] \tag{1.7.3}$$

线性分配律：

$$[a\boldsymbol{H}_1+b\boldsymbol{H}_2,\boldsymbol{H}_3]=a[\boldsymbol{H}_1,\boldsymbol{H}_3]+b[\boldsymbol{H}_2,\boldsymbol{H}_3] \tag{1.7.4}$$

是满足的，Jacobi 恒等式也满足[8]，因此 Hamilton 矩阵在交叉乘积下构成李代数。所以说，传递辛矩阵群的对应李代数体就是区段 Hamilton 矩阵 $\boldsymbol{H}\cdot\Delta z$。

顺次两个区段合并就是它们的传递辛矩阵的乘积，每个传递辛矩阵都对应一个 Hamilton 矩阵。因辛矩阵的乘积是次序有关的，不能变更其次序，表现为其交叉乘积不为零。设 $\boldsymbol{S}_c=\boldsymbol{S}_2\cdot\boldsymbol{S}_1$，而 $\boldsymbol{S}_2,\boldsymbol{S}_1$ 分别对应于 $\boldsymbol{H}_2\cdot\Delta z_2,\boldsymbol{H}_1\cdot\Delta z_1$，取 $\Delta z_c=\Delta z_1+\Delta z_2$，而 $\boldsymbol{S}_c$ 则对应于 $\boldsymbol{H}_c\cdot\Delta z_c$。但并不能说 $\boldsymbol{H}_c=(\boldsymbol{H}_2+\boldsymbol{H}_1)/2$，虽然它也是 Hamilton 矩阵，除非 $\boldsymbol{H}_1,\boldsymbol{H}_2$ 的交叉乘积为零。当$[\boldsymbol{H}_1,\boldsymbol{H}_2]=\boldsymbol{0}$ 时，$\boldsymbol{S}_2\cdot\boldsymbol{S}_1=\boldsymbol{S}_1\cdot\boldsymbol{S}_2$ 也是可交换次序的。

如果 $\boldsymbol{H}_1,\boldsymbol{H}_2$ 的乘法不能交换次序，则用 $\boldsymbol{H}_c=(\boldsymbol{H}_2+\boldsymbol{H}_1)/2$，只能说是近似。本来是 $\boldsymbol{S}_c=\boldsymbol{S}_2\cdot\boldsymbol{S}_1=\exp(\boldsymbol{H}_2\Delta z)\cdot\exp(\boldsymbol{H}_1\Delta z)$，改成 $\tilde{\boldsymbol{S}}_c=\exp[(\boldsymbol{H}_2+\boldsymbol{H}_1)\Delta z]$，两者不等，$\tilde{\boldsymbol{S}}_c$ 只是一个近似。正因为有不能交换的困难，给数值计算带来了问题。

从李代数元素 Hamilton 矩阵 $\boldsymbol{H}$，可用式(1.7.1)计算其对应的传递辛矩阵 $\boldsymbol{S}$，这需要矩阵指数的计算，为此有精细积分法。反过来，给出一个辛矩阵 $\boldsymbol{S}$，怎样计算得到其对应的李代数元素 Hamilton 矩阵 $\boldsymbol{H}$ 呢？简单想来，取指数函数之逆，对数函数，就得到其 $\boldsymbol{H}$ 阵了。然而，矩阵对数函数的计算也不是轻而易举的。假定辛矩阵 $\boldsymbol{S}$ 可分解成(0.2.10)之形，

$$\boldsymbol{S}=\boldsymbol{\Psi}\boldsymbol{D}_{\mathrm{e}}\boldsymbol{\Psi}^{-1},\quad \boldsymbol{D}_{\mathrm{e}}=\begin{pmatrix}\mathrm{diag}(\lambda_i) & \boldsymbol{0}\\ \boldsymbol{0} & \mathrm{diag}(\lambda_i^{-1})\end{pmatrix}\tag{1.7.5}$$

于是可提出另一个 Hamilton 矩阵

$$\boldsymbol{H}=\boldsymbol{\Psi}\boldsymbol{D}_{\mathrm{p}}\boldsymbol{\Psi}^{-1}=\boldsymbol{\Psi}\begin{pmatrix}\mathrm{diag}(\mu_i) & \boldsymbol{0}\\ \boldsymbol{0} & \mathrm{diag}(-\mu_i)\end{pmatrix}\boldsymbol{\Psi}^{-1}\tag{1.7.6}$$

$$\mu_i=\ln\lambda_i;\quad i=1,2,\cdots,n$$

利用对数函数为指数函数的逆函数的性质,即 $\lambda_i=\exp(\mu_i)$,反之有 $\mu_i=\ln\lambda_i$。表明,这里讲的与 0.2 节所述是对应的。

从计算的角度再说一些。如果 $\boldsymbol{H}_1,\boldsymbol{H}_2$ 的乘法不能交换次序,则用平均的 $\boldsymbol{H}_{\mathrm{c}}=(\boldsymbol{H}_2+\boldsymbol{H}_1)/2$,只能说是一种近似。本来是 $\boldsymbol{S}_{\mathrm{c}}=\boldsymbol{S}_2\cdot\boldsymbol{S}_1=\exp(\boldsymbol{H}_2\Delta z)\cdot\exp(\boldsymbol{H}_1\Delta z)$,改换成 $\tilde{\boldsymbol{S}}_{\mathrm{c}}=\exp[(\boldsymbol{H}_2+\boldsymbol{H}_1)\Delta z]$,两者不等,$\tilde{\boldsymbol{S}}_{\mathrm{c}}$ 只是一个近似。正因为不能交换的困难,给数值计算带来了问题,人们想了很多办法。

首先说明,如果区段内连续系统的 Hamilton 矩阵 $\boldsymbol{H}(t)=f(t)\cdot\boldsymbol{H}_{\mathrm{av}}$,而 $\boldsymbol{H}_{\mathrm{av}}$ 取常值,则在区段内的 Hamilton 矩阵是处处可交换的。将区段$(z_{\mathrm{a}},z_{\mathrm{b}})$进行长度非常细的划分 $\mathrm{d}_N z=\Delta z/N$,其中,$N$ 取很大的整数,则根据传递辛矩阵的乘法

$$\begin{aligned}\boldsymbol{S}&=\exp[\boldsymbol{H}_{\mathrm{av}}\cdot f(t_{\mathrm{a}})\mathrm{d}_N z]\cdot\cdots\cdot\exp[\boldsymbol{H}_{\mathrm{av}}\cdot f(t_{\mathrm{b}})\mathrm{d}_N z]\\&=\exp\left[\boldsymbol{H}_{\mathrm{av}}\cdot\sum_1^N f(t)\mathrm{d}_N z\right]=\exp[\boldsymbol{H}_{\mathrm{av}}\cdot(\Delta_{\mathrm{f}}z)]\end{aligned}\tag{1.7.7}$$

则区段平均应取

$$\boldsymbol{H}_{\mathrm{av}}\cdot(\Delta_{\mathrm{f}}z),\quad \Delta_{\mathrm{f}}z=\int_{z_{\mathrm{a}}}^{z_{\mathrm{b}}}f(t)\mathrm{d}t\tag{1.7.8}$$

这是一个李代数元素,可用例如精细积分法计算其区段的传递辛

矩阵(1.7.7),也是对应的辛群元素。然而可交换的条件 $\boldsymbol{H}(t)=f(t)\cdot\boldsymbol{H}_{\mathrm{av}}$ 未免太理想了,绝大多数的情况是不可交换的。怎样计算好,还要深入研究。

注 Hamilton 矩阵的函数 $g(\boldsymbol{H}_{\mathrm{av}})$ 与 $\boldsymbol{H}_{\mathrm{av}}$ 也是可交换的。但不保证 $g(\boldsymbol{H}_{\mathrm{av}})$ 也具有 Hamilton 矩阵的形式。

传递辛矩阵群也有对应的李代数,表明它与李群之间有共同之处,有意思。进一步的发展,尚需深入探讨。

现代纯数学大师,英国 1990 年皇家学会会长 M. Atiyah 说:“经常发生的情况是必须创造一个新的数学框架,其中的概念反映了真实世界中被研究的对象。于是,数学通过与其他领域的相互作用向深度与广度发展。” Atiyah 还说:“从总体上讲,数学已被证明是研究物理学与工程学的相当成功与合用的钥匙。”辛数学既然已经反映在结构力学、动力学等多个方面,特别希望能加强数学家的关注与力学工作者的合作,共同推进。

这方面当然有许多内容。事实上,对于动力学的数值积分人们有很多研究。可见文献[5]等。

归 纳

当今,离散求解已经是**计算科学**的常规了。解析法求解对于非线性系统则困难重重。离散体系的理论应当建立在分析动力学的区段作用量或分析结构力学的区段变形能的变分原理基础上。按区段能的对称矩阵引入了传递辛矩阵,称为**辛数学**,也许应称**辛代数**。而传统纯数学则通过基于微分几何的**微分形式**、**切丛与余切丛**、**交叉乘积**、**Cartan 几何**等,引入了**辛几何**。两者表达形式相差悬殊,但殊途同归,都归结到**辛**的概念。以下进行比较,可能有所帮助。

辛数学(辛代数)	辛几何
离散坐标	连续坐标
代数	微分几何
有限元法近似求解	微分方程解析法求解
保辛-守恒	解析解自动保辛守恒
传递辛矩阵群	李群
显式正则变换	隐式正则变换
便于计算机数值求解	解析法求解困难

注:辛数学与辛几何有同样的变分原理。

于是,在分析力学的范围内,出现了**辛**的两种不同解释。实际解决问题,就要给出数值结果,需要计算科学。我们得到的看法是:

理论形式应适应计算科学,而不是要计算科学适应理论形式。

以上比较是在常微分方程组的范围内进行的;而实际问题总有更多需求,要求解偏微分方程。后面部分就出现更多内容了,此时突破了辛的等维数的局限,用了数学更多方面的内容,所以总称**辛数学**也无不当。

这部分就此顿住。

2

不同时间的有限元离散

这部分是面对局限性 2 的，前面讲的动力学总是考虑同一个时间的位移向量，但应用力学有限元需要考虑**不同时间**的位移向量；也要予以“**破茧**”。

从偏微分方程的分离变量法求解开始，就把时间-空间坐标分离开了。分离变量后，弹性振动出现本征值问题而求解，已经成为经典。1666 年是 Newton 的奇迹年，在 Galileo 的基础上提出了时空观，时间被认为是绝对的，任何惯性坐标下，时间皆是一样。偏微分方程的分离变量法是在牛顿的时空观下发展的。1905 年是 Einstein 的奇迹年，他提出了对于 Brown 运动的解释，又提出了光子理论及对光电现象的解释，尤其是提出了狭义相对论。在相对论中，时间已经与坐标系的空间速度有关，具体表现在 Lorentz 变换上，是时间-空间一起变换的。从这个角度看，Newton 的时-空观与 Einstein 的时-空观已经不同。依照相对论的时-空观，绝对不变的时间坐标是不成立的。电磁波双曲型方程只在 Lorentz 变换下有不变性。见文献[15]。

本书第 1 章是针对局限性 1 的，是时间坐标**恒定维数下同时间**的离散。离散后，提出了**保辛-守恒算法**、**受约束动力学系统**、**矩阵乘法保辛摄动**、**传递辛矩阵群**等与**算法**有关的理论与方法。算法是计算机时代的数学特色。数学家的**构造性证明**概念是，在**有限个确定的步骤**之后就得到所需求的结论。Atiyah 说："与构造性证明密切相关的概念是所谓的'算法'。"Hilbert 指出："首先是要有可能通过以有限个前提为基础的有限步推理来证明解的正确性。"计算机程序运行一段时间后结束，而不是死循环，就是有限步骤。动力学虽然重要，但只是固定维数的常微分方程组。实际需求不能总是局限于常微分方程组的范围。

回顾 20 世纪的数学 Wolf 奖。与**辛几何**相关的人有 Cartan，陈省身，Arnold 等。他们在**纤维丛**(切丛，余切丛)，**外乘积**，**Cartan 几何**等方面有成就，为**辛几何**作出了贡献。由此建立起来的**辛几何**公理系统，推动了某些进展。冯康提出差分格式应当保辛，就是在**辛几何**公理系统下的推进[7]。以文献[8]为代表，国外也有系列的努力。这些努力依然是在**辛几何**公理系统下的推进。当计算科学的发展迅速遍及各个学科方面，形形色色的偏微分方程求解成为不可回避的需求。**辛几何**公理系统的框架，由于其局限性，已经不能适应了。对比有限元法的成功和迅速推广，这些局限性一定要**破茧**了。

常微分方程组当然要发展到偏微分方程组的求解。空间坐标与时间坐标在一起的**双曲型偏微分方程**是波动类问题、有因果律问题的数学根基。以往的求解思路是,空间坐标先进行有限元离散,成为时间坐标的常微分方程组,然后再离散求解之。这样,有限元法离散的格点,在**时间-空间联合**的坐标系统内看,是**规则网格**。格点的空间位置是固定的,而时间离散则是同步长的,两者的离散操作分别进行。表明不管空间坐标如何离散,时间总是齐步前进的,这与空间坐标内的有限元离散完全不同,太受限制了。这里要考虑在**时间-空间联合**的坐标系统内,直接进行有限元离散的数值计算方法。

因此,第 2 章要讲,离散得到不同时间的位移向量。对同步长积分限制的**破茧**,力争主动。想不落后,就要跟上时代。这部分要提出**时-空混合元**的方法。根据分析结构力学与分析动力学的模拟关系,除边界条件外,其分析变分原理是一样的。因此可将结构力学有限元法引入到波动偏微分方程计算中,这就是**时-空混合元**的方法。世界各国的竞争已经强调在高科技方面的领先。

2005 年,美国总统信息科学顾问委员会 PITAC(President's Information Technology Advisory Committee)打报告给白宫,标题是《Computational Science: Ensuring America's Competitiveness》(**计算科学:确保美国的竞争力**)。指出"计算科学同理论和物理实验并列,已成为科学事业的第三根支柱"。2009 年美国的竞争力委员会(Council on Competitiveness)发布白皮书指出"美国制造业——依靠建模和模拟保持全球领导地位",将"建模、模拟和分析的高性能计算"视为维系美国制造业竞争力战略优势的一张王牌,呼吁:**"从竞争中胜出就是从计算中胜出"("to out-compete is to out-compute")**。

孙子兵法有云:“夫未战而庙算胜者,得算多也;未战而庙算不胜者,得算少也。多算胜,少算不胜,而况于无算乎?吾以此观之,胜负见矣。”计算科学就是美国在科技方面的**庙算**。人家科技领先,应当学习。中华人民共和国已经成立60多年了,岂甘总也落后。人家禁运,而我们买一些高端被禁运的程序,会用用就满足了?! **计算科学**不知被置于何地,跟不上信息时代的潮流就会前途茫茫。不解决计算科学这个制高点的落后,是改变不了高科技落后的现状的。这也是志气问题,对于人家**禁运**怎么就可以忍气吞声呢。只有**独立自主,自力更生**,力争主动自己干,才是出路。中国人是有能力的,尤其重要的是要有**信心**。当年那么困难,前辈们**独立自主,自力更生**,将“两弹一星”做上去了,今天应更加有**信心**了才是。

这是科技评价的重大问题。按中央的方针是:**自主创新,集成创新,引进、消化、吸收再创新**。作为制造业不可缺少的计算软件,一味引进一些被**禁运**的软件,大学也就教教这些禁运软件怎么使用,这也太没有眼光了。

科技评价则以洋人的SCI为标准,这根指挥棒给人家了。大学培养研究生一定要SCI论文,职称提升一定要数SCI论文等等。中国人在中国的大学,中国的经费,中国的岗位,中国的课题,一定要送给洋杂志,给谁看呀!立场何在。合作研究,谁是第一作者?这样出来的成果无法集成,一盘散沙。研究生的成果累积、凝聚不了,不能集成,问题就多了。**集成**是制造业产品不可缺少的,难道也请人家来集成这些禁运软件?中国制造业改型为高端水平,缺少了自主的CAE**集成**平台,将发生很大困难。

摆脱这种以 SCI 为基础的评价体系，打破洋人禁运，自己干，中国的自主 CAE **集成**平台，早晚是一定会建立的。看政策、领导了。

本书讲的绝大部分偏向于**算法**，计算科学当然要算法，力求为发展自主程序系统打下理论基础。而算法与数学的构造性证明密切相关。文献[1,9]将分析力学用动力学与结构力学并行讲述。既然要考虑计算科学，离散求解是自然的选择。回看结构力学的有限元法，有网格自动生成等，五花八门，而根本没有网格必须规则的限制。而传统的空间、时间分别离散，将带来**恒定维数下同时间**离散的限制。动力学在离散方面应当力求与结构力学有限元法融合，打破这第三种与第二种局限性。

第一部分离散求解完全是在分析动力学的基础上讲的，因此是常微分方程组。本部分要将离散求解从常微分方程组发展到偏微分方程。偏微分方程的分析求解更困难了，采用各种离散手段进行求解是自然的。数学发展不可仅仅局限于连续空间，不能只考虑微分几何等。信息时代必然要离散，数值分析必然要离散，有限元法提供了离散的思路。第二部分要处理不同时间的离散，而暂不打算处理第三种局限性，这是下部分的论题。

为清楚起见，这里只讲空间一维，时间一维，即时-空二维问题。这样好理解些。然而，对空间坐标与时间坐标**分别离散**而生成的离散时间-空间格点，是规则的网格。是否能像结构力学有限元一样，将两种坐标混合在一起进行有限元离散呢？

动力学与结构力学问题，其实只是一个符号之差[1]。分析力学方法对两方面可通用。其实双曲型偏微分方程与椭圆型偏微分方程也是差一个符号。它们性质不同，但分析上有共同之处。空间坐标的有限元离散已经广泛使用，但时间-空间混合的有限元离散在实践与理论方面有许多问题。本书要予以初步的数值与理论探讨[20]，**破茧**，其目的是指出一个方向，有待能人深入发挥。

应考虑对时间-空间的综合空间运用有限元离散。**时-空混合元**涵盖了时间域与空间域。有限元的优点是有变分原理支持，**时-空混合元**用的变分原理其实就是动力学偏微分方程的变分原理。

时-空混合有限元离散当然有一些限制，以下会逐步呈现出来。连续时-空的偏微分方程，最基本的就是波动方程

$$\frac{\partial^2 w}{\partial t^2}-c^2(x)\cdot\frac{\partial^2 w}{\partial x^2}+k(x)\cdot w=0 \quad (0<x<L,0<t) \tag{2.1}$$

其中，$c(x)$是波速，可取为 1，应具有适当的边界条件和初始条件。波动方程相应的 Lagrange 函数仍是动能 T_E 减势能 P_E，它们分别为

$$P_E=\int_0^L[(\partial w/\partial x)^2+k(x)w^2]\mathrm{d}x/2$$

$$T_E=\int_0^L \dot{w}^2\mathrm{d}x/2 \tag{2.2}$$

$$L(w,\dot{w})=T_E-P_E$$

其中，上面一点表示对时间的偏导数。变分原理要求作用量取极值，即

$$A=\int_0^{t_f}L(w,\dot{w})\mathrm{d}t=0,\quad \delta A=0 \tag{2.3}$$

有限元离散可运用于该变分原理。区别在于，静力学有限元运用最小总势能原理，取最小在数学方面容易理解。而 Hamilton 变分原理则本来也只是要求一次变分为零，故恰当地用有限元法离散

并无不妥。

最简单当然仍是规则网格。空间离散后，势能 P_E 是正定的。它对作用量的贡献还要积分后取负号，故积分后**时-空混合元**势能产生的作用量部分一定是负的。动能 T_E 的有限元插值积分后仍为正定，其对作用量的积分也仍为正定。从而作用量 A 是不正定的。这是因为时间两端皆用位移作为未知数。如果对时间大的一端（**步进**端）的位移与作用量 A 运用 Legendre 变换，则给出的时间区段**混合作用量**（**混合能**）的二次型便成为正定二次型。这是分析动力学的常规。

离散的常规是互相无关地分别对时间与空间离散。在混合的时间 t-空间 x 中观察，给出的是规则网格，或规则的**时-空混合元**。所谓规则，即其单元的边或者是同时间的，或者是同空间坐标的。即一维空间坐标是长方形单元，多维空间坐标则成为柱型，如图2-1所示。

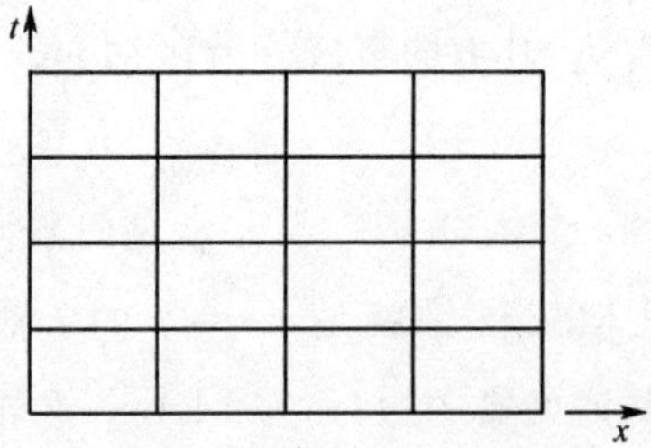

图 2-1　常规的时间-空间离散

例如，对空间坐标用有限元插值，其变形势能用有限元计算，并生成振动方程求解。这是对时间坐标运用了半解析法。然后，对时间坐标的积分则可用本征向量展开（线性振动）或逐步积分。

逐步积分常规做法是用差分法，故不是有限元。分析结构力学表明，可对时间坐标用有限元法插值，成为时间有限元。它相当于对规则的**时-空混合元**采用双线性插值。当时间步长非常小时，其结果相当于半解析法。动力学常常采用集中质量法或协调质量法考虑节点处的质量，两类方法给出的数值结果皆可接受。线性插值元给出的是协调质量法。

2.1 双曲型偏微分方程的特征线理论概要

时-空混合元应遵循分析理论。双曲型偏微分方程理论的主要特点是其**特征线**，其中心线称为 Monge 轴（Axis，pencil）。在文献[21]中有深入讲述。在空间多维时是 Monge 锥（Cone），Monge 轴。一般情况是四维（空间三维＋时间一维），比较复杂。简单些，如文献[21,22]，在二维条件下讨论，已可抓住主要特点了。有限元网格在节点 P 有边，其方向可区分为在 Monge 锥内或 Monge 锥外。

取 $c(x)=1$，Monge 锥对方程(2.1)就是两条特征线，$\Delta x-\Delta t=0$ 与 $\Delta x+\Delta t=0$，而 Monge 轴就是 $\Delta x=0$ 的 t 轴。在 t 轴附近的 Monge 锥内的边是**时间类**的边；而在 Monge 锥外的边是**空间类**的边。时间类边一定指向时间增加方向，而空间类边则不强调方向。

方程的积分虽然不强调同时推进，但逐步积分的时间层次仍是必要的，这与通常的椭圆型方程积分完全不同，是双曲型方程的本性。初值问题积分，边界条件的提法也与椭圆型方程不同。单元网格划分，应注意时间是逐步积分的，是分层次的初值问题。初值应是给出**状态向量**(离散后)。从分析结构力学的角度看,每层次的积分是**状态向量的变换**。层次步进的**作用量**(相当于结构力学的变形能),其两端状态向量的变换应给出**辛变换矩阵**。应注意,辛矩阵要求层次位移向量的**维数不变**。

离散后,步进积分的层次位移向量维数不变是一种限制,但并非意味着全部层次皆为同一维数。该问题可延后讨论。现在应讨论时间-空间混合离散时,边界条件的分类。

边界条件是给定于混合有限元网格边上的条件,是边就应按特征线划分**时间类边界与空间类边界**。不同边界应有不同的边界条件提法。边界应是单元网格的边,空间类边界是初值条件,给定状态向量;而时间类边界则是两端边界条件。**空间类边界**对应于空间类边,而**时间类边界**对应于时间类边。请参照文献[21]对双曲型偏微分方程的理论,对线性方程的唯一性定理等。也请对照下节例题中的边界条件提法。

初始条件并非一定要给出在同一时间,而可在初始的全部**空间类边界**上给出。空间的两端边界条件也并非一定要在不动的确定点上给出,例如变动边界问题,在移动边界给定位移,也可以。移动边界应当是时间类边。凡是空间类边,一定可通过 Lorentz 变换,予以变换到同时的;而凡是时间类边,也一定可通过 Lorentz 变换,予以变换到同空间坐标的。Lorentz 变换是构成**群**的,混合有限元法的计算应当也从这个层面进行考虑。

时-空混合元就是有限元。结构力学有限元的变分原理是最小变形能,而动力学则成为作用量。而其他的操作与结构力学有限元同。**时-空混合元**的效果应当用例题的数值结果来展示。

非线性双曲型偏微分方程的求解很重要，超音速空气动力学就是这类方程。此时会出现激波(Shock wave)，强间断。虽然已经有许多计算方法，但总感到不够，还需深入进行数值研究。本书还不打算进入激波计算的研究。

2.2 波动方程

设有下面的波动偏微分方程

$$\begin{aligned} &\partial^2 w/\partial t^2 - \partial^2 w/\partial x^2 = 0 \quad (0<x<1, 0<t) \\ &w(0,t)=0, w(1,t)=0, w(x,0)=0, \dot{w}(x,0)=1 \end{aligned} \tag{2.2.1}$$

为探讨起见，要比较**时-空混合元**的某些常见划分情况。此时连续本征解为 $\psi_i(x)=\sin(\mathrm{i}x\pi)$。泛函的 Lagrange 函数与变分原理为

$$\begin{aligned} L(w,\dot{w}) &= \int_0^1 (\dot{w}^2 - w'^2)/2\mathrm{d}x = T-U \\ \delta\int L(w,\dot{w})\mathrm{d}t &= 0 \end{aligned} \tag{2.2.2}$$

其中，一点和一撇分别表示对时间 t 和空间 x 的偏微商。微分方程(2.2.1)是最典型的问题，有解析解，如图 2-2 所示。然而，若边界随时间而变化，则就无法分析求解了，下面会探讨。首先认为是固定边界，用混合有限元求解，以便与解析解比较。

最常见的是 n 等分的半解析离散，节点划分在 $x=0,\Delta x,2\Delta x,\cdots,(n-1)\Delta x,n\Delta x$ 处的等长网格，线性插值离散。$(i-1,i)$的单元动能和单元变形能分别为

$$\begin{aligned} &(\dot{w}_{i-1}^2 + \dot{w}_i^2 + \dot{w}_i\dot{w}_{i-1}) \cdot \Delta x/6 \\ &(w_{i-1}^2 + w_i^2 - 2w_iw_{i-1})/(2\Delta x) \end{aligned} \tag{2.2.3}$$

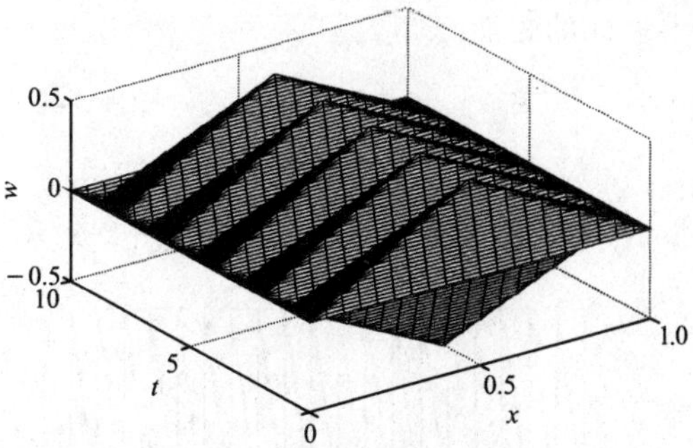

图 2-2 解析解的图形

导出微分方程后，可用精细积分法求解，近似计算结果是令人满意的，图形略。

对半解析法用时间有限元，取时间步长 Δt，其$(k,k+1)$的作用量为 $A_k=T_k-U_k$，其中，动能和势能分别为

$$
\begin{aligned}
T_k=&[(w_{k+1,i}-w_{k,i})^2+(w_{k+1,i-1}-w_{k,i-1})^2+\\
&(w_{k+1,i}-w_{k,i})(w_{k+1,i-1}-w_{k,i-1})]\cdot\frac{\Delta x}{6\Delta t}\\
U_k=&[(w_{k+1,i}-w_{k+1,i-1})^2+(w_{k,i}-w_{k,i-1})^2+\\
&(w_{k+1,i}-w_{k+1,i-1})(w_{k,i}-w_{k,i-1})]\cdot\frac{\Delta t}{6\Delta x}
\end{aligned}
\tag{2.2.4}
$$

其结果也很好，并保辛。矩形**时-空混合元**的动能 T_k 与势能 U_k，与半解析的时间有限元同。故也给出很好的数值结果。

如果**时-空混合元**不用矩形单元，而用如图 2-3 所示的三角形单元，则两个三角形单元的动能之和为

$$
T'_k=[(w_{k+1,i}-w_{k,i})^2+(w_{k+1,i-1}-w_{k,i-1})^2]\Delta x/(4\Delta t)
\tag{2.2.5}
$$

而两个三角形单元的势能之和为

$$U'_k=[(w_{k+1,i}-w_{k+1,i-1})^2+(w_{k,i}-w_{k,i-1})^2]\Delta t/(4\Delta x) \tag{2.2.6}$$

虽然与矩形混合元不同,但相差不多,结果如图 2-4 所示。

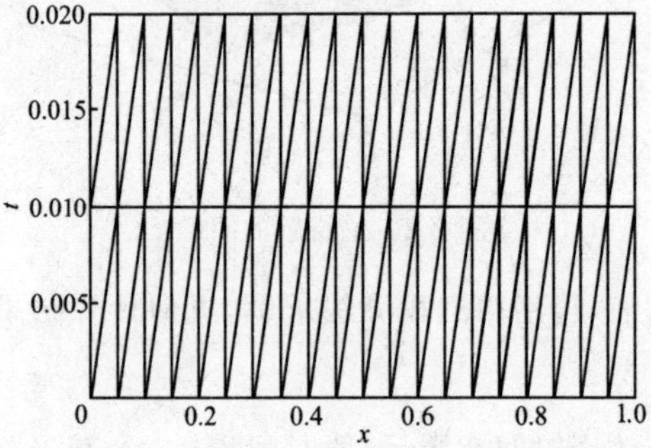

图 2-3　三角形网格

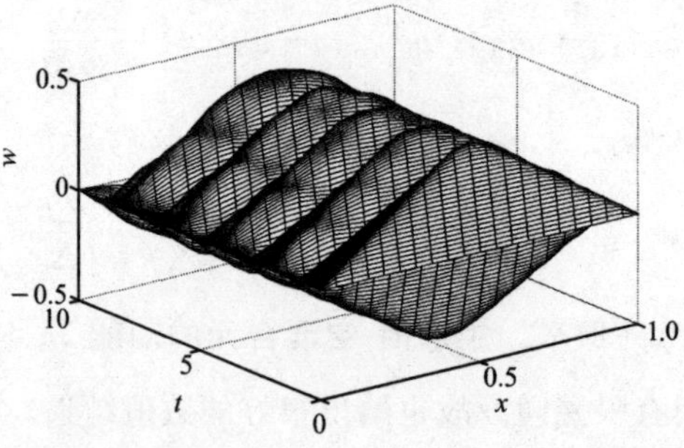

图 2-4　三角形混合元积分图

以上是对时间和空间坐标皆划分均匀网格。如果将时间变动的三角形网格划分如图 2-5 所示,则积分给出的结果如图2-6所示,

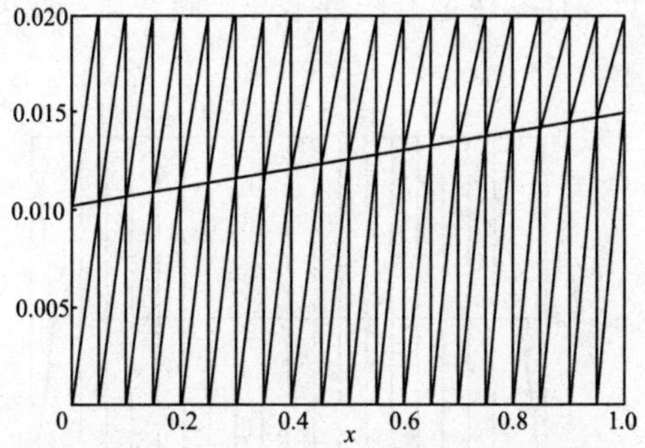

图 2-5 非同时混合元网格

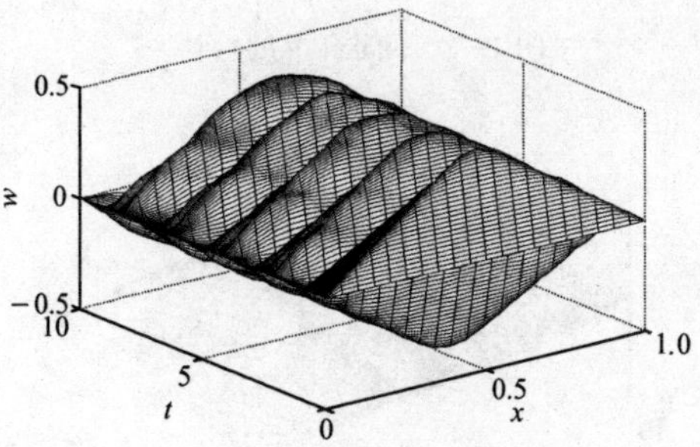

图 2-6 非同时混合元网格的积分结果

也是令人满意的。如图 2-7 所示的网格由三角形和四边形两种单元组成，并且中间一层多两个节点，积分结果如图 2-8 所示，结果同样是令人满意的。如图 2-5 和图 2-7 所示的网格划分体现了时-空混合元的灵活性。经验证，对于图 2-3 和图 2-5 给出的混合元网格，$t=0$ 和 $t=0.020$ 时刻的状态向量之间的传递矩阵是辛矩阵。而图 2-7 的混合元网格，将 $t=0.025$ 一层的节点凝聚掉后，$t=0$ 和 $t=0.050$时刻的状态向量之间的传递矩阵也是辛矩阵。混合元的保辛性质可以保证系统的总能量不会无限增加和减少，避免了人为阻尼的影响。

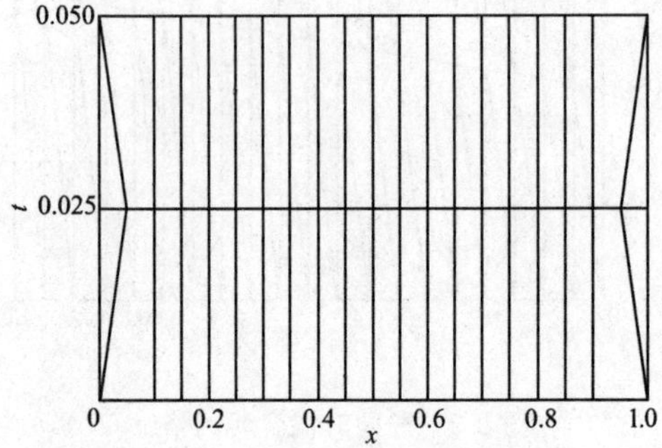

图 2-7　不同自由度网格

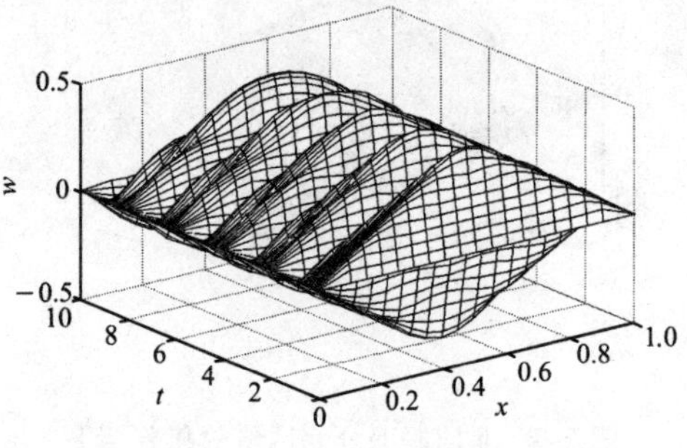

图 2-8　不同自由度网格的积分结果

既然用有限元离散，不可能将全部细节都照顾到，故不能达到如图2-2所示解析解出现的尖角。

读者看到，图 2-7 的网格在 $t=0.025$ 处已经有维数变化了。这为第 3 章不同维数的积分已经埋下伏笔。

运用**时-空混合元**积分能达到保辛吗？这是可以证明的。例如，以图 2-5 的非同时混合元网格来说。这要考察从 t_a 到 t_b 组装的总作用量矩阵。其中，t_a 与 t_b 并不强求同一时间，而只是代表从层次 a 到层次 b。图 2-5 的斜线已经表明不在同一时间，也不强求在直线上；只要求能划分层次，而且层次的斜度不能超过特征线。

在层次 t_a 与 t_b 间，所有的**时-空混合元**应按通常的有限元方法进行插值，按作用量变分原理积分，就生成混合单元作用量的矩阵，其实在结构力学有限元，就是单元刚度矩阵，当然是**对称矩阵**。然后就按结构力学同样的方法组装成总作用量矩阵。因为全部的混合单元作用量矩阵对称，扩大为层次间总作用量矩阵 $\boldsymbol{K}$ 时也对称；而组装是矩阵加法，对称矩阵加对称矩阵依然是对称矩阵，故层次间总作用量矩阵 $\boldsymbol{K}$ 对称。将对称矩阵划分为子矩阵

$$\boldsymbol{K}=\begin{pmatrix}\boldsymbol{K}_{\mathrm{aa}} & \boldsymbol{K}_{\mathrm{ab}}\\ \boldsymbol{K}_{\mathrm{ba}} & \boldsymbol{K}_{\mathrm{bb}}\end{pmatrix}$$

当 2 个层次的维数相同时，可转换到传递矩阵形式，有

$$\boldsymbol{S}=\begin{pmatrix}\boldsymbol{S}_{\mathrm{aa}} & \boldsymbol{S}_{\mathrm{ab}}\\ \boldsymbol{S}_{\mathrm{ba}} & \boldsymbol{S}_{\mathrm{bb}}\end{pmatrix}$$

$$\boldsymbol{S}_{\mathrm{aa}}=-\boldsymbol{K}_{\mathrm{ab}}^{-1}\boldsymbol{K}_{\mathrm{aa}},\quad \boldsymbol{S}_{\mathrm{bb}}=-\boldsymbol{K}_{\mathrm{bb}}\boldsymbol{K}_{\mathrm{ab}}^{-1}$$

$$\boldsymbol{S}_{\mathrm{ab}}=-\boldsymbol{K}_{\mathrm{ab}}^{-1},\qquad \boldsymbol{S}_{\mathrm{ba}}=(\boldsymbol{K}_{\mathrm{ab}})^{\mathrm{T}}-\boldsymbol{K}_{\mathrm{bb}}\boldsymbol{K}_{\mathrm{ab}}^{-1}\boldsymbol{K}_{\mathrm{aa}}$$

读者可自己验证 $\boldsymbol{S}$ 确实是辛矩阵。证明完毕。

以上证明认为系统是线性的，非线性时怎样？前面在 1.2 节讲述过在同维数时的分析理论。非线性系统的数学当然复杂些，其实依然表明其传递是保辛的。然而单纯保辛也是不够好的，还应当考虑是否守恒等。既然用有限元，则就面对偏微分方程了。离散后，这些基本原理依然是重要的。前面讲过，虽然不是面对偏微分方程讲的，但原理是一样的。不过遭遇到例如非线性的拟线

性双曲型偏微分方程，会出现激波间断解[22]，又另当别论了。

2.3 变动边界问题与时-空混合元

考虑如下变动边界问题。Timmy 拉小提琴，滑音，即移动压弦线的手指而产生。方程为

$$\partial^2 w/\partial t^2 - c_0^2 \cdot \partial^2 w/\partial x^2 = 0 \qquad (2.3.1)$$

时变的区域边界条件为 $w(0,t)=0, w(x_r,t)=0, x_r = 1+v\sin(\omega_0 t)$；初始条件为 $w(x,0)=\sin(x\pi/L)$。

变动边界问题解析求解很困难。采用半解析方法，先对空间离散然后再积分动力方程的方法也很难适应变边界问题。本书采用的时-空混合元方法，对于这类变动边界问题的处理是很方便和灵活的。

取各个参数为 $c_0^2=16, v=0.05, \omega_0=2\pi$。时变边界周期变化，周期为 1，故只需在一个周期内划分网格，以后周期重复第一个周期的网格。采用如图 2-9 所示的网格，其积分步长是 0.02，计算结果如图 2-10 所示。当 $\omega_0=4\pi$ 时，时变边界周期为 0.5，采用的混合元网格如图 2-11 所示，积分结果如图 2-12 所示。这类似于发生了参数共振，就是类似于共振的情况，时间长了会发散。这是由于当波形向上时压弦点向内，表明对弦做了功；而波形向下时压弦点向外，也做功的。因此总体上说，压弦点对系统做了功，这在图形上已呈现。

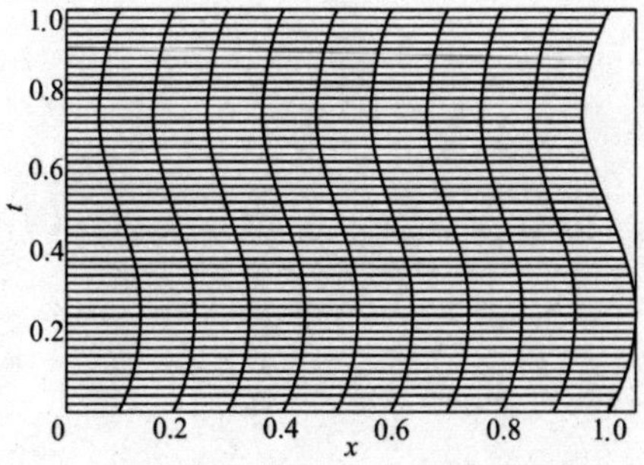

图 2-9　$\omega_0=2\pi$ 时变边界不规则四边形网格

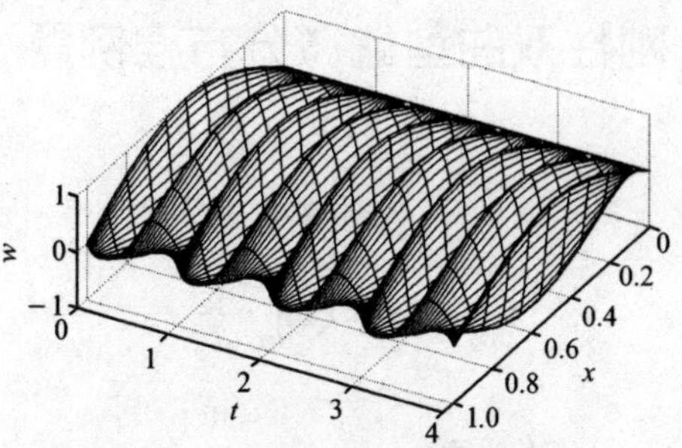

图 2-10　变边界问题的波动响应

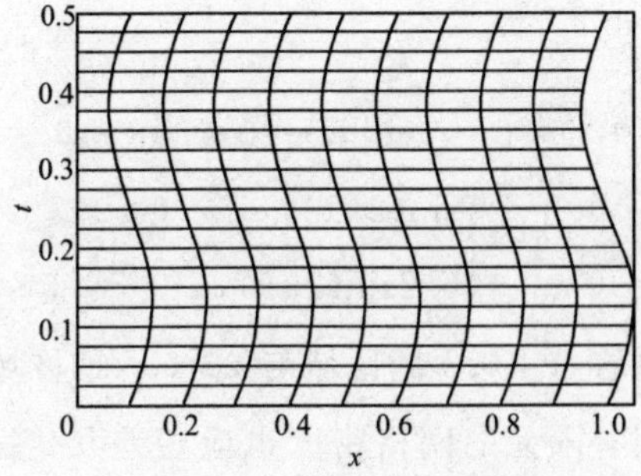

图 2-11　$\omega_0=4\pi$ 时变边界不规则四边形网格

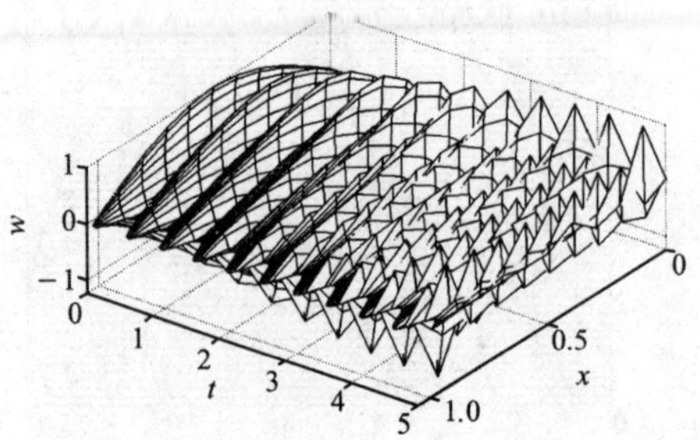

图 2-12　变边界问题的参数共振响应

2.4　刚性双曲型偏微分方程例题

设在区域 $0<x<1, t>0$ 的偏微分方程

$$\frac{\partial^2 w}{\partial t^2}-c^2(x)\frac{\partial^2 w}{\partial x^2}=0$$

$$c^2(x)=\begin{cases}1, & 0\leqslant x\leqslant 0.5\\ 400, & 0.5<x\leqslant 1\end{cases} \tag{2.4.1}$$

其中，波速是变化的，$w(x,t)$是待求位移函数。边界条件和初始条件为

$$w(0,t)=0,\quad w(1,t)=0;\quad \dot{w}(x,0)=0$$

$$w(x,0)=\begin{cases}\sin(2\pi x), & 0\leqslant x\leqslant 0.5\\ 0.2\sin(2\pi x), & 0.5<x\leqslant 1\end{cases} \tag{2.4.2}$$

从振动理论看，$x<0.5$ 的区域与 $x>0.5$ 的区域是**不同尺度**的问题。当然时间有限元的网格密度也应相差几倍。在 $x=0.5$ 附近应当有网格的过渡区。这种课题，在例如著名的 FPU 问题[1]中出现。当刚度或波速相差大时，**不同尺度**的问题便会出现。多尺

度问题的求解是大家关心的课题，可用有限元法求解。传统方法是半解析的，对时间坐标保持为连续，而先对空间坐标有限元离散。显然，$x>0.5$ 部分波速大，时间网格应加密。然而半解析离散后，通常对时间积分运用差分法，例如 Crank-Nicolson 法、隐式差分、显式差分、多步差分法等。最近的时间积分进展可见文献[8]，无非就是在此架构下的发展。

高刚度或高波速区的网格，时间积分的步长要小；而低刚度区域，时间积分的步长相应地可以大些。这样就出现不同的时间步长。时间差分法求解只能用统一的步长。双曲型方程的积分有 Courant 条件的限制，就是特征线的限制，只能统一到高密度空间网格的时间步长。这表明分别处理空间与时间的离散，不够灵活。以下采用混合元给出积分结果。

空间划分 20 个单元时，两个区域用同步长混合元，时间步长不能超过 0.002 5，这是由空间网格宽度和 $c^2=400$ 决定的。采用同步长时-空混合元，时间步长 0.001，计算结果如图 2-13 所示。采用如图 2-14 所示的时-空混合元网格，两个区域的时间步长不同，慢变区域的时间步长为 0.04，而快变区域的时间步长为0.002，计算结果如图 2-15 所示。时间步长要满足 $\Delta t \leqslant \Delta x/c$。本算例中快变区域 $c=20$，若用相同步长，则最大步长为0.002 5。而采用类似于图 2-14 的网格，慢变区域可采用的最大步长为 0.05，快变区域则可将 0.05 分 20 份。慢变区域的步长提高 20 倍。两种时-空混合元网络的传递辛矩阵全部是同维数的。

图 2-13 给出的是用小步长积分的结果，积分到 200 s，分别给出了 0～2 s 和 198～200 s 的计算结果。$x<0.5$的区域和$x>0.5$

的区域时间尺度不同，并且两个区域存在能量的交换。$x<0.5$ 的区域主要是慢变过程，但也包含 $x>0.5$ 的区域传递的快变分量，$x<0.5$ 的区域响应的毛刺就是这些快变分量的体现。而图 2-15 给出的结果，在快变和慢变区域采用了不同步长混合元，这相当于在慢变区域进行了平均，故将毛刺平均掉。

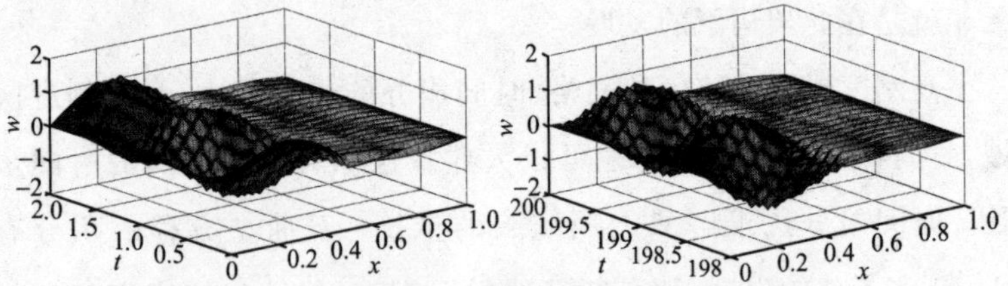

图 2-13　同步长混合元计算结果，时间步长 0.001

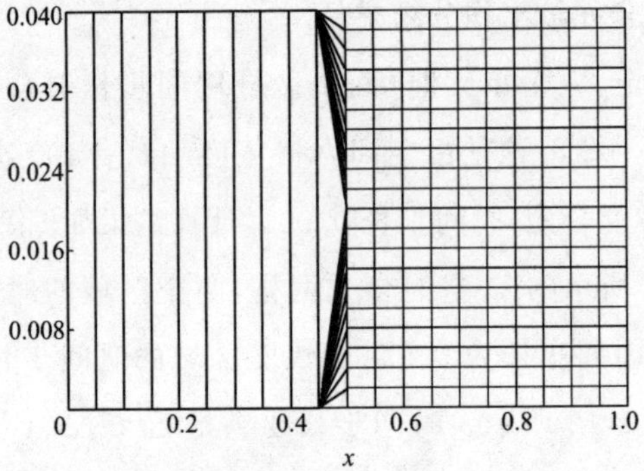

图 2-14　混合元网格

下面考虑由于支撑刚度不同而引起的高频振动问题。设在区域 $0<x<1, t>0$ 的偏微分方程

$$\frac{\partial^2 w}{\partial t^2}-\frac{\partial^2 w}{\partial x^2}+k(x)w=0, k=\begin{cases}0, & 0\leqslant x\leqslant 0.5\\ 9\,999\pi^2, & 0.5<x\leqslant 1\end{cases} \tag{2.4.3}$$

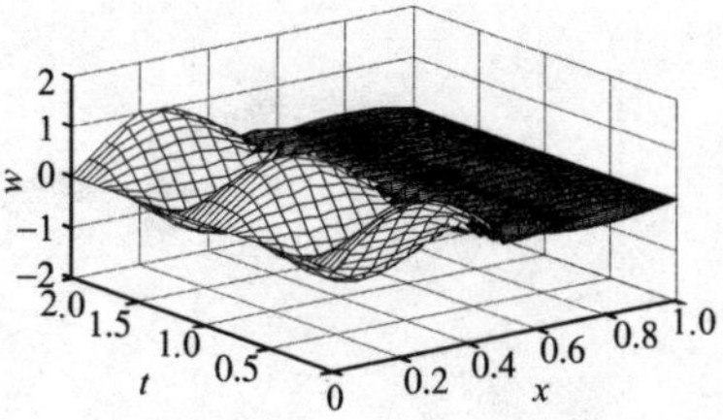

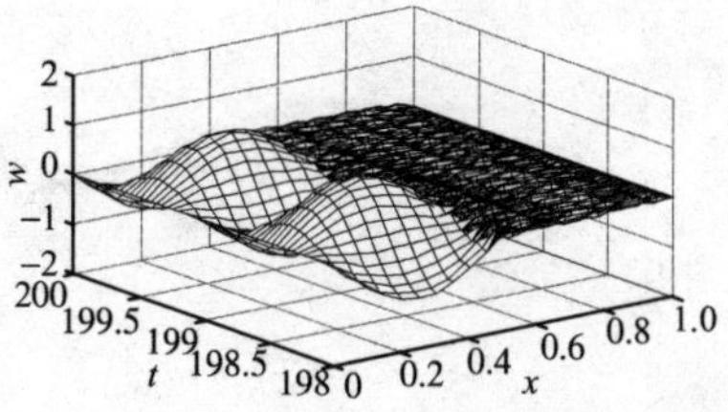

图 2-15 快慢变区域不同步长混合元计算结果

其中，刚度是变化的，$w(x,t)$是待求位移函数。边界条件和初始条件仍然为方程(2.4.2)。

空间划分为 20 个单元，采用同步长混合元，时间步长为 0.002 的结果如图 2-16 所示。当时间步长为 0.011，采用同步长混合元，结果发散。采用如图 2-14 所示的混合元网格，计算结果如图 2-17 所示。如果是均匀介质，也就是两个区间上 k 都是 0，那么最大步长是 0.05。现在刚性区域的 $k=9\,999\pi^2$，采用同步长 0.011，结果会发散。而采用如图 2-14 所示的混合元网格，刚柔区间采用不同步长，步长提高到 0.04。如图 2-14 所示的混合元网格的形状差，当然可以另外选择好看些的改善网格。但本书只求说明问题，既

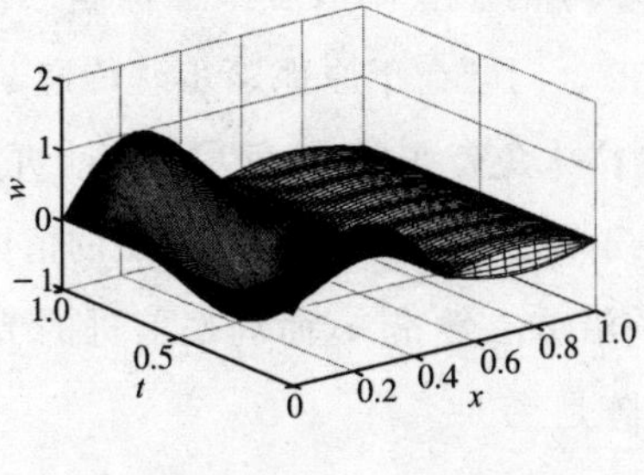

图 2-16 同步长混合元结果

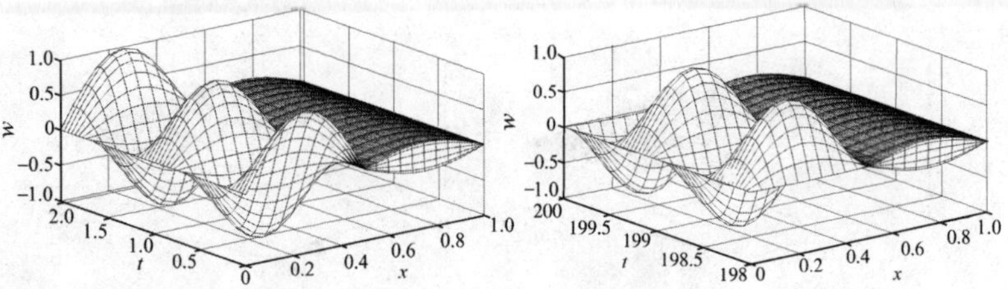

图 2-17　不同步长混合元结果

然形状差的也可以，则改善后就一定更好了。

从以上数值例题看到，有限元法具有很大的灵活性。不同时间网格的离散是可行的，也就是说**时-空混合元**是可用的，虽然在理论方面仍需要深化。**时-空混合元**有助于开阔**思路**。本书的目的也正在于开阔**思路**。

又有问题了，**保辛-守恒**吗？回答：是！先解释保辛，后面再讲守恒。

如图 2-14 所示的混合元网格，一步跨过二十步细步的网格。您可以这样理解，在细网格前进时，将粗网格看做是非常小的接近于零的步长，实际上是不动；而斜边则不超越特征线。按前面所述是保辛的。接近于零的步长不改变节点的状态向量，而转折点的状态向量是变化的。问题在于原地踏步时传递辛矩阵究竟是怎样的？图 2-14 的网格未免夸张些，中间增加了十九层。

理论分析时简单些，考虑中间增加一层的情形(图 2-18)。

实际上，设前沿节点数是 n，而局部前进的节点数是 n_{ad}，于是局部的传递辛矩阵是

$$\boldsymbol{S}_{n_{ad}} = \begin{pmatrix} \boldsymbol{S}_{aa} & \boldsymbol{S}_{ab} \\ \boldsymbol{S}_{ba} & \boldsymbol{S}_{bb} \end{pmatrix} \begin{matrix} n_{ad} \\ n_{ad} \end{matrix}$$

只能传递一部分，不是 $2n\times 2n$ 的传递辛矩阵，因为 $(n-n_{\mathrm{ad}})$ 部分没有前进。要将 $2n_{\mathrm{ad}}\times 2n_{\mathrm{ad}}$ 的传递矩阵与 $2n\times 2n$ 的传递矩阵连接融合，时间方向需扩维。其实，需要 $2n\times 2n$ 的传递辛矩阵 $\boldsymbol{S}_n$ 也不难。因为剩下部分的传递是恒等变换，是 $2(n-n_{\mathrm{ad}})\times 2(n-n_{\mathrm{ad}})$ 的单位矩阵。将两部分合并在一起的传递辛矩阵是

$$\boldsymbol{S}_n=\begin{pmatrix}\begin{pmatrix}\boldsymbol{I}_{n-n_{\mathrm{ad}}} & \boldsymbol{0}\\ \boldsymbol{0} & \boldsymbol{S}_{\mathrm{aa}}\end{pmatrix} & \begin{pmatrix}\boldsymbol{0} & \boldsymbol{0}\\ \boldsymbol{0} & \boldsymbol{S}_{\mathrm{ab}}\end{pmatrix}\\ \begin{pmatrix}\boldsymbol{0} & \boldsymbol{0}\\ \boldsymbol{0} & \boldsymbol{S}_{\mathrm{ba}}\end{pmatrix} & \begin{pmatrix}\boldsymbol{I}_{n-n_{\mathrm{ad}}} & \boldsymbol{0}\\ \boldsymbol{0} & \boldsymbol{S}_{\mathrm{bb}}\end{pmatrix}\end{pmatrix}\begin{matrix}n-n_{\mathrm{ad}}\\ n_{\mathrm{ad}}\\ n-n_{\mathrm{ad}}\\ n_{\mathrm{ad}}\end{matrix} \tag{2.4.4}$$

读者可自己验证 $\boldsymbol{S}_n^{\mathrm{T}}\boldsymbol{J}_n\boldsymbol{S}_n=\boldsymbol{J}_n$，表明 $\boldsymbol{S}_n$ 是传递辛矩阵，扩维了。

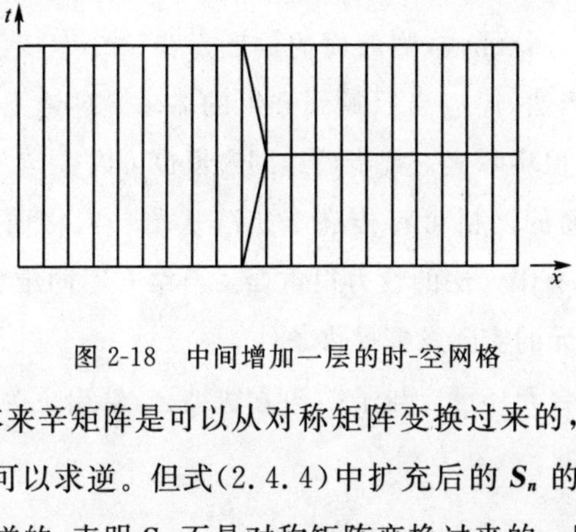

图 2-18　中间增加一层的时-空网格

然而，本来辛矩阵是可以从对称矩阵变换过来的，这要求其右上的子矩阵可以求逆。但式(2.4.4)中扩充后的 $\boldsymbol{S}_n$ 的右上角子矩阵是不能求逆的，表明 $\boldsymbol{S}_n$ 不是对称矩阵变换过来的。所以说，传递辛矩阵不能完全等价于对称矩阵，只有在右上角子矩阵能求逆时，二者才等价。前面讲过，时间积分步长要受 Courant 条件的限制，相当于特征线对于时间类边与空间类边的划分。规则网格时，可以将网格划分直到特征线，积分效果仍然稳定。然而，不同维数时

的网格划分,毕竟有数值干扰,混合元网格划分不可直逼特征线,否则可能发生数值不稳定的情况。

不同维数的问题,在第 3 章还要讨论。这些问题在运用时-空混合元时是经常出现的。

应用课题计算时,n 可以很大;而需要加密网格的部分毕竟是局部,n_{ad} 不一定很大。以往的差分格式,总是考虑齐步前进的方式,过分呆板。小部分需要加密网格,因此要小步前进。这表明,局部小步前进迫使全部要小步前进!! **时-空混合元**的引入表明,何必 n 个自由度一起前进呢,用 $\boldsymbol{S}_{n_{\mathrm{ad}}}$ 部分小步前进也就可以了。

然后的前进一步,就是全部的位移参加了,是不同步长的积分,当然仍是传递辛矩阵。图 2-18 不过是一步顶两步,应用时看情况,只要不超过特征线,则前面的例题一步顶二十步也是可以的,甚至更多。当然,还应当照顾到守恒的需求。理论上最好每步积分全部守恒,但实际上一大步后达到守恒也可以。

不同时间的网格可将传递辛矩阵从单一网格向复杂网格过渡,这对发挥有限元法的效力很重要。再结合不同维数的网格,可给**时-空混合元**的实际发挥提供条件。

时-空混合元还可以与子结构方法结合,给出更为方便的求解过程。考虑如下波动方程

$$E\frac{\partial^2 u}{\partial x^2}=\rho\frac{\partial^2 u}{\partial t^2}$$

按照以上的**时-空混合元**理论,如果单元为矩形,并且空间长度为 h,时间长度为 η,则**时-空混合元**的刚度矩阵(**作用量矩阵**)为

$$K=\frac{\rho h}{6\eta}\begin{pmatrix}2&1&-2&-1\\1&2&-1&-2\\-2&-1&2&1\\-1&-2&1&2\end{pmatrix}-\frac{E\eta}{6h}\begin{pmatrix}2&-2&1&-1\\-2&2&-1&1\\1&-1&2&-2\\-1&1&-2&2\end{pmatrix}$$

考虑如图 2-19 所示的**时-空单元**划分，如果左边单元的时间步长 η 和空间单元长度 h 满足 Courant 条件，右边单元的时间步长为 $\eta/2$，也一定满足 Courant 条件，这样的划分一定是稳定的。则左边一个单元的刚度矩阵与上式相同，是大踏步前进。右边两个单元是小步前进了，组装得到

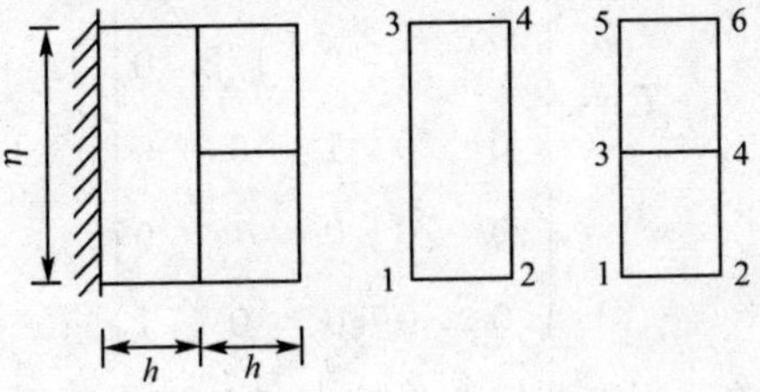

图 2-19　三个单元的时-空子结构

$$K_{R}=\frac{\rho h}{3\eta}\begin{pmatrix}2&1&-2&-1&0&0\\1&2&-1&-2&0&0\\-2&-1&4&2&-2&-1\\-1&-2&2&4&-1&-2\\0&0&-2&-1&2&1\\0&0&-1&-2&1&2\end{pmatrix}-$$

$$\frac{E\eta}{12h}\begin{bmatrix} 2 & -2 & 1 & -1 & 0 & 0 \\ -2 & 2 & -1 & 1 & 0 & 0 \\ 1 & -1 & 4 & -4 & 1 & -1 \\ -1 & 1 & -4 & 4 & -1 & 1 \\ 0 & 0 & 1 & -1 & 2 & -2 \\ 0 & 0 & -1 & 1 & -2 & 2 \end{bmatrix}$$

右边单元第 3 个节点可用 1 和 2 节点的位移插值，第 4 个节点的位移仍为独立，则有转换矩阵

$$\boldsymbol{T}=\begin{bmatrix} 1 & 0 & 0 & 0 & 0 \\ 0 & 1 & 0 & 0 & 0 \\ 1/2 & 0 & 0 & 1/2 & 0 \\ 0 & 0 & 1 & 0 & 0 \\ 0 & 0 & 0 & 1 & 0 \\ 0 & 0 & 0 & 0 & 1 \end{bmatrix}$$

即可得到右边单元凝聚掉第 3 个节点后的刚度矩阵为

$$\begin{aligned}\boldsymbol{K}_{\mathrm{R1}} &= \boldsymbol{T}^{\mathrm{T}}\boldsymbol{K}_{\mathrm{R}}\boldsymbol{T} \\ &= \frac{\rho h}{3\eta}\begin{bmatrix} 1 & 1/2 & 0 & -1 & -1/2 \\ 1/2 & 2 & -2 & -1/2 & 0 \\ 0 & -2 & 4 & 0 & -2 \\ -1 & -1/2 & 0 & 1 & 1/2 \\ -1/2 & 0 & -2 & 1/2 & 2 \end{bmatrix} -\end{aligned}$$

$$
\frac{E\eta}{12h}\begin{pmatrix} 4 & -5/2 & -3 & 2 & -1/2 \\ -5/2 & 2 & 1 & -1/2 & 0 \\ -3 & 1 & 4 & -3 & 1 \\ 2 & -1/2 & -3 & 4 & -5/2 \\ 1/2 & 0 & 1 & -5/2 & 2 \end{pmatrix}
$$

由于第 4 个节点自由，可凝聚掉，则得到

$$
\boldsymbol{K}_{\mathrm{R2}} = \begin{pmatrix} \boldsymbol{K}_{11} & \boldsymbol{K}_{12} \\ \boldsymbol{K}_{21} & \boldsymbol{K}_{22} \end{pmatrix}
$$

其中，

$$
\boldsymbol{K}_{11}=\frac{1}{48}\begin{pmatrix} -\dfrac{64\rho^2h^4-80\rho h^2E\eta^2+7\eta^4E^2}{h\eta(-4\rho h^2+E\eta^2)} & \dfrac{-32\rho^2h^4-56\rho h^2E\eta^2+7\eta^4E^2}{h\eta(-4\rho h^2+E\eta^2)} \\ \dfrac{-32\rho^2h^4-56\rho h^2E\eta^2+7\eta^4E^2}{h\eta(-4\rho h^2+E\eta^2)} & -\dfrac{64\rho^2h^4-80\rho h^2E\eta^2+7\eta^4E^2}{h\eta(-4\rho h^2+E\eta^2)} \end{pmatrix}
$$

$$
\boldsymbol{K}_{12}=\frac{1}{48}\begin{pmatrix} \dfrac{64\rho^2h^4+16\rho h^2E\eta^2+\eta^4E^2}{h\eta(-4\rho h^2+E\eta^2)} & -\dfrac{-32\rho^2h^4+40\rho h^2E\eta^2+\eta^4E^2}{h\eta(-4\rho h^2+E\eta^2)} \\ -\dfrac{-32\rho^2h^4+40\rho h^2E\eta^2+\eta^4E^2}{h\eta(-4\rho h^2+E\eta^2)} & \dfrac{(8\rho h^2+E\eta^2)^2}{h\eta(-4\rho h^2+E\eta^2)} \end{pmatrix}
$$

$$
\boldsymbol{K}_{21}=\frac{1}{48}\begin{pmatrix} \dfrac{64\rho^2h^4+16\rho h^2E\eta^2+\eta^4E^2}{h\eta(-4\rho h^2+E\eta^2)} & -\dfrac{-32\rho^2h^4+40\rho h^2E\eta^2+\eta^4E^2}{h\eta(-4\rho h^2+E\eta^2)} \\ -\dfrac{-32\rho^2h^4+40\rho h^2E\eta^2+\eta^4E^2}{h\eta(-4\rho h^2+E\eta^2)} & \dfrac{(8\rho h^2+E\eta^2)^2}{h\eta(-4\rho h^2+E\eta^2)} \end{pmatrix}
$$

$$
\boldsymbol{K}_{22}=\frac{1}{48}\begin{pmatrix} -\dfrac{64\rho^2h^4-80\rho h^2E\eta^2+7\eta^4E^2}{h\eta(-4\rho h^2+E\eta^2)} & \dfrac{-32\rho^2h^4-56\rho h^2E\eta^2+7\eta^4E^2}{h\eta(-4\rho h^2+E\eta^2)} \\ \dfrac{-32\rho^2h^4-56\rho h^2E\eta^2+7\eta^4E^2}{h\eta(-4\rho h^2+E\eta^2)} & -\dfrac{64\rho^2h^4-80\rho h^2E\eta^2+7\eta^4E^2}{h\eta(-4\rho h^2+E\eta^2)} \end{pmatrix}
$$

将其与左边单元组装并处理边界条件，则得到整个结构的刚度矩

阵,即

$$\boldsymbol{K}_{\mathrm{T}}=\begin{bmatrix}\boldsymbol{K}_{\mathrm{T}11} & \boldsymbol{K}_{\mathrm{T}12}\\ \boldsymbol{K}_{\mathrm{T}21} & \boldsymbol{K}_{\mathrm{T}22}\end{bmatrix}$$

其中,

$$\boldsymbol{K}_{\mathrm{T}11}=\frac{1}{48}\begin{bmatrix}-\dfrac{128\rho^2h^4-160\rho h^2E\eta^2+23\eta^4E^2}{h\eta(-4\rho h^2+E\eta^2)} & \dfrac{-32\rho^2h^4-56\rho h^2E\eta^2+7\eta^4E^2}{h\eta(-4\rho h^2+E\eta^2)}\\ \dfrac{-32\rho^2h^4-56\rho h^2E\eta^2+7\eta^4E^2}{h\eta(-4\rho h^2+E\eta^2)} & -\dfrac{64\rho^2h^4-80\rho h^2E\eta^2+7\eta^4E^2}{h\eta(-4\rho h^2+E\eta^2)}\end{bmatrix}$$

$$\boldsymbol{K}_{\mathrm{T}12}=\frac{1}{48}\begin{bmatrix}-\dfrac{-128\rho^2h^4-32\rho h^2E\eta^2+7\eta^4E^2}{h\eta(-4\rho h^2+E\eta^2)} & -\dfrac{-32\rho^2h^4+40\rho h^2E\eta^2+\eta^4E^2}{h\eta(-4\rho h^2+E\eta^2)}\\ -\dfrac{-32\rho^2h^4+40\rho h^2E\eta^2+\eta^4E^2}{h\eta(-4\rho h^2+E\eta^2)} & \dfrac{(8\rho h^2+E\eta^2)^2}{h\eta(-4\rho h^2+E\eta^2)}\end{bmatrix}$$

$$\boldsymbol{K}_{\mathrm{T}21}=\frac{1}{48}\begin{bmatrix}-\dfrac{-128\rho^2h^4-32\rho h^2E\eta^2+7\eta^4E^2}{h\eta(-4\rho h^2+E\eta^2)} & -\dfrac{-32\rho^2h^4+40\rho h^2E\eta^2+\eta^4E^2}{h\eta(-4\rho h^2+E\eta^2)}\\ -\dfrac{-32\rho^2h^4+40\rho h^2E\eta^2+\eta^4E^2}{h\eta(-4\rho h^2+E\eta^2)} & \dfrac{(8\rho h^2+E\eta^2)^2}{h\eta(-4\rho h^2+E\eta^2)}\end{bmatrix}$$

$$\boldsymbol{K}_{\mathrm{T}22}=\frac{1}{48}\begin{bmatrix}-\dfrac{128\rho^2h^4-160\rho h^2E\eta^2+23\eta^4E^2}{h\eta(-4\rho h^2+E\eta^2)} & \dfrac{-32\rho^2h^4-56\rho h^2E\eta^2+7\eta^4E^2}{h\eta(-4\rho h^2+E\eta^2)}\\ \dfrac{-32\rho^2h^4-56\rho h^2E\eta^2+7\eta^4E^2}{h\eta(-4\rho h^2+E\eta^2)} & -\dfrac{64\rho^2h^4-80\rho h^2E\eta^2+7\eta^4E^2}{h\eta(-4\rho h^2+E\eta^2)}\end{bmatrix}$$

然后即可利用前面的理论得到辛传递矩阵后,递推求解。

以上方法同样可用于前面考虑的**不同尺度**问题(2.4.1)。划分如图 2-20 所示的时-空子结构网格,在高波速和低波速的区域分界处($x=0.5$),将细网格向低波速区域多扩展一段。利用上述方法,可将右边密网格左边界上的内部节点用两端的节点的位移插值凝聚,并将左边子结构和右边子结构组装,然后形成传递辛矩阵进行积分,结果如图 2-21 所示。图中给出了从 0～5 s,以及 195～200 s 的波形,表明积分较长时间后,波形仍能保持基本一致。这就是子结构保辛积分的效果。在较长时间(200 s)的积分下,子结构法的结果依然可保持基本一致,表明子结构法的连接对于单元形状的选择比较自由。

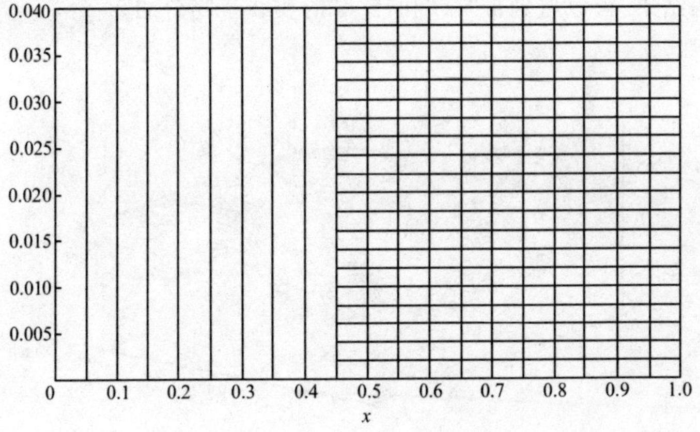

图 2-20　时-空子结构网格

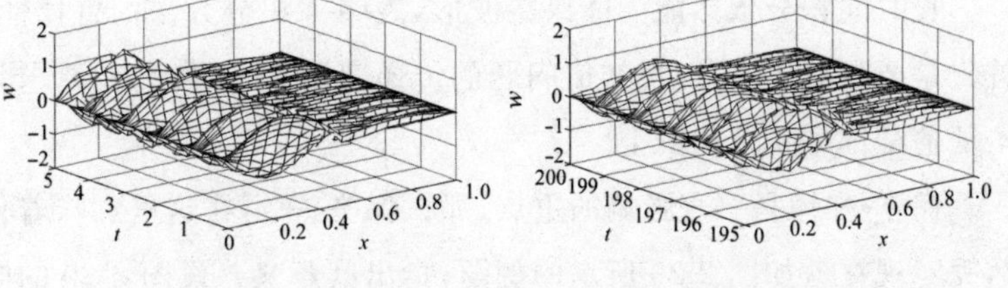

图 2-21　子结构方法给出的不同波速问题的解

对前面的有弹性支撑的算例(2.4.3),采用同样的网格划分和子结构方法,计算结果如图 2-22 所示,与前面的结果对比可看到,这里给出的结果，在刚度大的区域高频振动不见了，问题在于Shannon采样定理（文献[1]p37）。在弹性支撑的区域有高频振动，运用子结构后，步长太大而不能满足Shannon采样定理的要求了。如图2-23所示，实线给出了前面得到的$x=0.75$处的以0.002 s为时间间隔的结果，而带"×"的实线给出了以0.04 s为时间间隔的结果，带"o"的实线给出了子结构方法以0.04 s为时间间隔的结果，可以看到带"×"和带"o"的实线是吻合的。

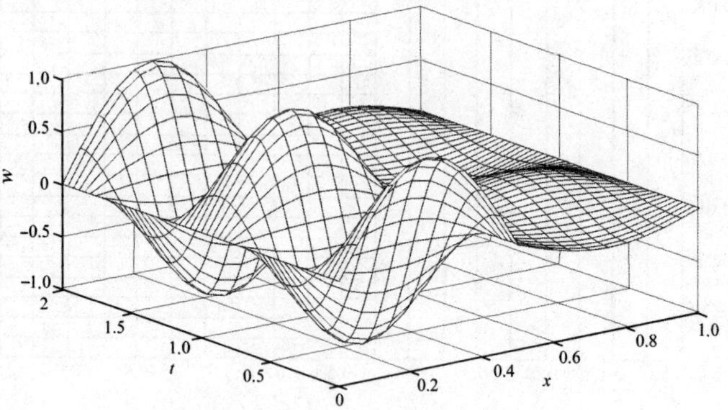

图2-22　子结构方法给出的不同支撑刚度问题的解

长时间积分依然能大体保持波形，表明了积分方法的鲁棒性。首先是要积分不发散，按初值问题的传递辛矩阵的理论，就要求其本征值全部处于单位圆上。

保辛-守恒是一直强调的重点，那么**保辛-守恒**在这里意味着什么呢？现在就如图2-20所示的例题，指出其意义。设图2-20的时间区段$0<t\leqslant 0.4$一再向前重复，成为时间方向的周期结构，则$0<t\leqslant 0.4$的基本周期向前迈进的传递辛矩阵$\boldsymbol{S}$，可一再重复其乘法，就代表了不断向前的迈进。例如，$\boldsymbol{S}^n$就代表重复n次的迈进。

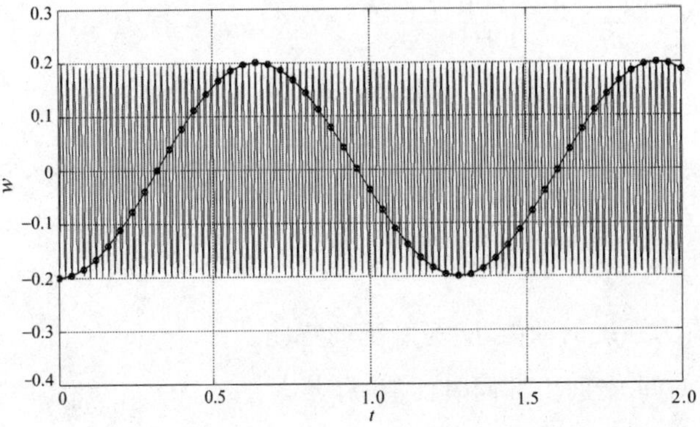

图 2-23 子结构方法和小步长积分结果比较

时间积分长了，最怕数值结果发散。怎样保证不发散呢？就要看传递辛矩阵 **S** 的本征值。0.2 节给出了分析。设本征值是 λ_i，则 n 次迈进就必然出现 λ_i^n。当出现 $\mathrm{abs}(\lambda_i)\neq 1$ 时就必然会发散。因此希望不发散，必然要求全部本征值的绝对值为 1。于是就有了准则。如果对于任何初始状态，皆能保证**能量守恒**，则表明不可能出现发散的情况，也就是全部传递辛矩阵 **S** 的本征值有 $\mathrm{abs}(\lambda_i)=1$。**保辛-守恒**的物理意义就在于此，非常清楚，所以一定要关注。

不过以上例题简单些。为此，要增加例题。时-空混合元的理论，给结构力学子结构分析方法移植到时间积分提供了思路。如果网格是周期的，则可将一个周期内部点予以消元，变换到周期边界的传递辛矩阵。稳定要求该传递辛矩阵的本征值应处于单位圆上。再用简单例题举例表达。（以下的空间二维的数值解是朱宝做的。）

考虑如下形式的给定边界条件和初值条件的双曲型波动方程

$$\frac{\partial^2 w}{\partial t^2}-c_0^2\left(\frac{\partial^2 w}{\partial x^2}+\frac{\partial^2 w}{\partial y^2}\right)=0 \quad (x,y\in\Omega,t>0) \tag{2.4.5}$$

其中，c_0 为波速。该波动方程相应的 Lagrange 函数为

$$L(w,\dot{w})=\frac{1}{2}\int_\Omega\left\{\left(\frac{\partial w}{\partial t}\right)^2-c_0^2\left[\left(\frac{\partial w}{\partial x}\right)^2+\left(\frac{\partial w}{\partial y}\right)^2\right]\right\}\mathrm{d}x\mathrm{d}y=T-U$$

$$\delta\int_{t_\mathrm{a}}^{t_\mathrm{b}}L(w,\dot{w})\,\mathrm{d}t=0 \tag{2.4.6}$$

其中，T 为系统的动能，U 为系统的势能。

对时间-空间坐标同时插值，有

$$\boldsymbol{w}^e(x,y,t)=\sum_{i=1}^{n}N_i^e(x,y,t)\bar{w}_i^e=\boldsymbol{N}^e(x,y,t)^\mathrm{T}\,\bar{\boldsymbol{w}}^e \tag{2.4.7}$$

其中，n 表示时间-空间坐标中单元节点的个数。

如果有 M 个单元，按通常有限元法插值积分，得到作用量

$$U(\boldsymbol{w}_\mathrm{a},\boldsymbol{w}_\mathrm{b})=\int_{t_\mathrm{a}}^{t_\mathrm{b}}L(w,\dot{w})\mathrm{d}t=\frac{1}{2}\sum_{e=1}^{M}\left[(\bar{\boldsymbol{w}}^e)^\mathrm{T}\boldsymbol{K}^e\,\bar{\boldsymbol{w}}^e\right] \tag{2.4.8}$$

其中，$\boldsymbol{w}_\mathrm{a}$，$\boldsymbol{w}_\mathrm{b}$ 代表离散后的节点位移组成的向量。矩阵 $\boldsymbol{K}^e$ 定义为

$$\boldsymbol{K}^e=\int_{t_\mathrm{a}}^{t_\mathrm{b}}\int_{\Omega^e}\left\{\left(\frac{\partial\boldsymbol{N}^e}{\partial t}\right)^\mathrm{T}\left(\frac{\partial\boldsymbol{N}^e}{\partial t}\right)-\right.$$
$$\left.c_0^2\left[\left(\frac{\partial\boldsymbol{N}^e}{\partial x}\right)^\mathrm{T}\left(\frac{\partial\boldsymbol{N}^e}{\partial x}\right)+\left(\frac{\partial\boldsymbol{N}^e}{\partial y}\right)^\mathrm{T}\left(\frac{\partial\boldsymbol{N}^e}{\partial y}\right)\right]\right\}\mathrm{d}x\mathrm{d}y\mathrm{d}t \tag{2.4.9}$$

综合式(2.4.8)、(2.4.9)，有

$$U=\frac{1}{2}\begin{Bmatrix}\boldsymbol{w}_\mathrm{a}\\\boldsymbol{w}_\mathrm{b}\end{Bmatrix}^\mathrm{T}\begin{bmatrix}\boldsymbol{K}_\mathrm{aa} & \boldsymbol{K}_\mathrm{ab}\\\boldsymbol{K}_\mathrm{ab}^\mathrm{T} & \boldsymbol{K}_\mathrm{bb}\end{bmatrix}\begin{Bmatrix}\boldsymbol{w}_\mathrm{a}\\\boldsymbol{w}_\mathrm{b}\end{Bmatrix} \tag{2.4.10}$$

这样就得到了在时间层次 t_a 与 t_b 之间的时-空混合有限元格式。按作用量变分原理积分得到混合作用量矩阵，在结构力学有限元，就是刚度矩阵，是对称矩阵。

整理后得到总体的对偶动量为

$$
\begin{aligned}
\boldsymbol{p}_{\mathrm{a}} &= -\frac{\partial U}{\partial \boldsymbol{w}_{\mathrm{a}}} = -\boldsymbol{K}_{\mathrm{aa}}\boldsymbol{w}_{\mathrm{a}} - \boldsymbol{K}_{\mathrm{ab}}\boldsymbol{w}_{\mathrm{b}} \\
\boldsymbol{p}_{\mathrm{b}} &= \frac{\partial U}{\partial \boldsymbol{w}_{\mathrm{b}}} = \boldsymbol{K}_{\mathrm{ab}}^{\mathrm{T}}\boldsymbol{w}_{\mathrm{a}} + \boldsymbol{K}_{\mathrm{bb}}\boldsymbol{w}_{\mathrm{b}}
\end{aligned}
\tag{2.4.11}
$$

则有传递辛矩阵

$$
\boldsymbol{S} = \begin{pmatrix} \boldsymbol{S}_{\mathrm{aa}} & \boldsymbol{S}_{\mathrm{ab}} \\ \boldsymbol{S}_{\mathrm{ba}} & \boldsymbol{S}_{\mathrm{bb}} \end{pmatrix} \tag{2.4.12}
$$

其中，$\boldsymbol{S}_{\mathrm{aa}} = -\boldsymbol{K}_{\mathrm{ab}}^{-1}\boldsymbol{K}_{\mathrm{aa}}$，$\boldsymbol{S}_{\mathrm{bb}} = -\boldsymbol{K}_{\mathrm{bb}}\boldsymbol{K}_{\mathrm{ab}}^{-1}$，$\boldsymbol{S}_{\mathrm{ab}} = -\boldsymbol{K}_{\mathrm{ab}}^{-1}$，$\boldsymbol{S}_{\mathrm{ba}} = (\boldsymbol{K}_{\mathrm{ab}})^{\mathrm{T}} - \boldsymbol{K}_{\mathrm{bb}}\boldsymbol{K}_{\mathrm{ab}}^{-1}\boldsymbol{K}_{\mathrm{aa}}$。显然可以证明传递辛矩阵满足如下公式

$$
\boldsymbol{S}^{\mathrm{T}}\boldsymbol{J}\boldsymbol{S} = \boldsymbol{J} \tag{2.4.13}
$$

这些与常规结构力学有限元一样做。然而，运用时间-空间混合有限元进行网格剖分时，往往会存在介于层次 t_{a} 与 t_{b} 之间的时间节点 t_i，这时需要进行内部节点凝聚，即采用子结构方法。这样有内部节点凝聚的算法是常规方法，就不必多讲了。

关于单元再讲一些。在波动方程求解区域为时-空三维空间时，需要对求解空间进行剖分。不同时间步长之间的过渡需要构造三棱柱单元进行过渡。任意一个三棱柱单元如图 2-24 所示。为

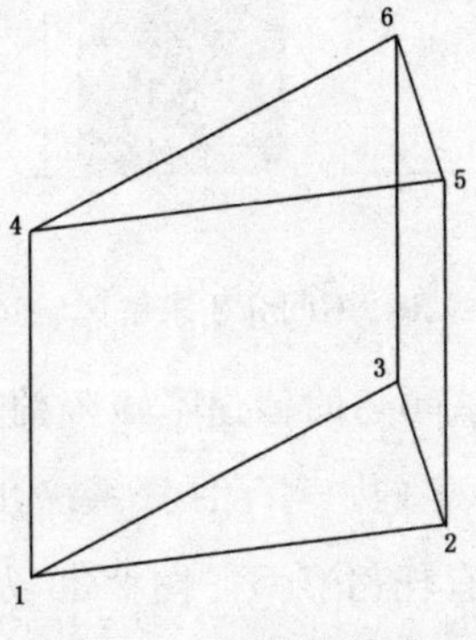

图 2-24　三棱柱单元

得到三棱柱单元的型函数，我们对三棱柱上的 6 个顶点进行编号，按自下而上的顺序，同一平面按逆时针方向编号。

6 个节点当然有插值函数

$$N_i(x,y,z),\quad i=1,2,\cdots,6$$

这些是有限元的常规，不必多说了。现在以不同介质的问题为例。

空间二维矩形区域长 $a=10$ m，宽 $b=10$ m。如图 2-25 所示，矩形左半区域波速为 $c_0=1$，右半区域波速为 $c_0=2$。由于 Courant 条件，$\mathrm{d}t<1/[c\sqrt{1/(\mathrm{d}x)^2+1/(\mathrm{d}y)^2}]=\mathrm{d}x/(\sqrt{2}c)$，左侧区域取 $\mathrm{d}t=0.7$，右侧区域取 $\mathrm{d}t=0.35$。求解区域采用四边固支边界条件。初值条件为：$w(x,y,t=0)=\sin(\pi x/a)\sin(\pi y/b)$，$\partial w(x,y,0)/\partial t=0$，时-空混合网格如图 2-26 所示。应用时-空混合有限元求解出传递辛矩阵特征值的实部和虚部，如图 2-27 所示。

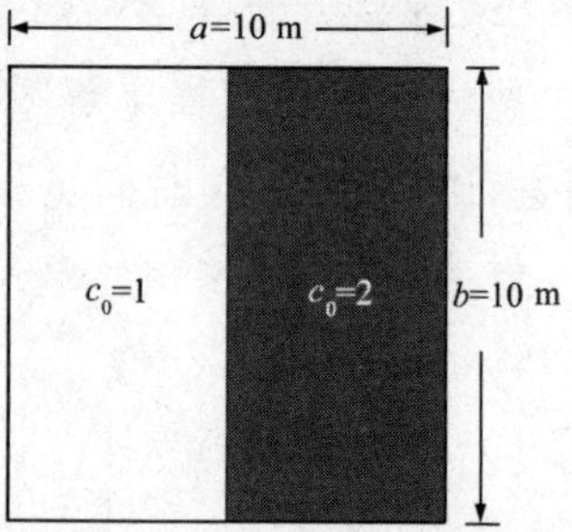

图 2-25　不同介质求解区域问题

由图 2-27 可知，该问题的传递辛矩阵的特征值全部落在单位圆上，表明该算法是稳定的。对于保守系统，时-空混合元的数值结果既不会发散也不会有任何衰减。图 2-28 为坐标(2,5)处位移随时间变化($0\leqslant t\leqslant 1\ 400$ s)的曲线。图 2-29 为时-空混合元 $t=1\ 400$

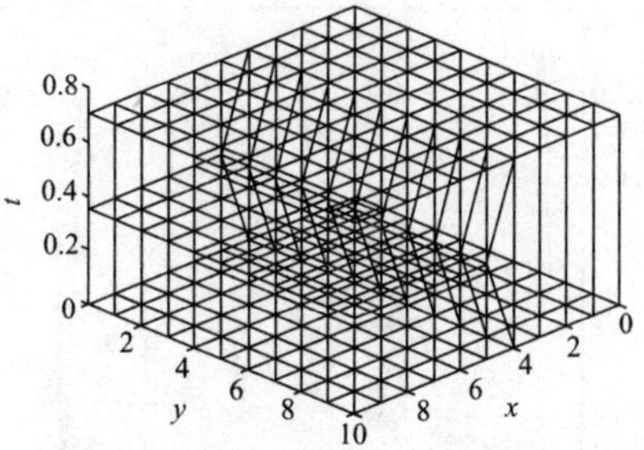

图 2-26 数值算例的时-空混合网格剖分

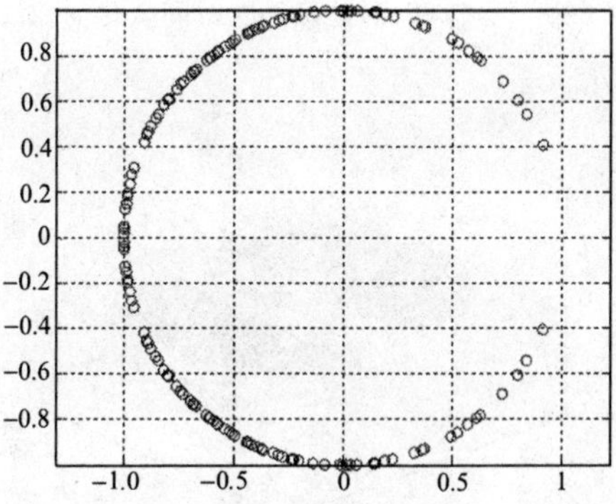

图 2-27 数值算例的传递辛矩阵特征值的实部和虚部

s 时的位移场分布。

例题是时间一维而空间二维的情况，但单元简单些。其实，该方法用于空间坐标形状复杂些也是可以的，无非有限元法么。具体另见论文。

根据有限元自动保辛可知，**时-空混合元**、子结构法全部是从变分原理推导出来的，保辛没问题。同时，式(2.4.4)以及子结构法的插值也表明了**不同步长间的融合**，打破了齐步前进的限制。但

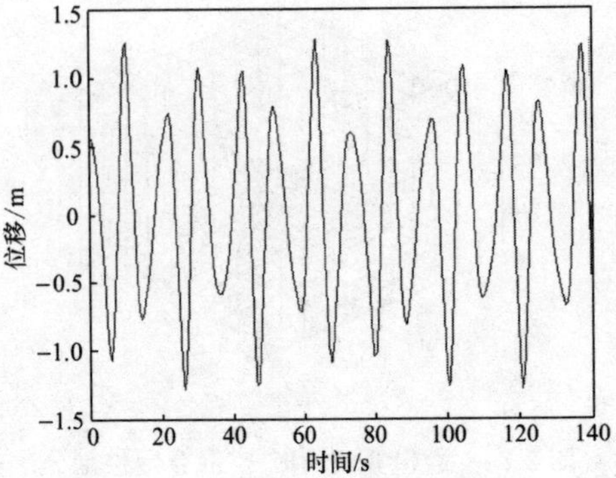

图 2-28　坐标(2,5)处位移随时间变化的曲线

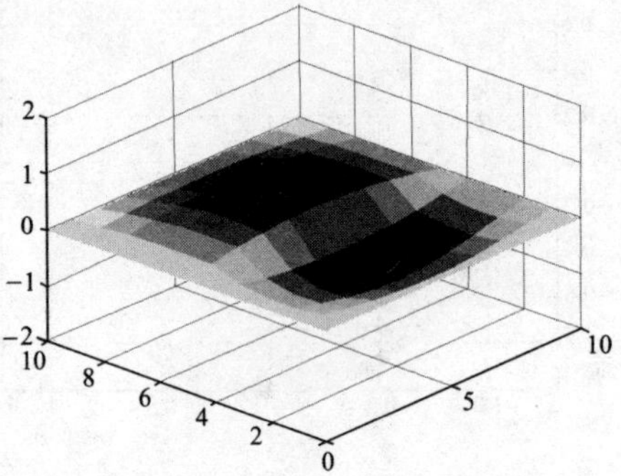

图 2-29　时-空混合元 $t=1\ 400$ s 时的位移场分布

守恒还应进一步探讨。下面提供一套方法。

本书第 1 章的方法，是用调整引入的参变量来达到守恒的。现在的问题是，可供调整的参变量何在？对此，仍可运用前面方法的经验。可供引入的参变量其实有很多种方法。观察 Kepler 轨道的积分，本来作用量的积分是用线性轨道点的插值完成的。但轨道本来是弯曲的，因此积分计算可用中点附近的点代替，于是就引

入了参变量。现在用线性插值也意味着用直线。直线插值本来也是有限元法的近似,真实解的位移本来是曲线的,只是因为步长小而采用了线性插值近似。因此并不是一定要采用直线插值,同样可改为微小弯曲的曲线插值近似。例如可采用二次函数插值,这样就引入了参变量,再运用守恒条件以确定该参变量。例如,子结构分界线位移就可以用微弯曲线的插值近似。

子结构法的意义之一是解除了齐步前进的限制。相当于时间方向的不同维数。

然而方程(2.4.1)、(2.4.3)的区域划分只是针对固定的空间坐标。如果区域划分也是随时间变化的,时间子结构法是否依然可用呢?回答是,依然可用。重要的因素是区域分界线必须是时间边,即不可与特征线相交。例如,时间子结构法的分界线的一段是 $x=0.5+c_s t$,其中,$c_s<c$ 就是时间边。

其理论根据就是 Lorentz 变换。在 Lorentz 变换之下,直线 $x=0.5+c_s t$ 可以变换成 $x'=$常数的,见下一节。

2.5 物理意义,Lorentz 变换

从物理意义考虑总是重要的。当两端连线不在同一时间时,沿该时-空连线的电磁场向量代表什么?这是电磁场有限元的棱边元分析时必然要面对的物理意义问题。既然问物理意义,当然要从物理的时-空观考虑。现代物理一个划时代的贡献是 Einstein 的相对论。1905 年他发表了狭义相对论,改变了 Newton 力学的时-

空观。① 相对论出现前,认为有一个空间绝对不动的坐标,而其他的惯性坐标则相对于绝对坐标匀速运动。这就是 Galileo 变换。但著名的 Michelson 和 Morley 关于光速的实验,指出光速在任何惯性坐标的数值全部不变。光在真空的速度 $c=2.997\,9\times10^{8}$ m/s 是一个常数。因真空光速是 Maxwell 方程的结果,光速实验表明 Maxwell 方程在任何惯性坐标都全部成立。这要求 Galileo 变换下能保持 Maxwell 方程不变。然而 Maxwell 方程在 Galileo 变换下不能保持不变,因此在匀速运动的坐标系之间,必须寻找一种变换使光速保持不变,这就是 Lorentz 变换[15,23]。

这里只介绍空间一维的 Lorentz 变换。设有两个坐标体系,在 $t=0$ 时相合,其中一个坐标系统,用($'$)标记,相对于另一个坐标系统以速度 v 沿 z 轴匀速运动,$\beta=v/c<1$。则在两个坐标系统间的时-空变换为

$$x'=x,\quad y'=y,\quad z'=\frac{z-vt}{\sqrt{1-\beta^2}};\quad t'=\frac{t-vz/c^2}{\sqrt{1-\beta^2}}$$

这个时-空变换在(x',y',z',t')与(x,y,z,t)之间,是**线性**的;只是对于相对速度 v 才非线性。当 $v\ll c$ 时,将变换公式对于 β 做幂级数展开而只保留一次项,就得到 $x'=x,y'=y,z'=z-vt;t'=t$。Lorentz 变换退化为 Galileo 变换。

相对论完全改变了 Galileo-Newton 的**时-空观**,原来同时的两点,在变换后就是不同时的了。只要两点之间的连线表达的速度小于光速,则在恰当的 Lorentz 变换下,就可成为同时。所以沿不

---

① 1666 年是 Newton 的奇迹年,而 1905 年是 Einstein 的奇迹年.

同时间的连线所表示的电磁向量，在不同惯性坐标下观察，就是空间的电磁向量。表明了时-空混合元是有物理意义的，合理。

关于 Lorentz 变换在时间与空间 3 维或 4 维的坐标体系的变换，还要考虑空间坐标的旋转等的一般形式，请见文献[15]的“Special relativity in classical mechanics”一章，本书不再讲了。

波动方程在电磁波分析中非常重要。电磁波传播在雷达、隐形飞机等方面很重要。对波动方程的数值积分，如果先对空间坐标离散为**不均匀网格**，大小不同，再沿时间坐标逐步积分，则因特征线的影响，对于积分的时间步长有 Courant 条件[24]限制，否则数值不稳定。这样，很局部的细小网格将限制大范围网格的积分步长，当然希望避免。也就是要破除**恒定时间**网格划分的局限性，代之以**不同时间**的网格划分。**时-空混合元**就是在这种条件下提出的。

单纯**辛几何**的考虑是在固定维数 n 的前提下，对于连续时间微分方程组的几何理论，在离散数值积分方面考虑不够充分。因为按分析动力学的考虑，n 个自由度的系统，针对连续时间坐标的系统，此时理论上就不会发生例如 Courant 条件这种对于时间步长的限制。对于偏微分方程，先在空间坐标划分不同的有限元网格，再进行时间离散数值积分；此时必然会出现 Courant 条件的问题。**时-空混合元**可考虑为偏微分方程的数值积分，打破等时间步长的扩展。

Lorentz 变换构成群，即 Lorentz 变换群。**时-空混合元**的计算也应该从这个层面考虑的。

本节所述内容已经与**辛几何**越走越远了，所以也不再进行列表对比。但本节仍在同维数下推进，进一步的破茧要考虑不同维数了。

3

不同维数的有限元离散

美国的总统信息技术顾问委员会给总统的报告中强调:“计算科学同理论和实验并列,已成为科学事业的第三支柱。”

既然要考虑**计算科学**,有限元法是自然的选择。回看结构力学的有限元法,有五花八门的网格自动生成,而根本没有**恒定维数下同时间**离散的限制。动力学在有限元离散方面应力求与结构力学有限元法融合,第三种局限性也要**破茧**。分析动力学常微分方程组有恒定维数的限制。要发展到偏微分方程,采用各种离散手段进行求解是自然的。有限元法提供了思路,可考虑不同维数的离散。

为清楚起见,这里只讲空间一维、时间一维,即时-空 2 维问题。这样好讲些。本书只求**破茧**,不求做出全面的推进,以打开思路为目标。因此仍以波动偏微分方程为对象进行分析。

然而,对空间坐标与时间坐标**分别离散**而生成的离散时间-空间格点,是规则的网格。是否能像结构力学有限元一样,将两种坐标混合在一起进行有限元离散呢？前面对于不同时间坐标进行了**破茧**。这里要考虑**不同维数**了。

一旦考虑不同维数，群论就发生困难了。M. F. Atiyah 说："群在自然中产生，它们是使事物运动的东西，它们是变换或置换……。理解这些东西的本性，并且使用它们才是目的。"又说："重要的东西常常不是技术上最困难的即最难证明的东西，而常常是较为初等的部分。因为这些部分与其他领域、分支的相互作用最广泛，即影响面最大。""在群论中有许多极端重要的，并且在数学的各个角落到处都出现的东西。这些是较为初等的东西：群及其同态，表示的基本观点、一般的性质、一般的方法——这些才是真正重要的。"[4]辛矩阵群的乘法本来也有恒定维数的要求。但偏微分方程的离散求解，时-空混合有限元的网格离散不能拘泥于恒定维数。这样，就不是单纯的传递辛矩阵群了，当然也要**破茧**。在**恒定维数**的传递辛矩阵群之外，必定要有某些方法处理维数变化的扩展。

为什么要**保辛**？这是为了保持保守系统的优良性质。保守系统有变分原理，可保持其优良性质，例如守恒性等。有限元法是从变分原理推导来的，就继承了这些优良性质，大家愿意用。传递辛矩阵群不敷应用需要，而要**破茧**之时，也应遵循**变分原理**的思路。

振动与结构力学问题，其实只是一个符号之差[1]。分析力学方法对两方面可通用。其实双曲型偏微分方程与椭圆型偏微分方程也是差一个符号。它们性质不同，但分析上有共同之处。空间坐标的有限元离散已经广泛使用，但时-空混合的有限元离散在实践与理论方面有许多问题。本书要予以初步的数值与理论探讨，其目的是给出思路与方向。[25]

J. von Neumann 在经历了“**数学危机**”后讲:“许多最美妙的数学灵感来源于经验,而且很难相信会有绝对的、一成不变的、脱离所有人类经验的数学严密性概念。”大师的理念,不可忽视。

本书作者是做计算力学、工程力学的,因此考虑问题先从实际课题的需要出发。美国的报告强调**计算科学**,我们也有认同感。辛数学毕竟是从分析动力学提出的。今天有航空航天等领域的需要,希望能更精细、更灵活地处理更广泛的实际课题。工程需要提出的课题,就指导了发展方向。尤其是洋人的**禁运**,也激励了方向。计算力学要适应工程的需求,而不是要工程来适应计算力学。维数变动是实际课题的需要,理论发展就应当加以关注。

CAE 是“**计算机辅助工程**”。我们做的就是 CAE,是辅助,是服务。能辅助工程,难道不好吗?

偏微分方程理论,本来不怕空间区域变动的。但随着离散为不同时间的不同密度的网格,就出现了**不同维数**的问题。这些问题是随着有限元离散一起来的。时-空混合有限元法简化了分析困难,但同时也带来了问题。

3.1 结构力学有限元自动保辛

结构力学有限元的离散本来是静力问题,并未将一个坐标 z 当作“时间”而将不同维数看成为一个问题,从来未提出过保辛的问题。从分析结构力学与分析动力学模拟的角度看,选择了“时间”坐标而说保辛,应讲清楚其意义。弹性力学的辛求解体系就是这样建立的。

局限于传统的分析动力学，则必然是面对相同维数的体系。然而例如以波动方程来说，就是偏微分方程了，相当于无穷多未知数的动力体系。半解析法对空间坐标 x 离散，成为线性联立微分方程的时间积分。如用简单边界条件，则本来就有解析解，离散也可以是同维数的规则网格。复杂些的区域形状的边值问题，则只能数值求解，不同维数的网格划分也就可能出现了。

说有限元自动保辛，是从有限元法的单元刚度矩阵为对称矩阵的角度说的，当然其子结构的出口刚度矩阵也是对称矩阵。Hilbert 在《数学问题》中指出："在讨论数学问题时，我们相信特殊化比一般化起着更为重要的作用。可能在大多数场合，我们寻找一个问题的答案而未能成功的原因，是在于这样的事实，即有一些比手头的问题更简单、更容易的问题没有完全解决或是完全没有解决。这时，一切都有赖于找出这些比较容易的问题并使用尽可能完善的方法和能够推广的概念来解决它们。"故不妨以弹性平面有限元分析为例来分析。

将子结构选择为两层"时间"z_a，z_b 之间的区域，其出口刚度矩阵就是两层"时间"的面，每个"时间"层 a 与层 b 并非一定是划一的"时间"。如果每个"时间"的出口位移 $\boldsymbol{w}_a$，$\boldsymbol{w}_b$ 自由度相等，则其不同"时间"层间的出口刚度矩阵

$$\boldsymbol{K}=\begin{pmatrix}\boldsymbol{K}_{aa} & \boldsymbol{K}_{ab}\\ \boldsymbol{K}_{ba} & \boldsymbol{K}_{bb}\end{pmatrix} \tag{3.1.1}$$

的对称性 $\boldsymbol{K}^{T}=\boldsymbol{K}$ 就可化到传递辛矩阵

$$\boldsymbol{S}=\begin{pmatrix}\boldsymbol{S}_{\mathrm{aa}} & \boldsymbol{S}_{\mathrm{ab}}\\ \boldsymbol{S}_{\mathrm{ba}} & \boldsymbol{S}_{\mathrm{bb}}\end{pmatrix} \tag{3.1.2}$$

其中，$\boldsymbol{S}_{\mathrm{aa}}=-\boldsymbol{K}_{\mathrm{ab}}^{-1}\boldsymbol{K}_{\mathrm{aa}}$，$\boldsymbol{S}_{\mathrm{bb}}=-\boldsymbol{K}_{\mathrm{bb}}\boldsymbol{K}_{\mathrm{ab}}^{-1}$，$\boldsymbol{S}_{\mathrm{ab}}=-\boldsymbol{K}_{\mathrm{ab}}^{-1}$，$\boldsymbol{S}_{\mathrm{ba}}=(\boldsymbol{K}_{\mathrm{ab}})^{\mathrm{T}}-\boldsymbol{K}_{\mathrm{bb}}\boldsymbol{K}_{\mathrm{ab}}^{-1}\boldsymbol{K}_{\mathrm{aa}}$。

但如果 $\boldsymbol{w}_{\mathrm{a}}$、$\boldsymbol{w}_{\mathrm{b}}$ 的自由度不等，传递辛矩阵就有困难了。

最简单当然仍是规则网格。空间离散后，势能 P_{E} 是正定的。它对作用量的贡献还要积分后取负号，故积分后**时-空混合元**势能产生的作用量部分一定是负的。动能 T_{E} 的有限元插值积分后仍为正定，其对作用量的积分也仍为正定。作用量 A 是不正定的。这是因为时间两端皆用位移作为未知数。如果对时间大的一端（称**步进**端）的位移与作用量 A 运用 Legendre 变换，则给出的时间区段**混合作用量**（**混合能**）的二次型便成为正定。这是分析动力学的常规。

离散的常规是互相无关地分别对时间与空间离散。在混合的时间 t-空间 x 中观察，给出的是规则网格，或规则的**时-空混合元**。所谓规则，即其单元的边或者是同时间的，或者是同空间坐标的。即一维空间坐标是长方形单元，多维空间坐标则成为柱型。

例如对空间坐标用有限元插值，其变形势能用有限元计算，并生成振动方程求解。这是对时间坐标运用了半解析法。然后，对时间坐标的积分则有本征向量展开（线性振动）或逐步积分。逐步积分常规做法是用差分法，故不是有限元。分析结构力学表明，可对时间坐标用有限元法插值，成为时间有限元。它相当于对规则的**时-空混合元**采用双线性插值。当时间步长非常小时，其结果相当于半解析法。动力学常常采用集中质量法或协调质量法考虑节点处的质量，两类方法给出的数值结果皆可接受。线性插值元给出的是协调质量法。

这里就体现了传递辛矩阵的局限性，$\boldsymbol{S}^{\mathrm{T}}\boldsymbol{J}\boldsymbol{S}=\boldsymbol{J}$ 必须是**恒定维数**。结构力学有限元法根本不需要这种限制，原因是结构力学是椭圆型偏微分方程。因此**刚度矩阵对称**的概念更为开放。结构力学有限元从来不讲究辛。怎样将刚度矩阵对称的概念与保辛联系起来是本书要探讨的课题。

传统的分析动力学是 n 个自由度，维数有限且**恒定**。可用 Hamilton 体系描写，H. Weyl 在 Hamilton 正则方程对称的基础上提出**辛**对称的概念，先天就有**恒定**维数体系的要求。当推广到无限维的双曲型波动偏微分方程时，例如有区域随时间变化的问题，可用时-空混合有限元求解[20]。如果有限元的离散有**恒定**维数的要求，则使用时有许多不便。当然要考虑不受维数限制的方案。问题又回到结构力学有限元不同维数时的保辛。

这种表达不同维数时的保辛，无非是要使用传递辛矩阵时才会出现的。[25]

困难在于不同维数时矩阵 $\boldsymbol{K}_{\mathrm{ab}}$ 不能求逆。设 $\boldsymbol{w}_{\mathrm{a}},\boldsymbol{w}_{\mathrm{b}}$ 的维数分别是 $n_{\mathrm{a}},n_{\mathrm{b}},n_{\mathrm{a}}<n_{\mathrm{b}}$。解决此问题的方案是增加 n_{a} 使其与 n_{b} 相等，方法是增加节点 p_{+}，使增加后的维数 $n_{\mathrm{a}^+}=n_{\mathrm{b}}$（图3-1），同时保证原有节点位置不变。有限元本来是基于插值的近似解，在相邻节点间按线性规则插入节点，无非是加密了子结构的单元数目而已，近似程度不会减少。这样产生的子结构刚度矩阵 $\boldsymbol{K}_{+}$ 就可实现传递辛矩阵的方案了。传递的是状态向量

$$\boldsymbol{v}_{\mathrm{a}^+}=\begin{Bmatrix}\boldsymbol{w}_{\mathrm{a}^+}\\ \boldsymbol{f}_{\mathrm{a}^+}\end{Bmatrix}\begin{matrix}n_{\mathrm{a}^+}\\ n_{\mathrm{a}^+}\end{matrix},\quad \boldsymbol{v}_{\mathrm{b}}=\begin{Bmatrix}\boldsymbol{w}_{\mathrm{b}}\\ \boldsymbol{f}_{\mathrm{b}}\end{Bmatrix}\begin{matrix}n_{\mathrm{b}}\\ n_{\mathrm{b}}\end{matrix}\tag{3.1.3}$$

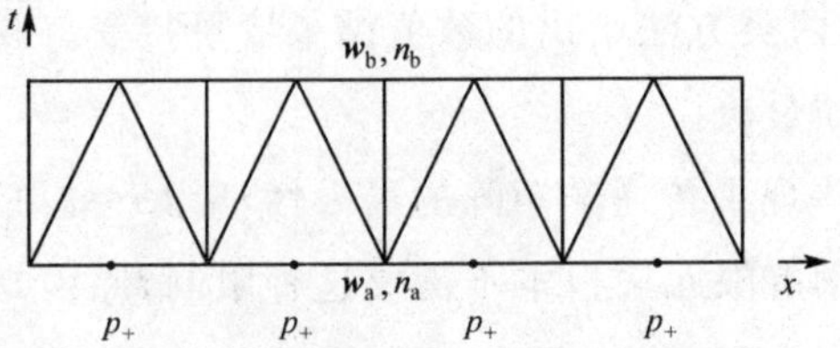

图 3-1　不同维数时-空网格示意图

从位移 $\boldsymbol{w}_{a^+}$,$\boldsymbol{w}_b$ 计算两端力向量 $\boldsymbol{f}_{a^+}$,$\boldsymbol{f}_b$,是容易的。

但现实是增加了节点 p_+,有 $n_a < n_{a^+}$ 。要返回原来的 $\boldsymbol{K}$ 阵很容易,因有限元采用线性插值,增加约束条件,将 p_+ 的位移表达为其两端节点位移的线性插值即可。将线性插值条件代入,刚度矩阵 $\boldsymbol{K}_+$ 就退化到 $\boldsymbol{K}$ 了。根据刚度矩阵 $\boldsymbol{K}$ 和位移 $\boldsymbol{w}_a$,$\boldsymbol{w}_b$ 计算两端力向量 $\boldsymbol{f}_a$,$\boldsymbol{f}_b$ 也是容易的。但要考虑 $\boldsymbol{f}_{a^+}$,$\boldsymbol{f}_b$ 与 $\boldsymbol{f}_a$,$\boldsymbol{f}_b$ 的关系。根据 $\boldsymbol{w}_a$,$\boldsymbol{w}_b$ 取出子结构,点 p_+ 位移的线性插值,就是有限元法线性插值。所以增加了点 p_+ 的位移,在子结构出口刚度矩阵分析时,对于 $\boldsymbol{f}_b$ 没有影响。而 $\boldsymbol{f}_{a^+}$ 与 $\boldsymbol{f}_a$ 的维数不同。位移的线性插值相当于将包含点 p_+ 的线段看成刚性。p_+ 点的对偶力在 $\boldsymbol{f}_a$ 中没有位置,只能按照线性,即杠杆原理的规则,分配到两端的节点上。杠杆原理就是**虚功原理**。

虚功原理,简单、有效且优美。本来是结构力学,还可以推广到双曲型方程方面。

这样看来,弹性力学问题的有限元法的对称刚度矩阵自然就是保辛的。因为是椭圆型偏微分方程的 Dirichlet 边界问题,增加节点无非是虚功原理而已。不必考虑状态的初值积分,所以说自动就保辛了,因此有限元法给出的近似结果是高度稳定、可靠的,为广大工程师所接受。这已经为大量实践所证实。

3.2 波动偏微分方程，不同维数位错的转换

文献[20]的**时-空混合元**例题，是运用相同维数的网格划分的。因两端边界变动小，故空间坐标离散仍采用了相同维数的划分，此时积分仍可以保辛。面对更复杂的情况，要求用不同维数的网格划分是很自然的。如何发展"**保辛**"积分，**破茧**，自然就成为有兴趣的课题。按传统的数学辛的定义，不同维数则无法用传递辛矩阵表示。必然需要冲破传统辛几何概念的限制，即使是辛矩阵的代数也已经不能适应。扩充其概念，成为包含**辛**的**数学**，又能适应一些辛的数学特征，因此称为**辛数学**，比较合适。以下就探讨此问题。当然是运用**时-空混合元**计算的。

结构力学有限元是椭圆型偏微分方程离散来的，适用 Dirichlet 边界条件。在一维表述时是两端边界条件，因此没有不同维的问题。结构力学本来也是只重视刚度矩阵的对称性而不讲究传递辛矩阵求解的。不同维数问题只在动力学初值问题中才出现。文献[1,20]指出，辛矩阵对应于对称的刚度矩阵或混合能矩阵。辛矩阵的定义本来有同维数的限制而刚度矩阵、混合能矩阵则不受此限制。运用结构力学保辛的规则，就给动力学扩展辛的概念提供了机会。

因此选择波动方程的离散进行分析不同维数问题是有帮助的。因问题比较单纯，而按 Hilbert 的理念，这些方法是**能够推**

广的。

文献[1]讲述了分析动力学与分析结构力学的模拟关系，变分原理是对应的。无非是相差一个正负号，因此边界条件的提法发生了变化，椭圆型偏微分方程的 Dirichlet 边值问题变化为双曲型方程的初值问题。上面就结构力学有限元讲解了有限元传递矩阵表达不同维数的保辛推广。按有限元法增加节点数目，改变不同维数为相同维数，运用虚功原理即可。

处理双曲型的波动方程，简单些不妨离散到同时的网格。时间离散称层，而空间离散称站。时间离散为层 $j=1,2,\cdots$，而不同的 j 可以有不同的维数。设在 $j-1$ 层以前，每层皆为 8 站离散；而 j 层则过渡到 9 站离散。原来 $j-1$ 层以前，k 站与临近层的 k 站存在有限元网格的连线。这规则在 $j-1$ 层过渡到 j 层时被打破。设在第 $k=5$ 点时该规则成立，而 $j-1$ 层的 $j-1$：$k=6$ 对应于 j：$k=7$。因此 j:$k=6$ 成为多出的**位错**，不再是规则网格了(图3-2)。

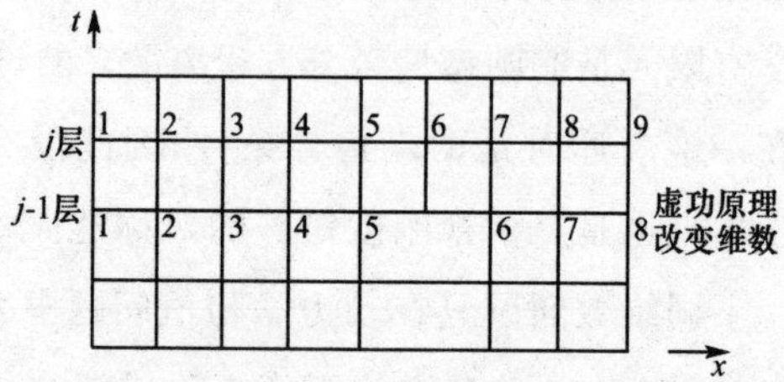

图 3-2　增加节点的时-空网格

传统辛矩阵的概念无法适应了。于是有 5 点单元：$j-1$：$k=5,6$；以及 j:$k=5,6,7$。局部分别表示为 1,3,4,5,6，再设一个点 2。简单起见，设局部坐标为

$$1:(0,0);\quad 2:(0,1);\quad 3:(0,2)$$

$$4:(1,0);\quad 5:(1,1);\quad 6:(1,2)$$

括号内是坐标值,如图 3-3 所示。1,3,4,5,6 点的位移 $w_i(i=1,3,4,5,6)$是独立位移;而 2 号局部节点的位移则要求

$$w_2=(w_1+w_3)/2 \tag{3.2.1}$$

不是独立的。所以是共 5 个独立位移,2 个在 $j-1$ 层而 3 个在 j 层。局部节点 2 在 $j-1$ 层以前是不出现的。只在从 $j-1$ 层过渡到 j 层时才出现。

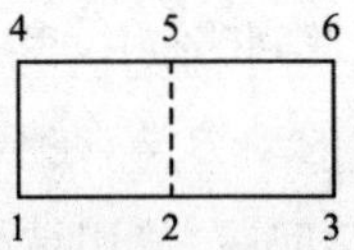

图 3-3 局部单元

时间积分有因果律。既然认为 $j-1$ 层及以前的离散近似是满意的,则意味着线性插值的位移是满意的。前面设了局部 2 号点的位移的相关也是合理的。

既然辛矩阵的概念不能直接运用,就应当采用变分原理的方法。有限元求解的根据是变分原理。从时间坐标看是初值问题,但从空间坐标看则是两端边值问题。故变分原理可写成

$$\delta\int\left[\max_{w}\int_0^L(\dot{w}^2/2-k_0\,w'^2/2)\mathrm{d}x\right]\mathrm{d}t=0 \tag{3.2.2}$$

表明:时间坐标方向是动力学,而空间坐标方向是结构力学。

从时间积分看,$j-1$ 层只有 2 点的状态,即 $w_1,p_1;w_3,p_3$。虽然有线性插值的 w_2,但不是独立位移,现在也拿不出其对偶。然而要求得到 j 层 3 点的状态,所以有怀疑。其实这是误解,深入分析可运用变分的**虚功原理**来解决如下。

既然承认 $j-1$ 层只用局部 1,3 号点的线性插值是满意的,则中点的位移(3.2.1)是满意的。有限元法当然不是精确解,所以只能说**满意**。如果能确定 2 号点满意的对偶量 p_2,以及同时修改 p_1,p_3,则就具备了 $w_1,p_1;w_2,p_2;w_3,p_3$ 的状态向量,也就是将位错的 2 号点的状态向量修补了,当然维数不同。于是从 $j-1$ 层的位错修补的状态向量开始,又可以向前进行传递辛矩阵的积分了。变分原理(3.2.2)表明,空间坐标仍是结构力学的规则。上面对于结构力学有限元的传递辛矩阵,仍适用,表明结构力学的虚功原理也可以转移用于双曲型方程的动力学。在给定时间 $j-1$ 层的空间坐标方向,本来就是结构力学问题,使用结构力学的虚功原理完全合理。保辛本来是手段而不是目的,是为了达到更好的近似,而虚功原理在有限元近似中达到了最好最合理。在不同时间层次,则应当用传递的规则。

先看局部单元的 p_1,p_3 的构成。局部单元节点 1 是联系($j-2,j-1$)层的一批时-空混合元的,这批时-空混合元组装得到($j-2,j-1$)层的作用量矩阵 $\boldsymbol{K}_{\mathrm{g}}$,其对应的位移向量是 $j-2$ 层的 $\boldsymbol{w}_{j-2}$ 与 $j-1$ 层的 $\boldsymbol{w}_{j-1}$ 组合。其中只有一个混合元 E_{h} 包含局部的 1~3 边。从 $j-2$ 层采用混合元积分到 $j-1$ 层时必然包含单元 E_{h}。前面的局部节点 1 和 3 包含于 $\boldsymbol{w}_{j-1}$ 中。总体的对偶动量为

$$\boldsymbol{p}_{j-1}=\partial S/\partial \boldsymbol{w}_{j-1},\ S=\frac{1}{2}\begin{Bmatrix}\boldsymbol{w}_{j-2}\\ \boldsymbol{w}_{j-1}\end{Bmatrix}^{\mathrm{T}}\boldsymbol{K}_{\mathrm{g}}\begin{Bmatrix}\boldsymbol{w}_{j-2}\\ \boldsymbol{w}_{j-1}\end{Bmatrix}\qquad(3.2.3)$$

这是总体传递辛矩阵积分时必然使用的。

有位移必然有其对偶量,时-空混合有限元时表现为对偶向量 $\boldsymbol{p}_{j-1}$。虽然 $\boldsymbol{p}_{j-1}$ 是按节点表达的集中动量,但本来是波动偏微分方

程，动量本来应当是分布的，节点的动量只是**分布动量**的反映。位移插值是线性的，分布动量也认为是线性的，**形函数**么。

前面按式(3.2.1)插值了单元 E_h 的局部节点 2 的位移，尚待寻求其 E_h 的局部对偶量 p_2，同时 E_h 的局部 p_{1h}，p_{3h} 也应修改。将单元 E_h 对于作用量的贡献记为 S_h，则修改前

$$p_{1h}=\partial S_h/\partial w_1,\quad p_{3h}=\partial S_h/\partial w_3 \tag{3.2.4}$$

因为已经是传递后，所以维数修改前的 $\boldsymbol{w}_{j-1}$ 是能计算的，从而局部 p_{1h}，p_{3h} 也是能计算的。因中间增加了节点，p_{1h}，p_{3h} 的集中动量也是有待修改的。注意式(3.2.4)的 p_{1h}，p_{3h} 不是总体量，因为只包含了一个单元 E_h，只能反映局部 1～3 线段的线性分布动量。p_{1h}，p_{3h} 是在修改前的，因为有限元法的线段 1～3 保持为 2 个自由度的直线，故 2 个集中对偶量已经可以表示。

当需要加密网格时，在局部的 1～3 线段要增加一个节点 2。此时有限元的可能位移不能认为保持为直线了，而有 3 个自由度，除原来的刚体移动与转动外尚需增加折线的可能位移。对偶动量分布也应同样增加。有限元法是 3 个节点位移，而对偶向量也是 3 个节点动量。

怎样确定对偶动量的 3 个自由度呢？当然是使用功、能的思路；按《力、功、能量与辛数学》的阐述，辛是从功、能来的。现用**虚功原理**来处理单元 E_h 的分布对偶变量对于增加节点的作用。

首先清楚，有限元得到的 p_{1h}，p_{3h} 是节点上的集中力。中间增加一个节点，表明 1～3 已经不再是直线，而是有 1～2，2～3 两段直线的折线，有 3 个参数，应确定 3 个对偶集中力 p_{1x}，p_{2x}，p_{3x}，以代替 p_{1h}，p_{3h}。

前面 2 个节点对偶量 $p_{1\mathrm{h}}, p_{3\mathrm{h}}$，对应于线性分布对偶分布量 $p(x)=a+bx$，其中，a,b 是待定常数而中间点取为$x=0$。确定方法是静力等价。平移自由度 $w_1(x)=1$，虚功相等给出

$$p_{1\mathrm{h}}+p_{3\mathrm{h}}=\int_{-l_{13}/2}^{l_{13}/2} a\cdot w_1(x)\mathrm{d}x=al_{13}$$

$$a=(p_{1\mathrm{h}}+p_{3\mathrm{h}})/l_{13}$$

转动自由度 $w_2(x)=x$，

$$(p_{3\mathrm{h}}-p_{1\mathrm{h}})\cdot l_{13}/2=\int_{-l_{13}/2}^{l_{13}/2}(a+bx)\cdot w_2(x)\mathrm{d}x=bl_{13}^3/12$$

$$b=6(p_{3\mathrm{h}}-p_{1\mathrm{h}})/l_{13}^2$$

这给出了原来的线性分布的对偶分布量 $p(x)=a+bx$。

当增加节点在中间时，在刚体位移外又增加了位移分布，例如

$$w_3(x)=\begin{cases}1+2x/l_{13}, & x<0\\ 1-2x/l_{13}, & x>0\end{cases}$$

将 $p(x)=a+bx$ 作用到 $w_3(x)$，则基于对称性有

$$\int_{-l_{13}/2}^{l_{13}/2}(a+bx)\cdot w_3(x)\mathrm{d}x=al_{13}$$

对应的增加节点的对偶变量 p_{1x}, p_{2x}, p_{3x} 可通过虚功原理得到。

对 $w_1(x)=1$ 自由度：

$$p_{1x}+p_{2x}+p_{3x}=al_{13}=p_{1\mathrm{h}}+p_{3\mathrm{h}}$$

对 $w_2(x)=x$ 自由度：

$$(p_{3\mathrm{h}}-p_{1\mathrm{h}})\cdot l_{13}/2=(p_{3x}-p_{1x})\cdot l_{13}/2$$

对 $w_3(x)$自由度：

$$al_{13}=(p_{1\mathrm{h}}+p_{3\mathrm{h}})/2=p_{2x}$$

求解,有

$$p_{2x}=(p_{1h}+p_{3h})/2$$

$$p_{1x}=(3p_{1h}-p_{3h})/4$$

$$p_{3x}=(-p_{1h}+3p_{3h})/4$$

表明原来的两节点的对偶量 p_{1h},p_{3h}已经因增加中间节点而变换为3节点的对偶量 p_{1x},p_{2x},p_{3x}。得到了全部节点的状态向量后,就可继续进行$(j-1,j)$层的保辛积分了。

辛数学的定义只针对**同维数**的问题。不同维数已经超出了辛的定义。虽然是在同一时间层进行的虚功原理,当然也是变分原理范畴的内容。所以用 Hilbert 的"**变分法的进一步发展**"提法是恰当的。

以上阐述了**增加维数**的问题。当然还应考虑**减少维数**的问题。其实虚功原理的方法是可以反过来的。如果要减少一个节点,当然该节点的位移应与两侧相邻节点几乎就是线性插值。于是同样采取虚功原理的方法,可将该节点的位移用线性初值,而其对偶动量则用杠杆原理将其转移到相邻节点。于是就完成了维数的变化。

结构力学虚功原理是有力工具,要选择独立虚位移。上面的选择是 2 个刚体位移与一个 $w_3(x)$。其实,也可选择 3 个折线位移:

$$w_1=1,\quad w_2=0,\quad w_3=0$$

$$w_1=0,\quad w_2=1,\quad w_3=0$$

$$w_1=0,\quad w_2=0,\quad w_3=1$$

例如,对应于 $w_1=1,w_2=0,w_3=0$ 的函数是

$$w_1(x)=\begin{cases}-2x/l_{13}, & -l_{13}/2<x<0\\0, & \text{其他}\end{cases}$$

则可计算出

$$a=(p_{1h}+p_{3h})/l_{13}$$

$$b=6(p_{3h}-p_{1h})/l_{13}^2$$

$$\begin{aligned}p_{1x}&=\int_{-l_{13}/2}^{l_{13}/2}(a+bx)\cdot w_1(x)\,\mathrm{d}x\\&=a\cdot l_{13}/4-b\cdot l_{13}^2/12\\&=[p_{1h}+p_{3h}-2(-p_{1h}+p_{3h})]/4\\&=(3p_{1h}-p_{3h})/4\end{aligned}$$

同样,也可计算得到

$$p_{2x}=(p_{1h}+p_{3h})/2$$

$$p_{3x}=(-p_{1h}+3p_{3h})/4$$

这方法可用于在线段 1～3 上任何处增加多个节点的情况。仍以再增加一个节点 2 后成为两个线段 1～2,2～3 的情况为例。设 $l_{12}=(1+\alpha)l_{13}/2$,其中,$-1<\alpha<1$。虚功原理要选择独立虚位移。同样,选择 3 个折线位移:

$$w_1=1,\quad w_2=0,\quad w_3=0$$

$$w_1=0,\quad w_2=1,\quad w_3=0$$

$$w_1=0,\quad w_2=0,\quad w_3=1$$

3 根折线,即

$$w_1(x)=\begin{cases}-\dfrac{1}{l_{12}}\left(x-\dfrac{\alpha l_{13}}{2}\right), & x<\dfrac{\alpha l_{13}}{2}\\0, & \text{其他}\end{cases}$$

$$w_2(x)=\begin{cases}\dfrac{1}{l_{12}}\left(x+\dfrac{l_{13}}{2}\right), & x<\dfrac{\alpha l_{13}}{2}\\[2ex] -\dfrac{1}{l_{13}-l_{12}}\left(x-\dfrac{l_{13}}{2}\right), & \text{其他}\end{cases}$$

$$w_3(x)=\begin{cases}0, & x<\dfrac{\alpha l_{13}}{2}\\[2ex] \dfrac{1}{l_{13}-l_{12}}\left(x-\dfrac{l_{13}}{2}\alpha\right), & \text{其他}\end{cases}$$

按照上面的方法,可计算出

$$p_{1x}=\frac{1}{4}[\alpha^2(p_{3h}-p_{1h})+2\alpha p_{1h}+3p_{1h}-p_{3h}]$$

$$p_{2x}=\frac{1}{2}\alpha(p_{3h}-p_{1h})+\frac{1}{2}(p_{1h}+p_{3h})$$

$$p_{3x}=\frac{1}{4}[\alpha^2(p_{1h}-p_{3h})-2\alpha p_{3h}+3p_{3h}-p_{1h}]$$

3.3 数值算例

考虑如下变动边界问题。Timmy 拉小提琴,滑音,即移动压弦线的手指而产生。方程为

$$\frac{\partial^2 w}{\partial x^2}-\frac{\partial^2 w}{\partial t^2}=0$$

时变的区域边界条件为

$$w(0,t)=0$$

$$w(x_{\mathrm{m}},t)=0,x_{\mathrm{m}}=\begin{cases}1, & t\leqslant 0.2\ \mathrm{s}\\ 1+0.05\sin(2\pi t), & t>0.2\ \mathrm{s}\end{cases}$$

初始条件为

$$w(x,0)=\sin(\pi x),\quad \frac{\partial w}{\partial t}(x,0)=0$$

变动边界问题解析求解很困难。采用半解析方法，先对空间离散然后再积分动力方程的方法也很难适应变边界问题。本书采用的时-空混合元方法，对于这类变动边界问题的处理是很方便和灵活的。

边界周期变化，周期为 1。故只需在一个周期内划分网格，以后周期重复第一个周期的网格。分别采用如图 3-4～图 3-7 所示的

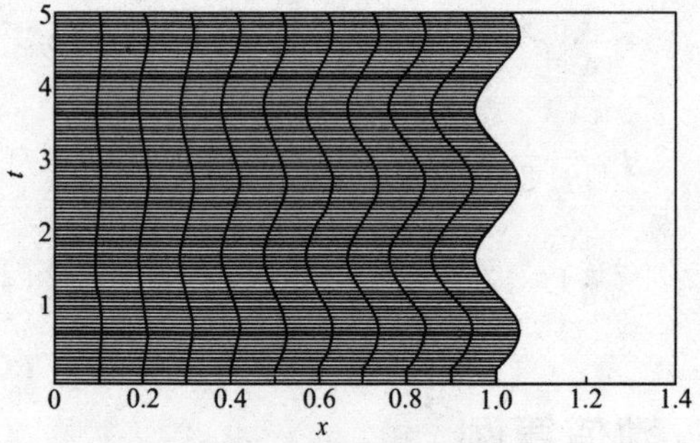

(a)第一种时-空混和网格

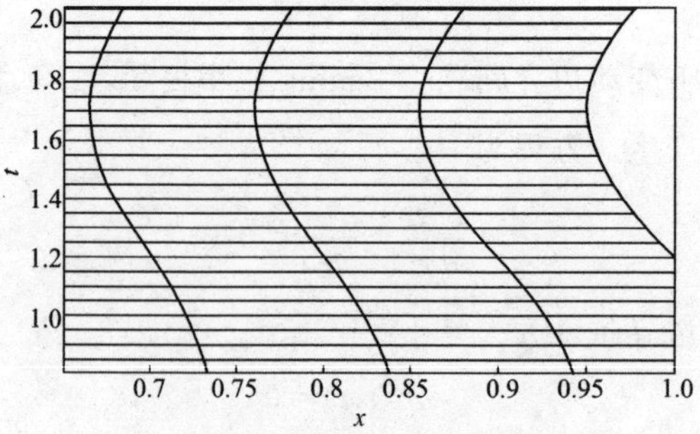

(b)第一种时-空混和网格的局部放大

图 3-4

四种网格，其积分步长都是0.05。这四种时-空混合的网格均是传统半解析方法无法覆盖的情况。第一种网格空间节点的位置在不同时刻是可以变化的；第二种网格在某些时刻在中点处增加了一个空间离散节点；第三种网格则是在某些时刻任意增加了空间离散节点；第四种网格是在第三种网格的基础上，在时-空域某些区域加密了网格，并可使用三角形单元。

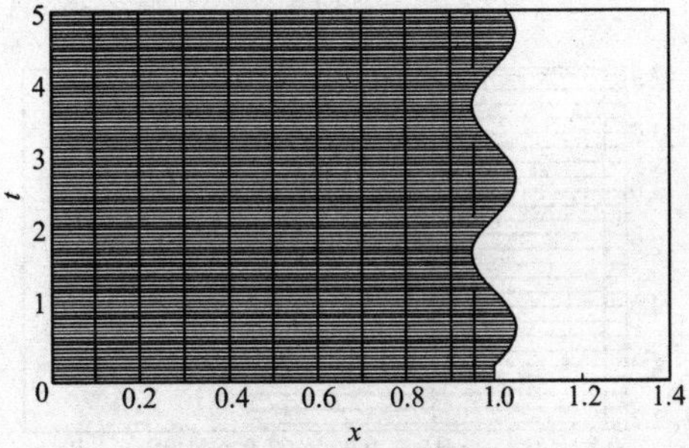

(a)第二种时-空混和网格

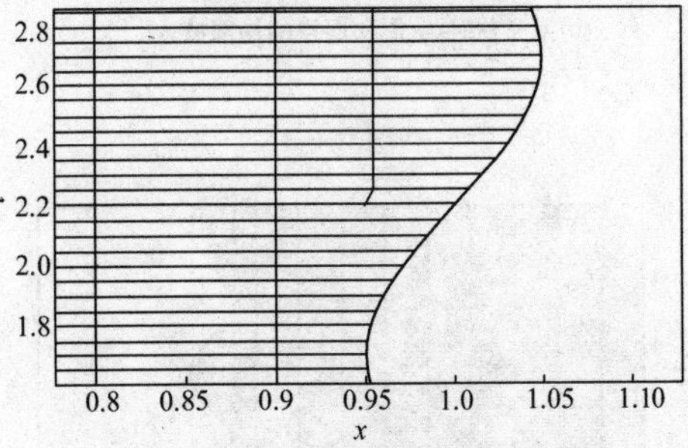

(b)第二种时-空混和网格的局部放大

图 3-5

采用这四种网格计算以上提出的变动边界波动问题，计算结果如图 3-8～图 3-13 所示，它们分别给出了

$$t=0.25\ \text{s},1\ \text{s},2\ \text{s},3\ \text{s},4\ \text{s},5\ \text{s}$$

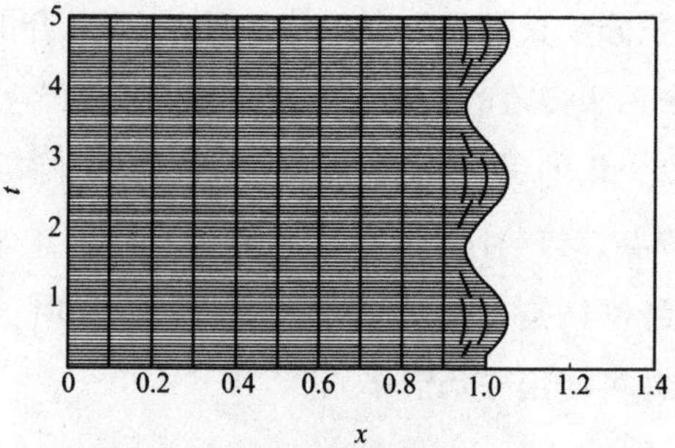

(a)第三种时-空混和网格

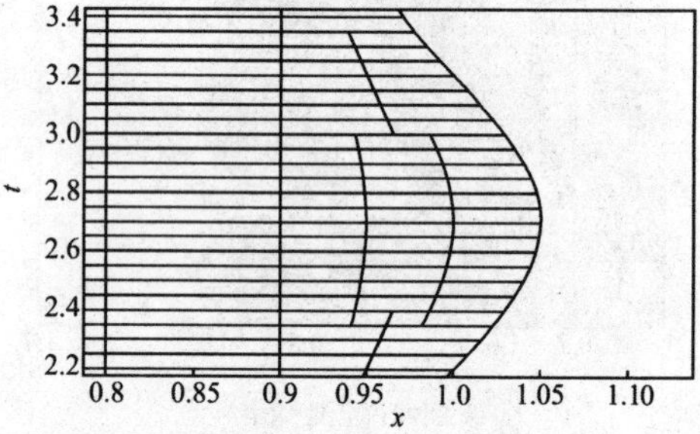

(b)第三种时-空混和网格的局部放大

图 3-6

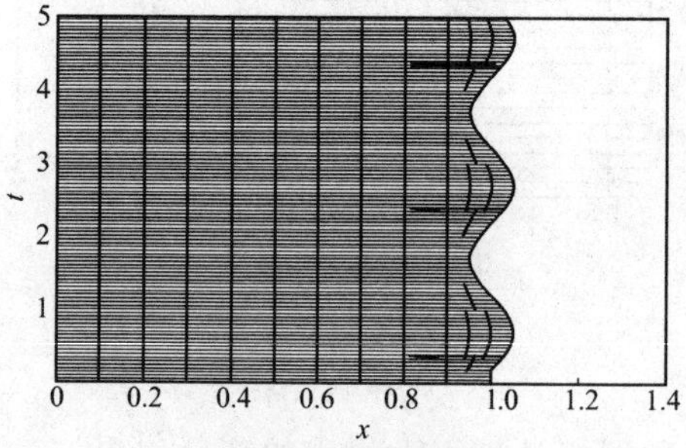

(a)第四种时-空混和网格

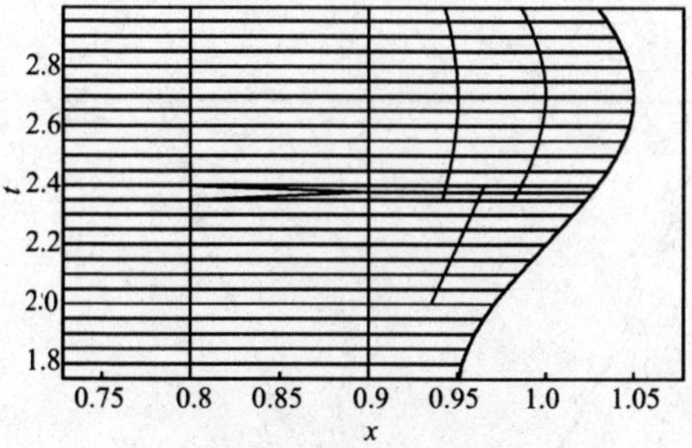

(b)第四种时-空混和网格的局部放大

图 3-7

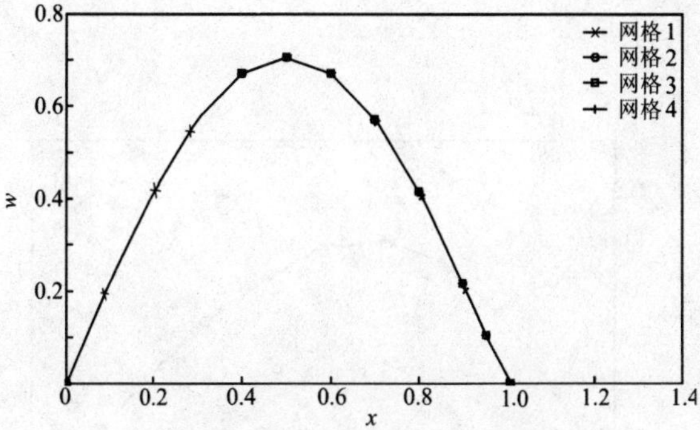

图 3-8　$t=0.25$ s 的位移响应

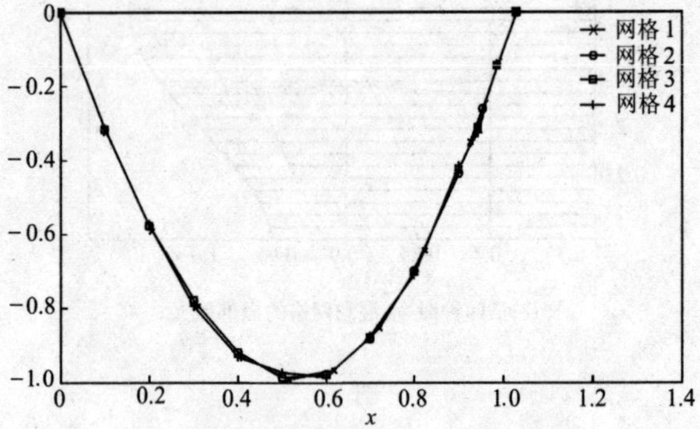

图 3-9　$t=1$ s 的位移响应

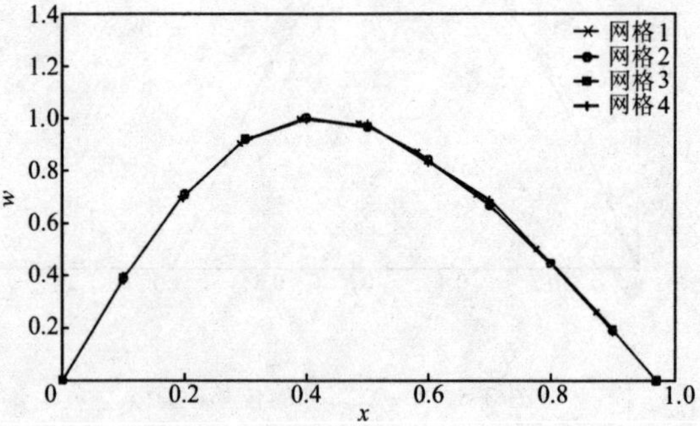

图 3-10　$t=2$ s 的位移响应

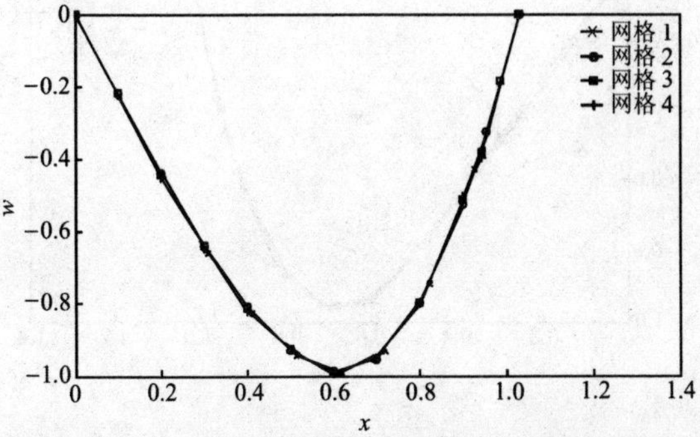

图 3-11　$t=3$ s 的位移响应

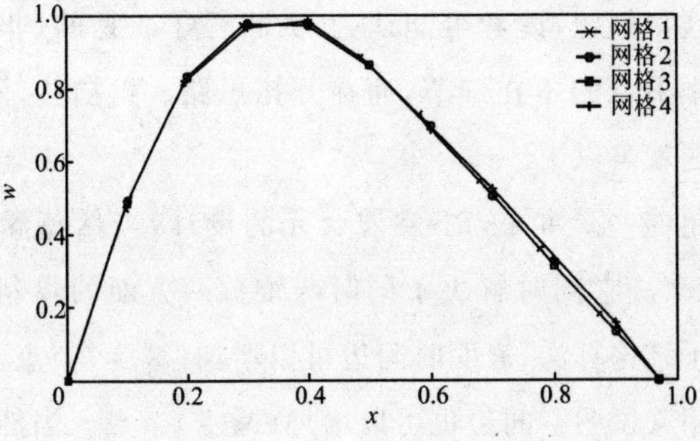

图 3-12　$t=4$ s 的位移响应

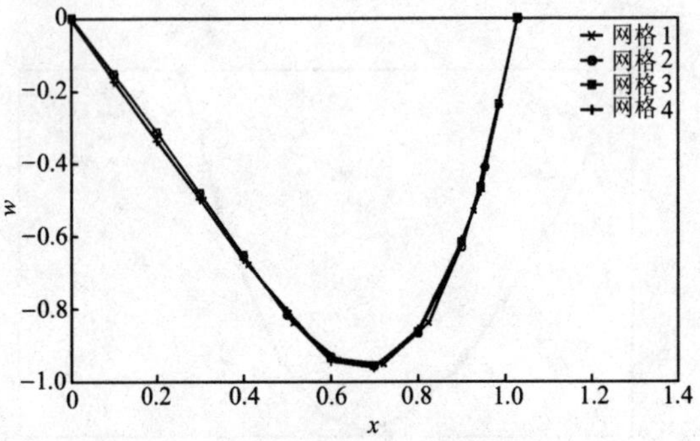

图 3-13　$t=5$ s 的位移响应

时的位移响应。可以看到，四种网格划分对应的结果互相符合，相差很小，况且不同网格的节点并不完全重合，这说明了本书提出的处理时-空网格变动维数方法的正确性。

看到这些例题，读者可能认为，太粗糙了。是的，非常简单粗糙。好在本书目的不在细节，而在开拓思路。粗糙些，不满意，能说明些问题就可以了。

例题粗糙些。本来，**时-空混合元**的设计，当然蕴涵了不同维数，有限元么。它同时解决了同时与维数两方面的限制。第 2 章时间边的子结构算法，表明时间边可以增加(减少)节点；现在虚功原理的运用又说明空间边也可以增加(减少)节点。当然希望有丰富些的例题说明之，现在还不能提供，将来打算在程序系统 SiPESC 中体现出来。SiPESC 的粗略介绍见附录。虽然例题不够，好在本书只求"**破茧**"以打开思路，解除思想束缚，将来"**而飞**"才是**破茧**的目标，以后的事了。

讨论一下**改革开放**。本书就是为改革开放写的，**走自己的路**。

3.4　辛数学能改革开放吗？

Hilbert说："眼下要解决的问题不过是一连串有关问题中的一个环节。"辛数学也是**一连串有关问题中的一个环节**。不能要求辛数学"包打天下"，也表明辛数学应当融合到广大课题中去。即使变分法，也不能"包打天下"。振动的阻尼因素常常不是变分法所能精确处理的。是的，**辛数学**的**恒定**维数适应性差，因此单纯地发展**辛数学**有困难。其实，数学的统一性正是数学的本质。不可单纯强调其一方面。

比如，解决穿衣问题，先要有布匹纺织。但布匹纺织再高级，也不能直接当衣服穿，还要有成衣业。

成衣还要裁剪、熨贴、缝纫、成型等一系列工序。成衣大师做衣服非常帅，漂亮，大众喜欢，成为名牌。

再进一步发展就成为时装！

辛数学改革开放，结合**众多学科**发展成为融合辛数学的"**成衣业**"，可成就出**辛数学参与的"时装"**。换言之，辛数学应当与其他学科融合在一起，发展成为有广泛意义的体系。不可固步自封，硬是要发展为**纯辛数学**的学科，从而导致与相关学科的排斥，这样继续发展就困难了。既要**交叉**又要**包容**。绝对不可让辛数学"包打天下"，不行的。

例如，读者往往有**问题**："辛是从Hamilton体系的研究来的。Hamilton体系是不考虑有阻尼的，而阻尼则总是存在的。从实际应用角度看，花费很大力气研究 Hamilton 体系辛数学，其意义何在呢？”

答复：这可考察振动理论是如何求解的，虽然其基本方程

$$M\ddot{q}+C\dot{q}+Kq=f(t) \tag{3.4.1}$$

总是有一个阻尼矩阵 C，一般比较小，这样(3.4.1)就不能用 Hamilton 体系方法直接求解。然而在求解(3.4.1)时，其第一步总是**先求解无阻尼系统的方程**

$$M\ddot{q}+Kq=0 \tag{3.4.2}$$

这是可用 Hamilton 体系方法求解的，要求计算很多本征解；然后就运用**本征向量展开法**进一步处理阻尼的作用，求解原方程。例如，抗震结构分析，此种方法已经在**工程结构抗震**用规范形式表达出来。清楚地表明了先运用 Hamilton 体系辛数学方法，然后再与后续的其他数学方法融合起来共同发挥作用的体系。表明 Hamilton 体系辛数学方法只是“**一连串有关问题中的一个环节**”，重要而不可缺少。

例如南京长江二桥等一系列工程结构，用计及阻尼的随机振动的虚拟激励法计算。运用了数百个本征向量计算方才看到了收敛，并为工程所接受。**无阻尼系统振动就属于 Hamilton 体系**。振动分析是应用的重要方面之一。

实际上 Hamilton 体系的涵盖面要广泛得多。总之，要高瞻远瞩，放下架子，开阔心胸，改革开放，辛数学是很有前途的。辛数学是数学的一部分，单纯用辛数学是不能满意地解决问题的，要扩大为**变分法的进一步发展**，再结合多种学科共同作用解决问题，方可有所作为。

J. von Neumann 指出:“当一门数学学科远离其经验本源的时候……就会受到严重危险的困扰。它将变得越来越纯粹地美学化,越来越纯粹地‘为艺术而艺术’。……存在一种严重的危险,那就是这门学科将沿着阻力最小的线路发展,使远离源头的小溪又分成许多无足轻重的支流……在距离其经验之源很远的地方,或者在多次‘抽象的’近亲繁殖之后,一门数学学科就有退化的危险。”值得深思。

3.5 接触问题

航空航天、机械、铁路等工程中,接触分析是经常看到的;绳索结构在张拉时与松弛时性能不同,膜结构亦然。接触当然发生在不同物体之间。接触发生时,两个节点发生同样位移;而脱离是分别有不同位移,当然位移未知数就增加了。接触分析是强非线性问题,在从接触到分离的时刻,接触力的变化是转折的,不能微商。如果不考虑摩擦力,则整个系统依然是保守的。接触面处的维数是随着外部条件的变化而变化的,纯数学**辛几何**的框架无法适应。

塑性变形、接触分析等问题的求解,适当的数学工具是参变量变分原理与对应的算法参变量二次规划。既然是变分原理,当然也是**变分法的进一步发展**。如果没有摩擦,保守吗?

2 个质量 M_1,M_2 的刚体碰撞则要区分弹性与非弹性碰撞。碰撞前分别有速度 $\dot{q}_1,\dot{q}_2$,如果碰撞后成为 1 个质量 $M=M_1+M_2$,自由度数就发生变化,动量守恒要求 $M_1\dot{q}_1+M_2\dot{q}_2=M\dot{q}$;此时动能 $(M_1\dot{q}_1^2+M_2\dot{q}_2^2)/2>M\dot{q}^2/2$,能量通常不能守恒。但动能损失是可以计算的，也即能量损失是清楚的。物理性质本来就是这样的，这与不知所云的“算法阻尼”完全不同。

分布质量的动力接触，如果用有限元法离散，则每个节点有其质量。如果接触采用同一速度，则依然不能达到能量守恒。就是说，不保守，仍有能量损失。因质量非弹性碰撞，在碰撞的瞬间，有能量损失，但这是能计算的。不是算法误差，而是物理性质。

用一个质量-弹簧系统，位移在一端受约束，就可以表明参变量动力接触问题。进一步可以用串联2自由度质量-弹簧系统，在一端系弹性绳索。则因为绳索没有质量，并无撞击的能量损失。

先用简单的例题来表述。

3.5.1 拉压模量不同材料的参变量变分原理和有限元方法[26]

先用静力的非线性课题进行讲述。经典弹性理论描述的是拉压弹性模量相同材料的力学问题，它广泛适用于大部分金属材料。然而，航空航天、土木、机械、铁路等工程中，非线性问题是大量存在的。譬如，工程中常用的混凝土材料，表现出拉压性质不同的特点；而对于一些（航空、航天）展开结构，为达到其设计性能，倾向于采用特殊的索、膜结构，这些索、膜部件同样表现出不同的拉压性质。具有拉压性质不同的材料或结构的力学分析，体现出较强的非线性特征，需要针对这类问题发展有效的求解算法。拉压模量不同问题的理论研究始于20世纪40年代。已有方法基本上都采用迭代和试凑方法进行非线性问题的求解，如何保证算法的稳定性则是众多学者一直致力研究的课题。

这些问题非线性，如何计算是挑战。J. von Neumann 在《论大规模计算机器的原理》文中指出："分析的进展沿着非线性问题的整个前沿停滞下来"，见文献[27]p89。现在，非线性问题的求解仍然需要努力。恰当数学工具的选择很重要。

如果仅限于微分几何的**辛几何**来考虑，有转折的本构关系就无法处理了。所以说，**辛数学要改革开放**，要从"**变分法的进一步发展**"看问题，要交叉。以广阔的眼光看问题，思路就开阔了。

3.5.1.1 基本方程

考虑平面应力问题，材料的特点是具有不同的拉伸和压缩模量，其本构关系如图 3-14 所示。如果 x 和 y 方向的位移分别用 u_x 和 u_y 表示，体力分别用 f_x 和 f_y 表示，则该问题的平衡方程、几何方程与普通平面应力问题相同，即为

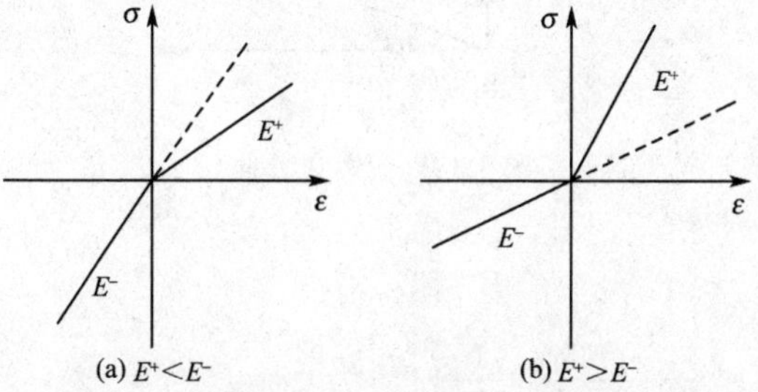

图 3-14 不同拉、压模量本构关系

$$\frac{\partial\sigma_x}{\partial x}+\frac{\partial\tau_{xy}}{\partial y}=f_x,\quad \frac{\partial\tau_{yx}}{\partial x}+\frac{\partial\sigma_y}{\partial y}=f_y \tag{3.5.1}$$

$$\boldsymbol{\varepsilon}=\boldsymbol{L}\boldsymbol{u} \tag{3.5.2}$$

其中，

$$\boldsymbol{\varepsilon}=\begin{Bmatrix}\varepsilon_x\\ \varepsilon_y\\ \gamma_{xy}\end{Bmatrix},\quad \boldsymbol{u}=\begin{Bmatrix}u_x\\ u_y\end{Bmatrix},\quad \boldsymbol{L}=\begin{bmatrix}\dfrac{\partial}{\partial x} & 0\\ 0 & \dfrac{\partial}{\partial y}\\ \dfrac{\partial}{\partial y} & \dfrac{\partial}{\partial x}\end{bmatrix} \tag{3.5.3}$$

该问题与普通平面应力问题的不同之处在于其物理方程。对于不同拉压模量问题，我们通常在应力主方向上描述其本构关系。假设两个应力主方向分别为 x_i，y_i，它们与 x 轴的夹角分别是 α 和 β，如图 3-15 所示，则主方向上的本构关系可由如下方程给出：

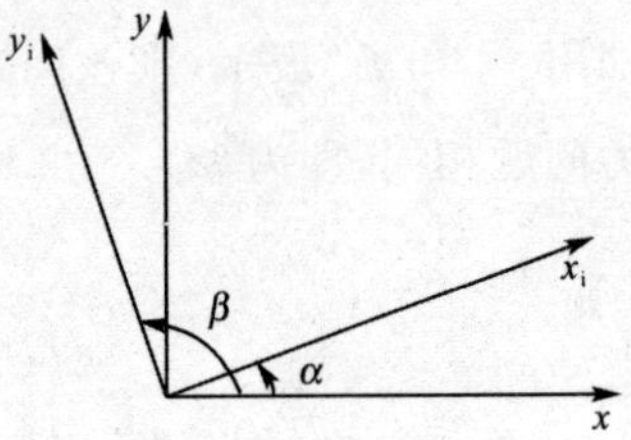

图 3-15　应力主方向

$$\begin{Bmatrix}\varepsilon_\alpha\\ \varepsilon_\beta\end{Bmatrix}=\begin{bmatrix}\dfrac{1}{E^+} & -\dfrac{\nu^+}{E^+}\\ -\dfrac{\nu^+}{E^+} & \dfrac{1}{E^+}\end{bmatrix}\begin{Bmatrix}\sigma_\alpha\\ \sigma_\beta\end{Bmatrix},\quad \sigma_\alpha\geqslant 0,\quad \sigma_\beta\geqslant 0 \tag{3.5.4}$$

$$\begin{Bmatrix}\varepsilon_\alpha\\ \varepsilon_\beta\end{Bmatrix}=\begin{bmatrix}\dfrac{1}{E^+} & -\dfrac{\nu^+}{E^+}\\ -\dfrac{\nu^-}{E^-} & \dfrac{1}{E^-}\end{bmatrix}\begin{Bmatrix}\sigma_\alpha\\ \sigma_\beta\end{Bmatrix},\quad \sigma_\alpha\geqslant 0,\quad \sigma_\beta< 0 \tag{3.5.5}$$

$$\begin{Bmatrix} \varepsilon_\alpha \\ \varepsilon_\beta \end{Bmatrix} = \begin{bmatrix} \dfrac{1}{E^-} & -\dfrac{\nu^-}{E^-} \\ -\dfrac{\nu^+}{E^+} & \dfrac{1}{E^+} \end{bmatrix} \begin{Bmatrix} \sigma_\alpha \\ \sigma_\beta \end{Bmatrix}, \quad \sigma_\alpha < 0, \quad \sigma_\beta \geqslant 0 \tag{3.5.6}$$

$$\begin{Bmatrix} \varepsilon_\alpha \\ \varepsilon_\beta \end{Bmatrix} = \begin{bmatrix} \dfrac{1}{E^-} & -\dfrac{\nu^-}{E^-} \\ -\dfrac{\nu^-}{E^-} & \dfrac{1}{E^-} \end{bmatrix} \begin{Bmatrix} \sigma_\alpha \\ \sigma_\beta \end{Bmatrix}, \quad \sigma_\alpha < 0, \quad \sigma_\beta < 0 \tag{3.5.7}$$

其中，E^+ 和 E^- 分别表示拉伸和压缩弹性模量，ν^+ 和 ν^- 分别表示拉伸和压缩的泊松比，ε_α、ε_β 和 σ_α、σ_β 分别表示主应变和主应力。可取

$$\frac{\nu^+}{E^+} = \frac{\nu^-}{E^-} \tag{3.5.8}$$

这样可保证柔度矩阵为对称矩阵。由以上方程可见，该问题的本构关系与主应力符号相关，即与应力状态相关。因而，应力状态的复杂程度将影响问题的非线性程度。这也正是求解拉压模量不同问题的难点所在。

3.5.1.2 拉压模量不同平面问题的参变量变分原理

该问题的传统解法一般是采用迭代技术。但是在求解过程中，迭代算法往往不稳定，甚至不收敛。本书基于参变量变分原理，将具有拉压模量不同本构关系的平面静力问题转化为互补问题，并采用数学规划法求解，正好能有效地克服这一困难。下面详细论述基于参变量变分原理描述的本构关系，以及将其转化为互补问题的过程。

首先考虑 $E^+ < E^-$ 的情况。此时，方程(3.5.4)～(3.5.7)给出的本构关系可统一写为如下形式：

$$\begin{Bmatrix}\varepsilon_\alpha\\ \varepsilon_\beta\end{Bmatrix}=\begin{bmatrix}\dfrac{1}{E^-} & -\dfrac{\nu^-}{E^-}\\ -\dfrac{\nu^-}{E^-} & \dfrac{1}{E^-}\end{bmatrix}\begin{Bmatrix}\sigma_\alpha\\ \sigma_\beta\end{Bmatrix}+\begin{Bmatrix}\lambda_\alpha\\ \lambda_\beta\end{Bmatrix} \tag{3.5.9}$$

$$\frac{E^+E^-}{E^- - E^+}\lambda_\alpha=\begin{cases}0, & \sigma_\alpha<0\\ \sigma_\alpha, & \sigma_\alpha\geqslant 0\end{cases} \tag{3.5.10}$$

$$\frac{E^+E^-}{E^- - E^+}\lambda_\beta=\begin{cases}0, & \sigma_\beta<0\\ \sigma_\beta, & \sigma_\beta\geqslant 0\end{cases} \tag{3.5.11}$$

其中,λ_α,λ_β 代表参变量,待定。由于 $E^+<E^-$,方程(3.5.10)和(3.5.11)表明 $\lambda_\alpha\geqslant 0$ 和 $\lambda_\beta\geqslant 0$,并且有如下关系:如果 $\lambda_\alpha=\lambda_\beta=0$,则 $\sigma_\alpha<0$,$\sigma_\beta<0$,表示 α,β 主方向均受压;如果 $\lambda_\alpha>0$,$\lambda_\beta>0$,则 $\sigma_\alpha\geqslant 0$,$\sigma_\beta\geqslant 0$,表示 α,β 主方向均受拉;如果 $\lambda_\alpha=0$,$\lambda_\beta>0$,则 $\sigma_\alpha<0$,$\sigma_\beta\geqslant 0$,表示 α 主方向受压而 β 主方向受拉;如果 $\lambda_\alpha>0$,$\lambda_\beta=0$,则 $\sigma_\alpha\geqslant 0$,$\sigma_\beta<0$,表示 α 主方向受拉而 β 主方向受压。容易证明,方程(3.5.10)和(3.5.11)等价于如下方程:

$$\begin{gathered}\begin{Bmatrix}\sigma_\alpha\\ \sigma_\beta\end{Bmatrix}-\frac{E^+E^-}{E^- - E^+}\begin{Bmatrix}\lambda_\alpha\\ \lambda_\beta\end{Bmatrix}+\begin{Bmatrix}\nu_\alpha\\ \nu_\beta\end{Bmatrix}=\mathbf{0}\\ \lambda_\alpha\geqslant 0,\quad \nu_\alpha\geqslant 0,\quad \lambda_\alpha\nu_\alpha=0\\ \lambda_\beta\geqslant 0,\quad \nu_\beta\geqslant 0,\quad \lambda_\beta\nu_\beta=0\end{gathered} \tag{3.5.12}$$

将方程(3.5.9)代入方程(3.5.12),得到

$$\boldsymbol{D}^-\begin{Bmatrix}\varepsilon_\alpha\\ \varepsilon_\beta\end{Bmatrix}-\left(\frac{E^+E^-}{E^- - E^+}\boldsymbol{I}+\boldsymbol{D}^-\right)\begin{Bmatrix}\lambda_\alpha\\ \lambda_\beta\end{Bmatrix}+\begin{Bmatrix}\nu_\alpha\\ \nu_\beta\end{Bmatrix}=\mathbf{0} \tag{3.5.13}$$

其中,

$$
\boldsymbol{D}^{-}=\begin{bmatrix}\dfrac{1}{E^{-}} & -\dfrac{\nu^{-}}{E^{-}}\\ -\dfrac{\nu^{-}}{E^{-}} & \dfrac{1}{E^{-}}\end{bmatrix}^{-1}=\frac{E^{-}}{1-(\nu^{-})^{2}}\begin{bmatrix}1 & \nu^{-}\\ \nu^{-} & 1\end{bmatrix} \tag{3.5.14}
$$

对于 $E^{+}>E^{-}$ 的情况，按照以上类似的推导过程，可得

$$
\boldsymbol{D}^{+}\begin{Bmatrix}\varepsilon_{\alpha}\\ \varepsilon_{\beta}\end{Bmatrix}+\left(\frac{E^{+}E^{-}}{E^{+}-E^{-}}\boldsymbol{I}+\boldsymbol{D}^{+}\right)\begin{Bmatrix}\lambda_{\alpha}\\ \lambda_{\beta}\end{Bmatrix}+\begin{Bmatrix}\nu_{\alpha}\\ \nu_{\beta}\end{Bmatrix}=\boldsymbol{0} \tag{3.5.15}
$$

其中

$$
\boldsymbol{D}^{+}=\begin{bmatrix}\dfrac{1}{E^{+}} & -\dfrac{\nu^{+}}{E^{+}}\\ -\dfrac{\nu^{+}}{E^{+}} & \dfrac{1}{E^{+}}\end{bmatrix}^{-1}=\frac{E^{+}}{1-(\nu^{+})^{2}}\begin{bmatrix}1 & \nu^{+}\\ \nu^{+} & 1\end{bmatrix} \tag{3.5.16}
$$

方程(3.5.13)和(3.5.15)可以进一步统一表示为如下形式：

$$
\begin{gathered}
\boldsymbol{D}\boldsymbol{\varepsilon}_{\mathrm{i}}-s(\delta\boldsymbol{I}+\boldsymbol{D})\boldsymbol{\lambda}+\boldsymbol{\nu}=\boldsymbol{0}\\
\lambda_{\alpha}\geqslant 0,\quad \nu_{\alpha}\geqslant 0,\quad \lambda_{\alpha}\nu_{\alpha}=0\\
\lambda_{\beta}\geqslant 0,\quad \nu_{\beta}\geqslant 0,\quad \lambda_{\beta}\nu_{\beta}=0
\end{gathered} \tag{3.5.17}
$$

其中，

$$
\boldsymbol{\varepsilon}_{\mathrm{i}}=\begin{Bmatrix}\varepsilon_{\alpha}\\ \varepsilon_{\beta}\end{Bmatrix},\quad \boldsymbol{\lambda}=\begin{Bmatrix}\lambda_{\alpha}\\ \lambda_{\beta}\end{Bmatrix},\quad \boldsymbol{\nu}=\begin{Bmatrix}\nu_{\alpha}\\ \nu_{\beta}\end{Bmatrix} \tag{3.5.18}
$$

$$
\boldsymbol{D}=\begin{bmatrix}\dfrac{1}{E_{\max}} & -\dfrac{\nu_{\max}}{E_{\max}}\\ -\dfrac{\nu_{\max}}{E_{\max}} & \dfrac{1}{E_{\max}}\end{bmatrix}^{-1} \tag{3.5.19}
$$

$$
s=\mathrm{sign}(E^{-}-E^{+}),\quad \delta=\frac{E^{+}E^{-}}{E_{\max}-E_{\min}} \tag{3.5.20}
$$

$$
E_{\max}=\max(E^{+},E^{-}),\quad E_{\min}=\min(E^{+},E^{-}) \tag{3.5.21}
$$

$$\nu_{\max}=\max(\nu^{+},\nu^{-}),\quad \nu_{\min}=\min(\nu^{+},\nu^{-})$$

$$\operatorname{sign}(a)=\begin{cases}+1, & a>0\\ -1, & a<0\\ 0, & a=0\end{cases} \tag{3.5.22}$$

至此,就将不同应力状态下的四种本构关系(3.5.4)～(3.5.7)统一表达成了由方程(3.5.17)给出的互补关系。也就是说,只要参变量 $\boldsymbol{\lambda}$ 和各物理量之间满足互补关系,那么问题的本构方程将自然满足,二者完全等价。得到用互补关系描述的本构方程后,下面再给出用参变量表达的势能形式。物体的应变能是一个客观量,可以在任意坐标系下描述。在主方向上,应变能密度可写为

$$U=\frac{1}{2}(\boldsymbol{\varepsilon}_{\mathrm{i}}-\boldsymbol{\lambda})^{\mathrm{T}}\boldsymbol{D}(\boldsymbol{\varepsilon}_{\mathrm{i}}-\boldsymbol{\lambda}),\lambda_{\beta}\geqslant 0 \tag{3.5.23}$$

引入坐标变换矩阵 $\boldsymbol{Q}$ 进行坐标变换后,便可得到应变能密度在一般坐标系下的表达式

$$U=\frac{1}{2}(\boldsymbol{Q\varepsilon}-\boldsymbol{\lambda})^{\mathrm{T}}\boldsymbol{D}(\boldsymbol{Q\varepsilon}-\boldsymbol{\lambda}) \tag{3.5.24}$$

其中,

$$\boldsymbol{\varepsilon}_{\mathrm{i}}=\begin{Bmatrix}\varepsilon_{\alpha}\\ \varepsilon_{\beta}\end{Bmatrix}=\boldsymbol{Q}\begin{Bmatrix}\varepsilon_{x}\\ \varepsilon_{y}\\ \gamma_{xy}\end{Bmatrix}=\boldsymbol{Q\varepsilon} \tag{3.5.25}$$

$$\boldsymbol{Q}=\begin{bmatrix}\cos^2\alpha & \sin^2\alpha & -\sin\alpha\cos\alpha\\ \sin^2\alpha & \cos^2\alpha & \sin\alpha\cos\alpha\end{bmatrix} \tag{3.5.26}$$

$$\tan\alpha=-\frac{\gamma_{xy}}{\varepsilon_x-\varepsilon_y} \tag{3.5.27}$$

进一步利用几何方程 $\boldsymbol{\varepsilon}=\boldsymbol{L}\boldsymbol{u}$，则可建立如下的参变量变分原理：

$$\Pi = \int_{\Omega}\left[\frac{1}{2}(\boldsymbol{Q}\boldsymbol{L}\boldsymbol{u}-\boldsymbol{\lambda})^{\mathrm{T}}\boldsymbol{D}(\boldsymbol{Q}\boldsymbol{L}\boldsymbol{u}-\boldsymbol{\lambda})-\boldsymbol{u}^{\mathrm{T}}\boldsymbol{f}\right]\mathrm{d}V,\quad \delta_{u}\Pi = 0 \tag{3.5.28}$$

$$\begin{aligned} \text{s.t.}\quad & \boldsymbol{D}\boldsymbol{\varepsilon}_{\mathrm{i}} - s(\delta\boldsymbol{I}+\boldsymbol{D})\boldsymbol{\lambda}+\boldsymbol{\nu}=\boldsymbol{0} \\ & \lambda_{\alpha}\geqslant 0,\quad \nu_{\alpha}\geqslant 0,\quad \lambda_{\alpha}\nu_{\alpha}=0 \\ & \lambda_{\beta}\geqslant 0,\quad \nu_{\beta}\geqslant 0,\quad \lambda_{\beta}\nu_{\beta}=0 \end{aligned} \tag{3.5.29}$$

方程(3.5.28)中，只对位移向量 $\boldsymbol{u}$ 变分，而变量 $\boldsymbol{\lambda}$ 不参与变分，因此称为参变量变分原理。容易证明，对方程(3.5.28)执行变分得到的平衡方程和方程(3.5.29)给出的互补条件，与原问题完全等价。于是，原问题转化为在互补条件控制下，求其最小势能解。

3.5.1.3　基于参变量变分原理的有限单元法

建立了问题的参变量变分原理后，可按照一般有限元方法对结构进行离散，以便数值求解。本书采用3节点三角形单元，以说明求解的一般过程。假设形函数为 $\boldsymbol{N}$，对于单个单元，势能可进行显式积分。

$$\begin{aligned} \Pi_{e} &= \int_{\Omega_{e}}\left[\frac{1}{2}(\boldsymbol{Q}_{e}\boldsymbol{B}\boldsymbol{u}_{e}-\boldsymbol{\lambda}_{e})^{\mathrm{T}}\boldsymbol{D}(\boldsymbol{Q}_{e}\boldsymbol{B}\boldsymbol{u}_{e}-\boldsymbol{\lambda}_{e})-\boldsymbol{u}_{e}^{\mathrm{T}}\boldsymbol{N}^{\mathrm{T}}\boldsymbol{f}_{e}\right]\mathrm{d}V \\ &= \frac{1}{2}\boldsymbol{u}_{e}^{\mathrm{T}}\boldsymbol{K}_{e}\boldsymbol{u}_{e}-\boldsymbol{u}_{e}^{\mathrm{T}}\boldsymbol{W}_{e}\boldsymbol{\lambda}_{e}-\boldsymbol{u}_{e}^{\mathrm{T}}\boldsymbol{f}_{e} \end{aligned} \tag{3.5.30}$$

其中，

$$\boldsymbol{B}=\boldsymbol{L}\boldsymbol{N},\ \boldsymbol{K}_{e}=\int_{\Omega_{e}}\boldsymbol{B}^{\mathrm{T}}\boldsymbol{Q}_{e}^{\mathrm{T}}\boldsymbol{D}\boldsymbol{Q}_{e}^{\mathrm{T}}\boldsymbol{B}\,\mathrm{d}V,\ \boldsymbol{W}_{e}=\int_{\Omega_{e}}\boldsymbol{B}^{\mathrm{T}}\boldsymbol{Q}_{e}^{\mathrm{T}}\boldsymbol{D}\,\mathrm{d}V \tag{3.5.31}$$

对整个结构，组集所有单元，可得

$$\Pi = \frac{1}{2}\boldsymbol{u}^{\mathrm{T}}\boldsymbol{K}\boldsymbol{u} - \boldsymbol{u}^{\mathrm{T}}\boldsymbol{W}\boldsymbol{\lambda} - \boldsymbol{u}^{\mathrm{T}}\boldsymbol{f} \tag{3.5.32}$$

其中，

$$\begin{gathered}\boldsymbol{K} = \sum_{e=1}^{N}\boldsymbol{K}_e,\quad \boldsymbol{W} = \sum_{e=1}^{N}\boldsymbol{W}_e\quad \boldsymbol{u} = \sum_{e=1}^{N}\boldsymbol{u}_e\\ \boldsymbol{\lambda} = \sum_{e=1}^{N}\boldsymbol{\lambda}_e,\quad \boldsymbol{f} = \sum_{e=1}^{N}\boldsymbol{f}_e\end{gathered} \tag{3.5.33}$$

N 代表单元总数。根据参变量变分原理，对位移 $\boldsymbol{u}$ 进行变分，得到

$$\boldsymbol{K}\boldsymbol{u}=\boldsymbol{W}\boldsymbol{\lambda}+\boldsymbol{f} \tag{3.5.34}$$

又将 $\boldsymbol{\varepsilon}=\boldsymbol{B}\boldsymbol{u}_e$ 和 $\boldsymbol{\varepsilon}=\boldsymbol{Q}_e\boldsymbol{\varepsilon}_{\mathrm{i}}$ 代入方程(3.5.17)，可得

$$\boldsymbol{D}\boldsymbol{Q}_e\boldsymbol{B}\boldsymbol{u}_e-s(\delta\boldsymbol{I}+\boldsymbol{D})\boldsymbol{\lambda}_e+\boldsymbol{\nu}_e=\boldsymbol{0} \tag{3.5.35}$$

同样，对所有单元进行组集，有

$$\boldsymbol{H}\boldsymbol{u}-\boldsymbol{A}\boldsymbol{\lambda}+\boldsymbol{\nu}=\boldsymbol{0} \tag{3.5.36}$$

$$\nu_i\geqslant 0,\quad \lambda_i\geqslant 0,\quad \lambda_i\nu_i=0\quad (i=1,2,\cdots,2N)$$

其中，

$$\boldsymbol{H} = \sum_{e=1}^{N}\boldsymbol{D}\boldsymbol{Q}_e\boldsymbol{B} \tag{3.5.37}$$

$$\boldsymbol{A}=\mathrm{diag}[s(\delta\boldsymbol{I}+\boldsymbol{D})] \tag{3.5.38}$$

联立方程(3.5.34)和(3.5.36)，有

$$\boldsymbol{\nu}-(\boldsymbol{A}-\boldsymbol{H}\boldsymbol{K}^{-1}\boldsymbol{W})\boldsymbol{\lambda}=-\boldsymbol{H}\boldsymbol{K}^{-1}\boldsymbol{f} \tag{3.5.39}$$

$$\nu_i\geqslant 0,\quad \lambda_i\geqslant 0,\quad \lambda_i\nu_i=0\quad (i=1,2,\cdots,2N)$$

方程(3.5.39)是一个标准的互补问题，可采用 Lemke 算法求解。方程(3.5.39)中，系数矩阵 $\boldsymbol{A}$ 和载荷向量 $\boldsymbol{f}$ 均为已知，而矩阵 $\boldsymbol{H}$,$\boldsymbol{K}$ 和 $\boldsymbol{W}$ 都与坐标转换矩阵 $\boldsymbol{Q}$ 相关。求解时，可预先任意给定主方向 α 的初值，这样坐标转换矩阵 $\boldsymbol{Q}$ 便已知，$\boldsymbol{H}$、$\boldsymbol{K}$ 和 $\boldsymbol{W}$ 也可得到，

因此可解出参变量 $\boldsymbol{\lambda}$。求得参变量 $\boldsymbol{\lambda}$ 后，通过方程(3.5.34)可求得位移 $\boldsymbol{u}$，进而求得应变 $\boldsymbol{\varepsilon}$，然后可求得新的主方向夹角 α，进而得到新的坐标变换矩阵 $\boldsymbol{Q}$；如此循环迭代，直至前后两次所求得的位移 $\boldsymbol{u}$ 满足一定收敛精度，如 $\|u_{k+1}-u_k\|<\kappa$，其中，κ 为给定控制精度。

3.5.1.4　数值算例

算例 1　计算一个三角形平面应力问题。单元、节点编号和施加的载荷和边界条件如图 3-16 所示。取拉伸模量 $E_T=2.2$ GPa，压缩模量 $E_C=3.22$ GPa，$E_C/E_T=1.464$，对应的泊松比分别为 $\nu_T=0.22$ 和 $\nu_C=0.322$，取控制误差为

$$\|u_{k+1}-u_k\|<\kappa=10^{-13}\ \mu\text{m}$$

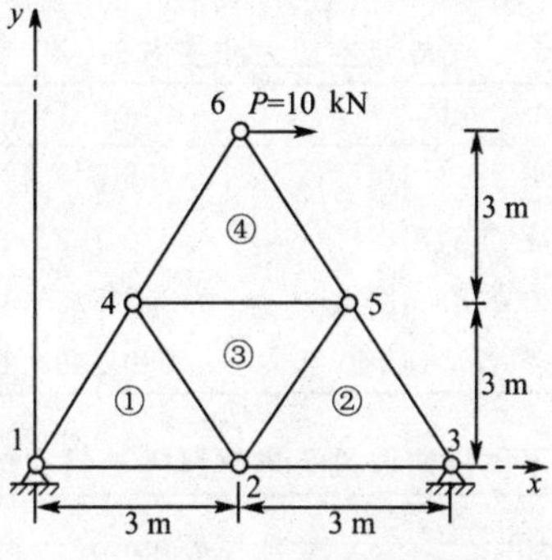

图 3-16　受水平载荷的双模量平面应力问题

该问题来自著名的 IJSS 杂志 2009 年的论文。表 3-1 和表 3-2 分别给出了各节点的位移和各单元主应力。从表 3-1 和表 3-2 可以看出，本书解与文献给出的解完全一致，从而证明了本书方法的正确性。注意到 2 号节点的水平位移为负，6 号节点的竖直位移非零，这是拉压模量不同问题与经典同模量的不同之处。同时，不难

发现，该问题失去了经典同模量问题所具有的反对称特性。表 3-3 给出了取不同控制误差时，文献[12]和本书方法求解所需的迭代次数，从中可以明显看出，求解同一问题，如果采用较为严格的收敛准则，文献给出的方法很难收敛，而本书方法则总能保证收敛，且效率较高。

表 3-1　节点位移

节点编号	水平位移/μm	竖直位移/μm
1	0	0
2	$-0.247\ 327\times10^{-1}$	$0.201\ 055\times10^{1}$
3	0	0
4	$0.101\ 218\times10^{2}$	$0.872\ 082\times10^{1}$
5	$0.109\ 312\times10^{2}$	$-0.408\ 509\times10^{1}$
6	$0.425\ 152\times10^{2}$	$0.392\ 228\times10^{1}$

表 3-2　单元主应力和主方向

单元编号	σ_α/kPa	σ_β/kPa	α/(°)
1	$-0.106\ 880\times10^{1}$	$0.786\ 542\times10^{1}$	28.7
2	$0.111\ 456\times10^{0}$	$-0.820\ 702\times10^{1}$	−30.1
3	$0.120\ 058\times10^{1}$	$-0.253\ 778\times10^{0}$	38.7
4	$-0.694\ 870\times10^{1}$	$0.639\ 608\times10^{1}$	43.8

表 3-3　不同控制误差下求解所需迭代次数

κ/μm	迭代次数		κ/μm	迭代次数	
	文献[12]	本书方法		文献[12]	本书方法
1×10^{-1}	3	3	4×10^{-4}	>100 000	6
5×10^{-2}	3	4	1×10^{-5}	—	9
1×10^{-2}	3	5	1×10^{-6}	—	10
5×10^{-3}	5	5	1×10^{-7}	—	11
1×10^{-3}	12	6	1×10^{-8}	—	13
9×10^{-4}	12	6	1×10^{-9}	—	14
8×10^{-4}	12	6	1×10^{-10}	—	16
7×10^{-4}	12	6	1×10^{-11}	—	17
6×10^{-4}	12	6	1×10^{-12}	—	18
5×10^{-4}	12	6	1×10^{-13}	—	20

仍然计算以上的三角形平面应力问题，节点编号和单元编号同上。取拉伸模量 $E_T=1$ GPa，压缩模量 $E_C=200$ GPa，$E_C/E_T=200$，对应的泊松比分别为 $\nu_T=0.0003$ 和 $\nu_C=0.3$，载荷施加在 6 号节点，竖直向下，如图 3-17 所示。控制误差为 $\kappa=10^{-13}$ μm，计算迭代 6 次即可收敛。表 3-4 和表 3-5 给出了节点位移和单元主应力的结果。从表 3-4 和表 3-5 可以看出，对于这样一个对称问题，计算结果也呈现出很好的对称性。由于材料的拉伸模量较小而压缩模量较大，故所有的主应力中，为正值的主应力远小于为负值的主应力的绝对值，这表明结构表现出较强的压缩承载能力，而其拉伸承载能力则很弱。

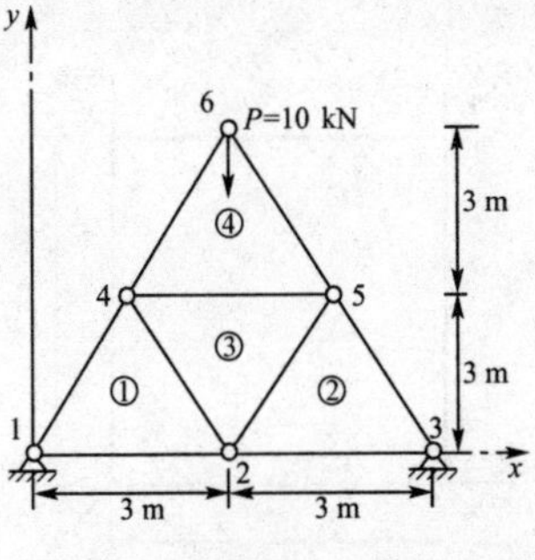

图 3-17　受竖直载荷的双模量平面应力问题

表 3-4　节点位移

节点编号	水平位移/μm	竖直位移/μm
1	0	0
2	0.119781×10^{-16}	-0.693552×10^{-1}
3	0	0
4	-0.163978×10^{-2}	-0.762144×10^{-1}
5	0.163978×10^{-3}	-0.762144×10^{-1}
6	-0.203170×10^{-16}	-0.168198×10^{-1}

表 3-5　　单元主应力和主方向

单元编号	σ_α/kPa	σ_β/kPa	α/(°)
1	$0.596\ 844\times10^{-3}$	$-0.412\ 615\times10^{1}$	29.8
2	$0.596\ 844\times10^{-3}$	$-0.412\ 615\times10^{1}$	−29.8
3	$0.407\ 452\times10^{-3}$	$-0.457\ 155\times10^{0}$	0
4	$-0.178\ 136\times10^{1}$	$-0.666\ 667\times10^{1}$	0

算例 2　考虑如图 3-18 所示的正方形平面应力问题，其拉伸和压缩模量分别为 $E_T=3\ 000$ Pa 和 $E_C=0$，对应的泊松比分别为 $\nu_T=0.3$ 和 $\nu_C=0$，在四个顶点受如图 3-18 所示的载荷。由于此问题的对称性，可取 1/4 区域计算，其边界条件如图 3-19 所示，其中，“o”表示 x 方向固定，“+”表示 y 方向固定。

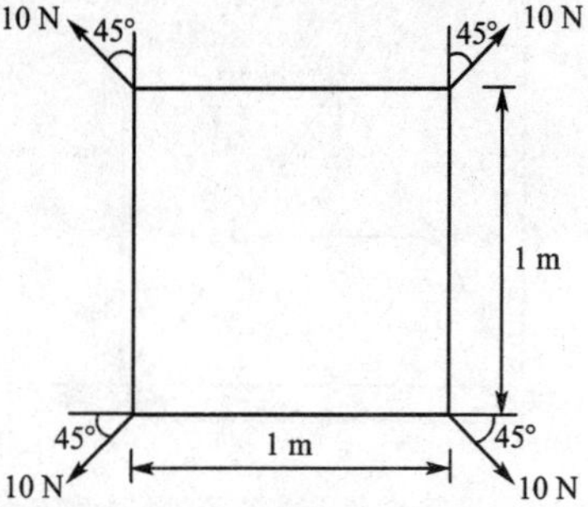

图 3-18　抗拉不抗压平面应力问题

图 3-19(a)～(d)给出了采用四种不同网格划分时单元主应力状态分布。图中黑色填充单元表示该单元的两个主应力中一个为正而另一个为零，白色填充单元表示该单元的两个主应力均为正。从图 3-19(a)～(d)可以看出，随着网格逐渐加密，应力状态也逐渐收敛。由于材料的压缩模量 $E_C=0$，即不具备抗压能力，所以当单元的两个主应力中有一个为零时，材料在实际情形中将表现为褶

皱状态,故图中的黑色区域也就代表了起褶区域。

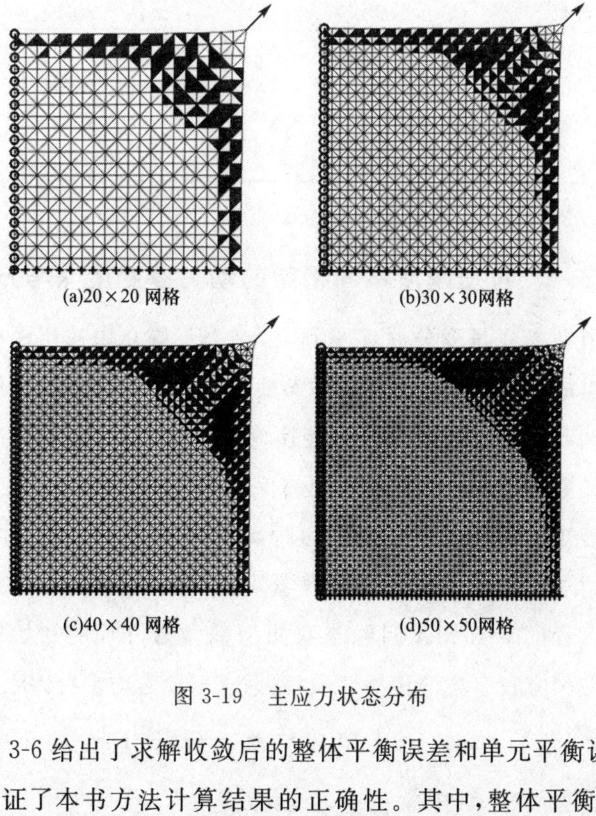

(a)20×20 网格　(b)30×30网格　(c)40×40 网格　(d)50×50网格

图 3-19　主应力状态分布

表 3-6 给出了求解收敛后的整体平衡误差和单元平衡误差,进一步验证了本书方法计算结果的正确性。其中,整体平衡误差定义为 $\kappa_G=\|\boldsymbol{P}'-\boldsymbol{P}\|$,$\boldsymbol{P}$ 为施加的载荷向量,$\boldsymbol{P}'$ 为求解收敛后由整体刚度矩阵和位移向量所计算得到的载荷向量,即 $\boldsymbol{P}'=\boldsymbol{K}\boldsymbol{u}$。单元平衡误差定义为 $\kappa_L=\|\boldsymbol{\sigma}'_i-\boldsymbol{\sigma}_i\|$,$\boldsymbol{\sigma}_i$ 为收敛后按各单元主应力符号选取真实的弹性矩阵 $\boldsymbol{D}_r$ 而计算出的单元主应力,即 $\boldsymbol{\sigma}_i=\boldsymbol{D}_r\boldsymbol{\varepsilon}_i$,而$\boldsymbol{\sigma}'_i=\boldsymbol{D}(\boldsymbol{\varepsilon}_i-\boldsymbol{\lambda}_e)$。

表 3-6　平衡检查

网格数目	单元平衡误差 κ_L	整体平衡误差 κ_G
20×20	$7.855\,7\times10^{-13}$	$9.662\,3\times10^{-9}$
30×30	$2.207\,2\times10^{-12}$	$9.705\,0\times10^{-9}$
40×40	$4.701\,0\times10^{-12}$	$1.669\,8\times10^{-8}$
50×50	$7.812\,0\times10^{-12}$	$5.860\,9\times10^{-8}$

3.5.2　拉压刚度不同桁架的动力参变量保辛方法[28]

本节在参变量变分原理基础上，进一步建立由拉压刚度不同杆单元组成的桁架结构的**动力学**参变量变分原理。将拉压刚度不同桁架问题的非线性动力分析转换为线性互补问题求解，结合时间有限元方法构造了求解此问题的保辛数值积分方法。此方法不需要刚度矩阵更新和迭代，计算过程高效，稳定性好。

动力学问题在性质上与静力学问题不同，更困难了。椭圆型偏微分方程的 Dirichlet 问题与双曲型偏微分方程的初始问题不同。双曲型方程有波的传播性质，离散求解要考虑多种因素。

3.5.2.1　拉压刚度不同杆单元的动力学参变量变分原理

静力问题已经如此困难，动力问题就更难了。迭代法是不行的。

考虑具有拉压刚度不同的杆，设拉伸和压缩刚度分别为 $K^{(+)}$ 和 $K^{(-)}$，$K^{(+)}\neq K^{(-)}$，可分为两种情况，如图3-20 所示。在图 3-20(b)中，如果压缩模量等于零，则成为绳索。杆的本构关系为

$$\Delta F=K\Delta u \tag{3.5.40}$$

其中，

$$K=\begin{cases}K^{(+)}, & \Delta u\geqslant 0\\ K^{(-)}, & \Delta u<0\end{cases}\tag{3.5.41}$$

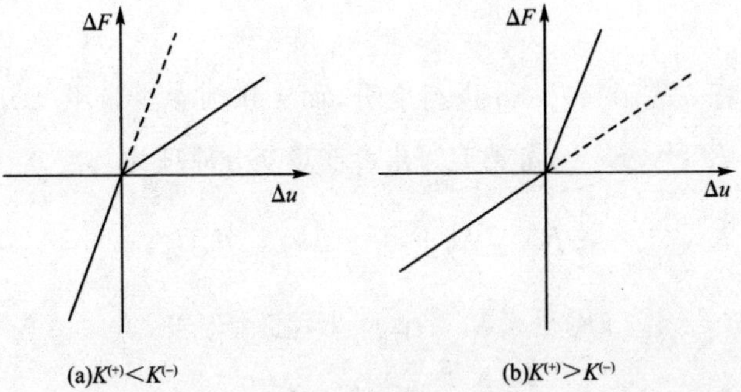

图 3-20　拉压刚度不同杆的本构关系

首先假设 $K^{(+)}<K^{(-)}$，即如图 3-20(a)所示的情况。将本构关系写为如下的统一形式：

$$\Delta F=K^{(+)}(\Delta u-\lambda)\tag{3.5.42}$$

则要求

$$\lambda=\begin{cases}0, & \Delta u\geqslant 0\\ \dfrac{K^{(+)}-K^{(-)}}{K^{(+)}}\Delta u, & \Delta u<0\end{cases}\tag{3.5.43}$$

式(3.5.43)与如下的互补关系等价，即

$$\begin{gathered}(K^{(+)}-K^{(-)})\Delta u-K^{(+)}\lambda+\nu=0\\ \lambda\geqslant 0,\quad \nu\geqslant 0,\quad \lambda\nu=0\end{gathered}\tag{3.5.44}$$

则杆的势能为

$$U=\frac{1}{2}K^{(+)}(\Delta u-\lambda)^2-\Delta u\cdot f\tag{3.5.45}$$

因此，当 $K^{(-)}>K^{(+)}$ 时，杆的参变量变分原理为

$$U=\frac{1}{2}K^{(+)}(\Delta q-\lambda)^2-\Delta u\cdot f,\quad \delta_q U=0$$

$$(K^{(+)}-K^{(-)})\Delta q-K^{(+)}\lambda+\nu=0 \tag{3.5.46}$$

$$\lambda\geqslant 0,\quad \nu\geqslant 0,\quad \lambda\nu=0$$

其中，下标 q 表示只对 Δq 进行变分，而 λ 作为参变量不变分。同理，如果 $K^{(-)}<K^{(+)}$，可类似写出参变量变分原理为

$$U=\frac{1}{2}K^{(+)}(\Delta q+\lambda)^2-\Delta uf,\quad \delta_q U=0$$

$$(K^{(-)}-K^{(+)})\Delta q-K^{(+)}\lambda+\nu=0 \tag{3.5.47}$$

$$\lambda\geqslant 0,\quad \nu\geqslant 0,\quad \lambda\nu=0$$

当然，也可将本构关系写为如下的形式，即

$$\Delta F=K^{(-)}(\Delta u-\lambda) \tag{3.5.48}$$

则当 $K^{(-)}>K^{(+)}$ 时，参变量变分原理为

$$U=\frac{1}{2}K^{(-)}(\Delta q)^2-K^{(-)}\Delta q\lambda-\Delta uf,\quad \delta_q U=0$$

$$(K^{(-)}-K^{(+)})\Delta q-K^{(-)}\lambda+\nu=0 \tag{3.5.49}$$

$$\lambda\geqslant 0,\quad \nu\geqslant 0,\quad \lambda\nu=0$$

而当 $K^{(-)}<K^{(+)}$ 时，参变量变分原理为

$$U=\frac{1}{2}K^{(-)}(\Delta q)^2+K^{(-)}\Delta q\lambda-\Delta uf,\quad \delta_q U=0$$

$$(K^{(+)}-K^{(-)})\Delta q-K^{(-)}\lambda+\nu=0 \tag{3.5.50}$$

$$\lambda\geqslant 0,\quad \nu\geqslant 0,\quad \lambda\nu=0$$

方程(3.5.46)，(3.5.47)，(3.5.49)和(3.5.50)描述的四种参变量变分原理可统一写为

$$U=\frac{1}{2}K(\Delta q)^2-sK\Delta q\lambda-\Delta uf,\quad \delta_q U=0$$

$$s(K-\overline{K})\Delta q-K\lambda+\nu=0 \tag{3.5.51}$$

$$\lambda\geqslant 0,\quad \nu\geqslant 0,\quad \lambda\nu=0$$

其中,如果 $K=K^{(+)}$,则 $\overline{K}=K^{(-)}$;如果 $K=K^{(-)}$,则 $\overline{K}=K^{(+)}$,而

$$s=\text{sign}(K^{(-)}-K^{(+)}) \tag{3.5.52}$$

符号 sign 表示取符号,其定义为

$$\text{sign}(x)=\begin{cases}1, & x>0\\ -1, & x<0\\ 0, & x=0\end{cases} \tag{3.5.53}$$

容易证明方程(3.5.51)和(3.5.52)给出的参变量变分原理与方程(3.5.40)和(3.5.41)给出的平衡方程等价。具体的证明过程见文献[28]。

以上给出的是单根杆的参变量变分原理,将杆组合成桁架时,涉及局部坐标和整体坐标之间的转换。局部坐标和整体坐标之间的关系如图 3-21 所示。

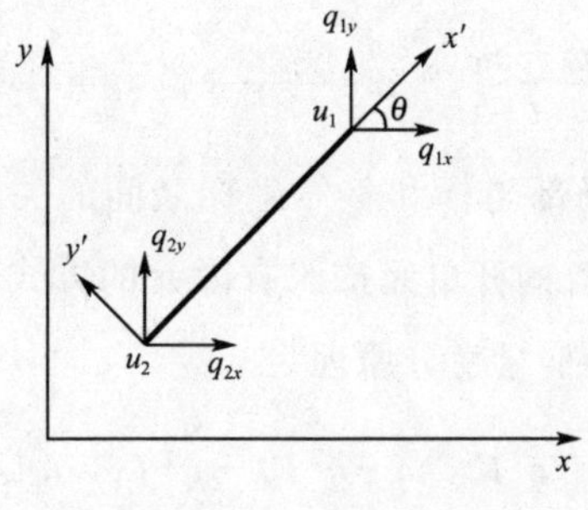

图 3-21 坐标转换

在局部坐标下,有

$$\Delta u=u_2-u_1 \tag{3.5.54}$$

局部坐标与整体坐标下的位移之间的关系为

$$\begin{aligned} u_1&=\cos\theta q_{1x}+\sin\theta q_{1y} \\ u_2&=\cos\theta q_{2x}+\sin\theta q_{2y} \end{aligned} \tag{3.5.55}$$

其中,

$$\cos\theta=\frac{x_2-x_1}{l},\quad \sin\theta=\frac{y_2-y_1}{l} \tag{3.5.56}$$

因此,有

$$\Delta u=\boldsymbol{\Theta q} \tag{3.5.57}$$

其中,

$$\begin{aligned} \boldsymbol{\Theta}&=(-\cos\theta,-\sin\theta,\cos\theta,\sin\theta) \\ \boldsymbol{q}&=\{q_{1x},q_{1y},q_{2x},q_{2y}\}^{\mathrm{T}} \end{aligned} \tag{3.5.58}$$

对于空间结构,转换关系依然是方程(3.5.57),只是

$$\boldsymbol{\Theta}=(-\alpha,-\beta,-\gamma,\alpha,\beta,\gamma) \tag{3.5.59}$$

$$\boldsymbol{q}=\{q_{1x},q_{1y},q_{1z},q_{2x},q_{2y},q_{2z}\}^{\mathrm{T}} \tag{3.5.60}$$

其中,

$$\alpha=\frac{x_2-x_1}{l},\quad \beta=\frac{y_2-y_1}{l},\quad \gamma=\frac{z_2-z_1}{l} \tag{3.5.61}$$

给出位移在局部坐标和整体坐标之间的关系后,即可在总体坐标下,将桁架所有的杆单元按照有限元的方式进行集合,则得到整个桁架结构的参变量变分原理为

$$U=\frac{1}{2}\boldsymbol{q}^{\mathrm{T}}\boldsymbol{K}^{(+)}\boldsymbol{q}-\boldsymbol{q}^{\mathrm{T}}\boldsymbol{F\lambda}-\boldsymbol{q}^{\mathrm{T}}\boldsymbol{f},\quad \delta_{\boldsymbol{q}}U=0 \tag{3.5.62}$$

$$\boldsymbol{v}-\boldsymbol{A\lambda}-\boldsymbol{Bq}=\boldsymbol{0},\quad \lambda_i\nu_i=0,\quad \nu_i\geqslant 0,\quad \lambda_i\geqslant 0 \tag{3.5.63}$$

其中,

$$\boldsymbol{K}^{(+)} = \sum_{i=1}^{N_e} K_i^{(+)} \boldsymbol{\Theta}_i^{\mathrm{T}} \boldsymbol{\Theta}_i, \quad \boldsymbol{F} = \sum_{i=1}^{N_e} s_i K_i^{(+)} \boldsymbol{\Theta}_i^{\mathrm{T}}$$
$$\boldsymbol{A} = \mathrm{diag}(K_i^{(+)}), \quad \boldsymbol{B} = -\sum_{i=1}^{N_e} s_i (K_i^{(+)} - K_i^{(-)}) \boldsymbol{\Theta}_i \tag{3.5.64}$$

其中,N_e 表示杆单元的数量。

下面考虑动力学问题。本书考虑的是无阻尼系统,因此动力学方程可通过 Euler-Lagrange 方程给出。Lagrange 函数 L 的定义为

$$L = T - U \tag{3.5.65}$$

其中,T 和 U 分别表示动能和势能。上文已经给出了拉压刚度不同杆的势能 U,而动能 T 为

$$T = \frac{1}{2} \dot{\boldsymbol{q}}^{\mathrm{T}} \boldsymbol{M} \dot{\boldsymbol{q}}^2 \tag{3.5.66}$$

其中,$\boldsymbol{M}$ 是质量矩阵。因此有

$$L = \frac{1}{2} \dot{\boldsymbol{q}}^{\mathrm{T}} \boldsymbol{M} \dot{\boldsymbol{q}} - \frac{1}{2} \boldsymbol{q}^{\mathrm{T}} \boldsymbol{K}^{(+)} \boldsymbol{q} + \boldsymbol{q}^{\mathrm{T}} \boldsymbol{F} \boldsymbol{\lambda} + \boldsymbol{q}^{\mathrm{T}} \boldsymbol{f} \tag{3.5.67}$$

则动力学方程可由 Hamilton 变分原理给出,即

$$S = \int_0^t L(\boldsymbol{q}, \dot{\boldsymbol{q}}; \boldsymbol{\lambda}) \mathrm{d}t, \quad \delta_q S = 0 \tag{3.5.68}$$

变分后可给出动力学运动方程为

$$\boldsymbol{M} \ddot{\boldsymbol{q}} + \boldsymbol{K}^{(+)} \boldsymbol{q} - \boldsymbol{F} \boldsymbol{\lambda} - \boldsymbol{f} = \boldsymbol{0} \tag{3.5.69}$$

当然,动力学方程还受互补条件约束,即方程(3.5.63)。

3.5.2.2 保辛方法

动力系统积分时,选取一个时间步长 η,于是得到一系列同步

长的时刻

$$t_0=0,\quad t_1=\eta,\quad \cdots,\quad t_k=k\eta,\quad \cdots \tag{3.5.70}$$

在一个典型的积分步长 $t\in[t_{k-1},t_k]$ 内，将位移 $\boldsymbol{q}(t)$、参变量 $\boldsymbol{\lambda}(t)$ 和外力 $\boldsymbol{f}(t)$ 用线性函数近似，即

$$\begin{aligned}
&\boldsymbol{q}(t)=\left(1-\frac{t}{\eta}\right)\boldsymbol{q}_0+\frac{t}{\eta}\boldsymbol{q}_1,\quad \boldsymbol{q}_0=\boldsymbol{q}(t_{k-1}),\quad \boldsymbol{q}_1=\boldsymbol{q}(t_k)\\
&\boldsymbol{\lambda}(t)=\left(1-\frac{t}{\eta}\right)\boldsymbol{\lambda}_0+\frac{t}{\eta}\boldsymbol{\lambda}_1,\quad \boldsymbol{\lambda}_0=\boldsymbol{\lambda}(t_{k-1}),\quad \boldsymbol{\lambda}_1=\boldsymbol{\lambda}(t_k)\\
&\boldsymbol{f}(t)=\left(1-\frac{t}{\eta}\right)\boldsymbol{f}_0+\frac{t}{\eta}\boldsymbol{f}_1,\quad \boldsymbol{f}_0=\boldsymbol{f}(t_{k-1}),\quad \boldsymbol{f}_1=\boldsymbol{f}(t_k)
\end{aligned} \tag{3.5.71}$$

将它们代入方程(3.5.68)中的作用量 S，并积分得到近似作用量为

$$\begin{aligned}
S=&\frac{1}{2}(\boldsymbol{q}_0^{\mathrm{T}}\boldsymbol{K}_{00}\boldsymbol{q}_0+2\boldsymbol{q}_0^{\mathrm{T}}\boldsymbol{K}_{01}\boldsymbol{q}_1+\boldsymbol{q}_1^{\mathrm{T}}\boldsymbol{K}_{00}\boldsymbol{q}_1)+\\
&\frac{\eta}{6}\boldsymbol{F}(2\boldsymbol{q}_0^{\mathrm{T}}\boldsymbol{\lambda}_0+\boldsymbol{q}_0^{\mathrm{T}}\boldsymbol{\lambda}_1+\boldsymbol{q}_1^{\mathrm{T}}\boldsymbol{\lambda}_0+2\boldsymbol{q}_1^{\mathrm{T}}\boldsymbol{\lambda}_1)+\\
&\frac{\eta}{6}(2\boldsymbol{q}_0^{\mathrm{T}}\boldsymbol{f}_0+\boldsymbol{q}_0^{\mathrm{T}}\boldsymbol{f}_1+\boldsymbol{q}_1^{\mathrm{T}}\boldsymbol{f}_0+2\boldsymbol{q}_1^{\mathrm{T}}\boldsymbol{f}_1)
\end{aligned} \tag{3.5.72}$$

其中，

$$\boldsymbol{K}_{00}=\frac{1}{\eta}\boldsymbol{M}-\frac{\eta}{3}\boldsymbol{K}^{(+)},\quad \boldsymbol{K}_{01}=-\frac{1}{\eta}\boldsymbol{M}-\frac{\eta}{6}\boldsymbol{K}^{(+)} \tag{3.5.73}$$

根据离散 Hamilton 正则方程

$$\boldsymbol{p}_0=-\frac{\partial S}{\partial \boldsymbol{q}_0},\quad \boldsymbol{p}_1=\frac{\partial S}{\partial \boldsymbol{q}_1} \tag{3.5.74}$$

并通过方程(3.5.74)可得到

$$\boldsymbol{q}_1=\bar{\boldsymbol{q}}_1-\frac{\eta}{6}\boldsymbol{K}_{01}^{-1}\boldsymbol{F}\boldsymbol{\lambda}_1 \tag{3.5.75}$$

$$\boldsymbol{p}_1=\boldsymbol{K}_{10}\boldsymbol{q}_0+\boldsymbol{K}_{00}\boldsymbol{q}_1+\frac{\eta}{6}(\boldsymbol{F\lambda}_0+2\boldsymbol{F\lambda}_1+\boldsymbol{f}_0+2\boldsymbol{f}_1) \tag{3.5.76}$$

其中，

$$\overline{\boldsymbol{q}}_1=-\boldsymbol{K}_{01}^{-1}\left[\boldsymbol{p}_0+\boldsymbol{K}_{00}\boldsymbol{q}_0+\frac{\eta}{6}(2\boldsymbol{f}_0+\boldsymbol{f}_1)+\frac{\eta}{3}\boldsymbol{F\lambda}_0\right] \tag{3.5.77}$$

将方程(3.5.75)代入互补条件(3.5.63)得到

$$\begin{gathered}\boldsymbol{\nu}-(\boldsymbol{A}-\frac{\eta}{6}\boldsymbol{BK}_{01}^{-1}\boldsymbol{F})\boldsymbol{\lambda}_1=\boldsymbol{B}\overline{\boldsymbol{q}}_1\\ \lambda_{1,i}\nu_i=0,\quad \nu_i\geqslant 0,\quad \lambda_{1,i}\geqslant 0\end{gathered} \tag{3.5.78}$$

求解线性互补问题，可求得 $\boldsymbol{\lambda}_1$，然后根据方程可计算出 $\boldsymbol{q}_1$ 和 $\boldsymbol{p}_1$，从而完成一个时间步的积分。

3.5.2.3 数值算例

算例 1 考虑如图 3-22 所示的系统。质量为 m 的质点连接一个刚度为 k_1 的弹簧，取弹簧自由状态的位置为坐标原点 O，质点的坐标用 q 表示。质点上还系一长度为 l_0 的绳，绳的左端固定于坐标原点 O 处，当绳受拉($|q|-l_0>0$)时刚度为 k_2，受压时刚度为 0。质点所受外力用 $f(t)$ 表示。

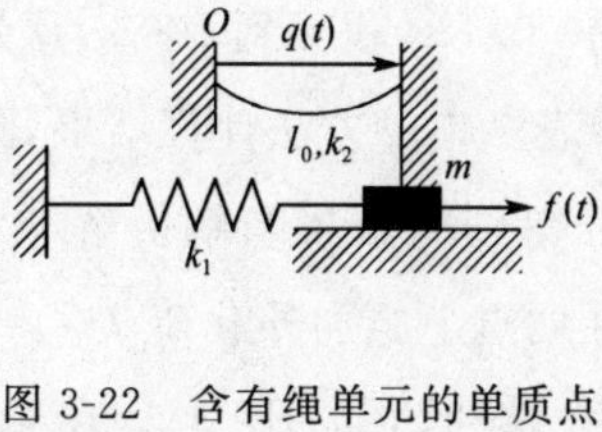

图 3-22 含有绳单元的单质点结构

如果不施加外载荷，此时系统是保守系统，能量守恒。取参数 $m=1.0\ \mathrm{kg}$，$k_1=1.0\ \mathrm{N/m}$，$k_2=3.0\ \mathrm{N/m}$ 和 $l_0=1.0\ \mathrm{m}$；初始条件为 $q(0)=0\ \mathrm{m}$，$p(0)=2.0\ \mathrm{kg\cdot m/s}$。此问题的解析解为周期为

$5\pi/3-\arctan\dfrac{4\sqrt{3}}{11}$的函数。第一个周期内的表达式为

$$q(t)=\begin{cases}2\sin t & 0\leqslant t<t_1\\ \dfrac{1}{4}\cos[2(t-t_1)]+\dfrac{\sqrt{3}}{2}\sin[2(t-t_1)]+\dfrac{3}{4} & t_1\leqslant t<t_2\\ \cos(t-t_2)-\sqrt{3}\sin(t-t_2) & t_2\leqslant t<t_3\\ -\dfrac{1}{4}\cos[2(t-t_3)]-\dfrac{\sqrt{3}}{2}\sin[2(t-t_3)]-\dfrac{3}{4} & t_3\leqslant t<t_4\\ -\cos(t-t_4)+\sqrt{3}\sin(t-t_4) & t_4\leqslant t<t_5\end{cases}$$

其中，

$$t_1=\frac{\pi}{6},\quad t_2=t_1+\alpha$$

$$t_3=t_2+\frac{\pi}{3},\quad t_4=t_3+\alpha$$

$$t_5=5\pi/3-\arctan\frac{4\sqrt{3}}{11}$$

$$\alpha=\frac{\pi}{2}-\frac{1}{2}\arctan\frac{4\sqrt{3}}{11}$$

采用时间步长 $\eta=0.1$ s，积分到 100 s，得到的位移和动量如图 3-23所示，其中，实线表示本书方法计算结果，圆圈表示解析解。可以看到本书方法积分得到的结果与解析解非常吻合，证明了本书方法的正确性。若在质点上施加外载荷 $f(t)=\sin t$(N)，其他参数同上，则积分得到的位移和动量如图 3-24 所示。

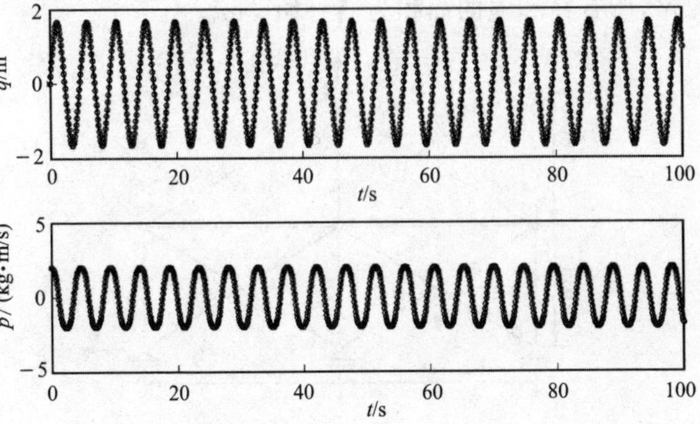

图 3-23　自由振动质点的位移和动量

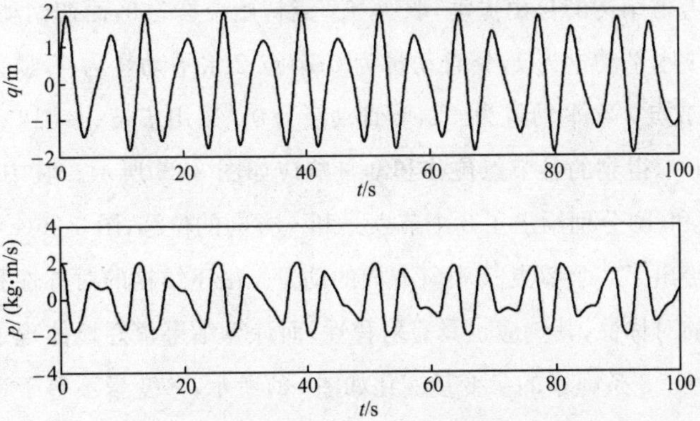

图 3-24　强迫振动质点的位移和动量

算例 2　考虑如图 3-25 所示的桁架结构。图中实线表示拉压模量相同的杆，它们具有相同的杨氏模量和密度，分别为 $E=10^5\ \mathrm{N/m^2}$ 和 $\rho=3\times10^3\ \mathrm{kg/m^3}$。虚线表示绳，即具有拉伸模量，而受压时模量为 0。左右两根斜的绳具有相同拉伸模量 $E=2\times10^5\ \mathrm{N/m^2}$，中间的竖绳拉伸模量 $E=10^5\ \mathrm{N/m^2}$。所有绳的质量忽略，所有杆和绳的面积为 $A=10^{-3}\mathrm{m}^2$。

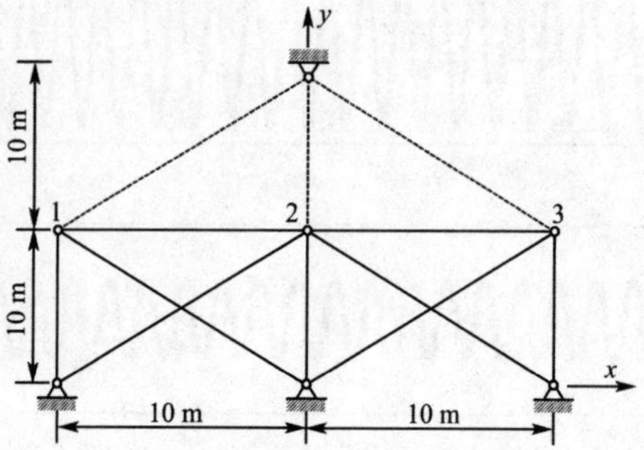

图 3-25　具有绳索单元的桁架结构

考虑结构的自由振动，取所有节点初始位移为 0，而初始动量为：节点 1 水平动量为 1，竖直动量为 0；节点 2 水平动量为 0，竖直动量为 1；节点 3 水平动量为 −1，竖直动量为 0。采用步长 $\eta=0.2$ s，积分到 400 s，得到的各节点位移和动量响应如图 3-26 所示。其中，图 3-26(a)和(b)分别给出了 3 个节点 x 和 y 方向的位移，图 3-26(c)和(d)分别给出了 3 个节点 x 和 y 方向的动量。由于结构的对称性和初始条件的对称性，其响应也具有对称性，而计算结果很好地体现了这种对称性。3 条绳索的参变量变化如图3-27所示，参变量不等于零表示绳索处于松弛状态。

采用步长 $\eta=0.2$ s，积分到 1 000 s，得到的系统能量的相对误差如图 3-28 所示。图 3-28 表明，虽然不保证绝对守恒，但本书方法给出的积分方法不会引入人工阻尼，能量始终在一定范围内变化，这是保辛方法的典型特征。

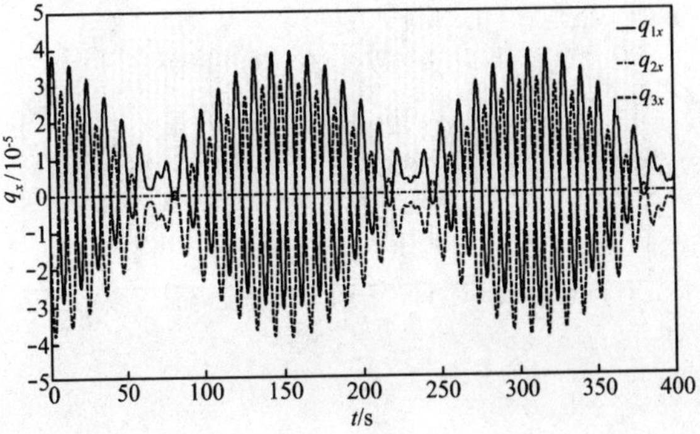

(a)

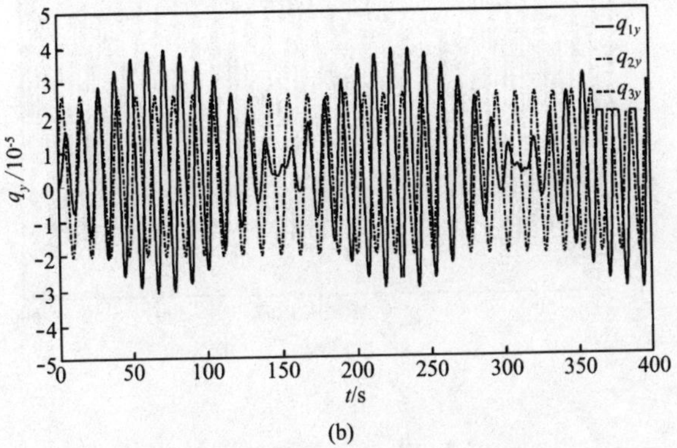

(b)

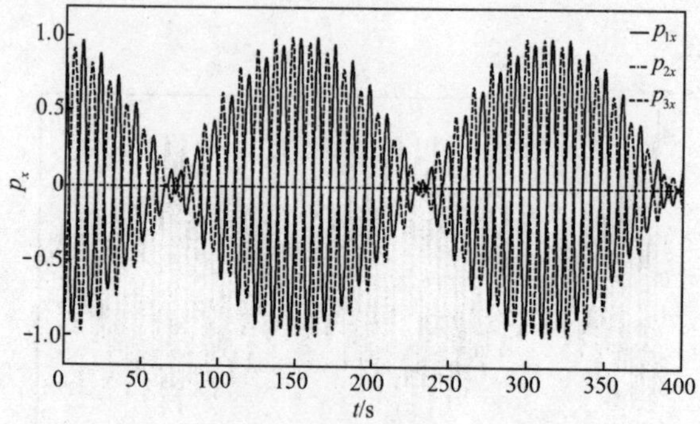

(c)

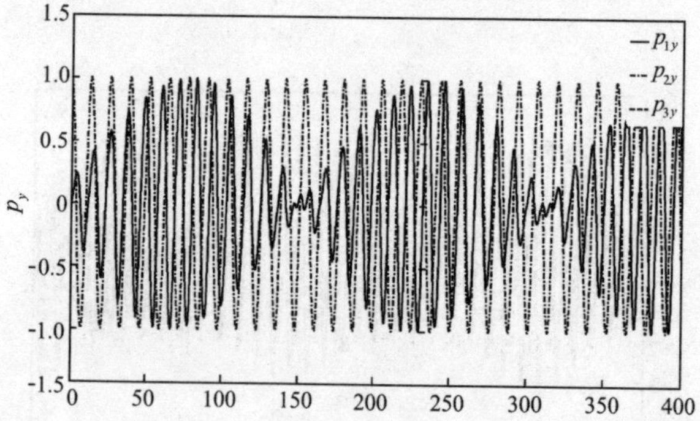

(d)

图 3-26 平面桁架的响应

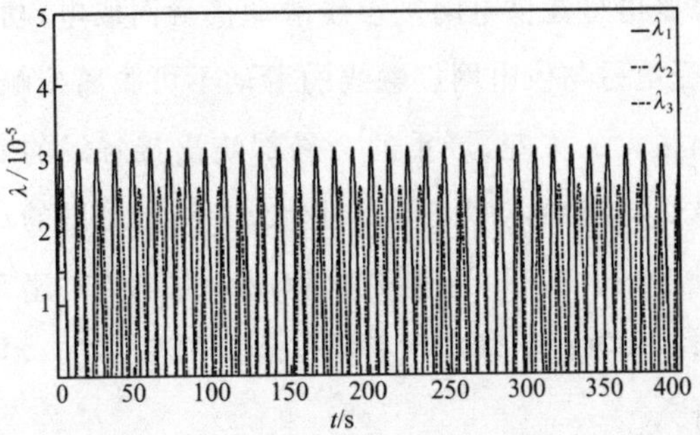

图 3-27 参变量随时间变化

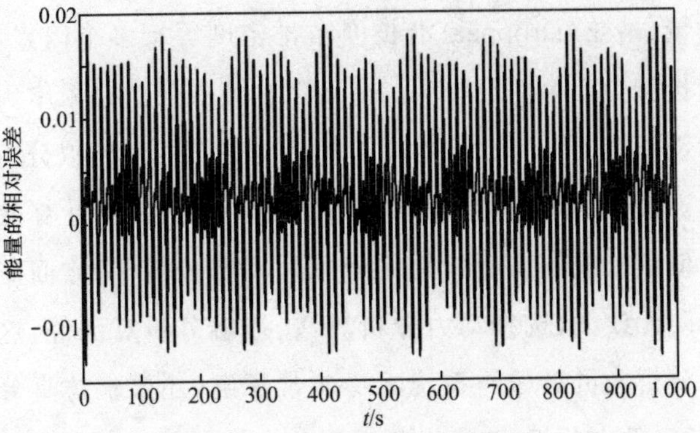

图 3-28 能量的相对误差

第 1 章给出的非线性绳系 2 自由度摆积分，就是用同样一套参变量变分原理与参变量二次规划保辛算法做的。

3.6 高速列车弓网接触的应用

轮轨高速列车的前进，要克服多方面的阻力，动力的提供是关键。要依靠受电弓在供电网接触线滑动接触而取电，功率高，电流大。然而，受电弓与供电网接触线的滑动不可脱离接触，否则突然断电会打出很大的火花，严重的会局部烧出接触线的变形。列车前进速度越高，接触的动力学影响越大。因此，弓网的动力接触分析是不可缺少的。2011 年，科技部有 973 立项“时速 500 公里条件下的高速列车基础力学问题研究”(2011CB711100)，其中包含了弓网关系研究。

影响弓网接触力的因素很多。仅仅从网的角度看，择其要者就有接触线(Contact wire)张力、承力索(Carrier)张力、吊弦刚度、夹子质量、吊弦(Dropper)沿长度布排密度等十多个因素，全部对于弓网接触力发生重要影响。这么多参数如何选择根本无法一一在实际铁路线上试验。于是计算机的动力学接触模拟分析成为必要手段。模拟必须按不同参数选择反复进行，因此计算效率非常重要。使用现成的商业软件进行弓网系统分析，一方面需要人工建立有限元模型，选择动力分析算法、接触分析算法等，这不仅要求仿真分析人员对弓网系统本身非常了解，还要求仿真分析人员在有限元、动力分析、非线性分析和动力接触等方面具有扎实的理论基础。另一方面，通用的商业软件系统面对的是一般工程问题，其模型和算法虽然具有通用性，但不一定适合弓网系统分析，或缺少弓网系统分析所需的关键理论和算法，效率很低，计算很慢。

从动力学角度看，接触是一种约束，非完整约束。其对应的数学方法就是参变量变分原理。弓网耦合系统的一个重要特点是存在接触和弦索结构，其分析难点是接触状态不易确定，弦索结构拉伸和压缩模量不同，体现出强非线性的特征。针对此类问题，采用动力参变量变分原理处理接触和非线性问题，准确判断出受电弓与接触线的接触状态，解决弦索结构拉伸和压缩模量不同导致的非线性问题，可为受电弓和接触网的接触耦合系统的动力性能分析提供理论和方法基础。

列车高速运行情况下，弓网系统振动将体现出很强的波动特性，要得到反映其波动特性的良好数值模拟结果，对动力积分算法提出了新的和更高的要求。针对弓网系统振动分析对积分方法的特殊要求，以精细积分方法为基础，充分利用弓网系统的结构特点，发展高效率和高精度的动力学积分方法，以尽可能精确地反映弓网系统的波动特性，可为模拟高速弓网系统的波动特性提供基础。

弓网耦合系统的示意图如图 3-29 所示。整个接触网通常采用一跨基本结构周期排列而成。一跨简单接触网模型的详细示意图如图 3-30 所示。其跨度为 L，主要由承力索、吊弦和接触线组成。假设承力索的密度、截面积、张力和阻尼系数分别为 ρ_C，A_C，T_C，β_C；接触线的密度、截面积、张力和阻尼系数分别为 ρ_W，A_W，T_W，β_W；每一垮 d 个吊弦，其密度、截面积、杨氏模量、阻尼系数和附加质量分别为 ρ_d，A_d，E_d，β_d，m_s；如图 3-30 所示，吊弦长度用 l_i 表示，吊弦的位置用 L_i 表示。受电弓通常采用如图 3-31 所示的弹簧-阻尼-刚度模型。

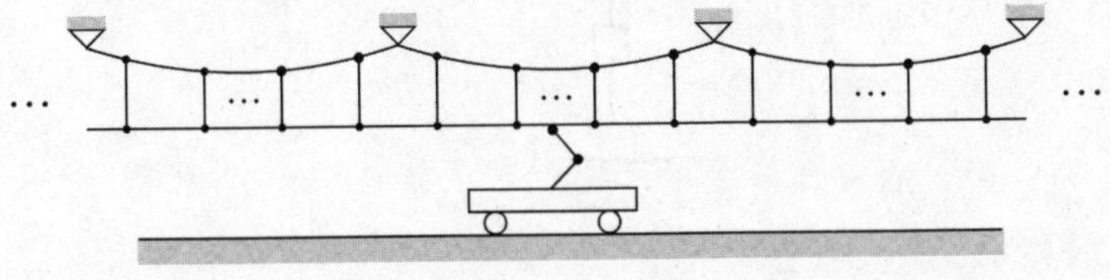

图 3-29　弓网耦合系统的示意图

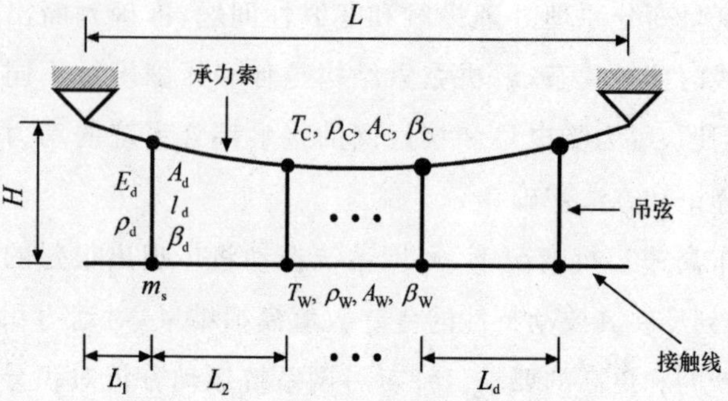

图 3-30　接触网示意图

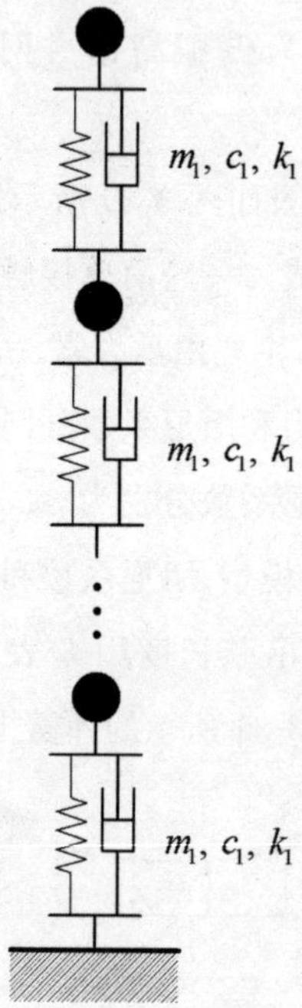

图 3-31　受电弓示意图

理论上接触网是无限延伸的，具有无限多个自由度。但在一定时间内，受电弓和接触网之间的相互作用的能量只能传递有限远，因此可以从接触网中截取足够大的有限跨进行数值模拟。假设截取 N_K 跨接触网。

图 3-32 给出了承力索、吊弦、接触线和受电弓之间的相互作用示意图。由于截取 N_K 跨接触网，并且每一跨中有 d 个吊弦，因此共有 $N_K\times d$ 个吊弦。吊弦与承力索之间的相互作用力为 $f_{c,k}$ $(k=1,2,\cdots,N_K\times d)$，而吊弦与供电接触线之间的相互作用力为 $f_{w,k}$ $(k=1,2,\cdots,N_K\times d)$，受电弓与接触线之间的相互作用力为 λ_P。

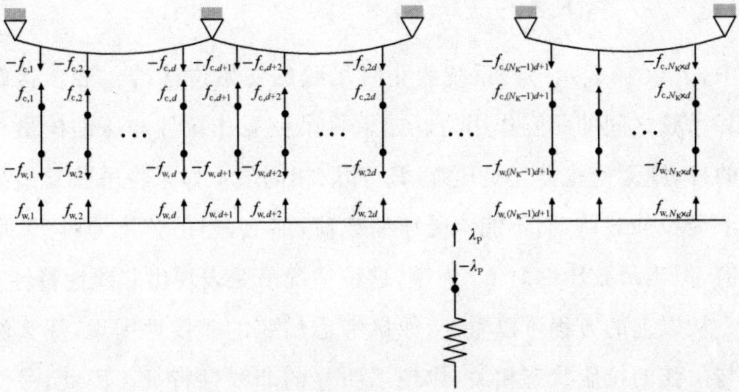

图 3-32 承力索、吊弦、接触线和受电弓之间的相互作用

第 j 跨承力索的方程为

$$T_C C''_j=\rho_C A_C \ddot{C}_j+\beta_C \dot{C}_j-\rho_C A_C \gamma-\sum_{k=1}^{d}\delta(x-x_{(j-1)\times d+k})f_{c,(j-1)\times d+k} \tag{3.6.1}$$

$$C_j(0,x)=C_{j,0}(x),\qquad \dot{C}_j(0,x)=0$$

$$C_j(t,(j-1)\times L)=C_j(t,j\times L)=0$$
$$j=1,2,\cdots,N_K$$

其中，$f_{c,j}$ 表示承力索和吊弦之间的相互作用力；γ 表示重力加速度；L 为一跨长度；$C_{j,0}(x)$ 表示弓网系统静止时承力索的初始位移。

吊弦的方程为

$$\begin{aligned}&E_d A_d d_j''=\rho_d A_d \ddot{d}_j+\beta_d \dot{d}_j-\rho_d A_d \gamma\\&d_j(0,x)=d_{j,0}(x),\quad \dot{d}_j(0,x)=0\\&E_d A_d \frac{\partial d_j}{\partial x}(t,0)=f_{c,j}\\&E_d A_d \frac{\partial d_j}{\partial x}(t,l_j)=-f_{w,j}\end{aligned}\tag{3.6.2}$$

其中，$d_{j,0}(x)$ 表示弓网系统静止时吊弦的初始位移；$f_{w,j}$ 表示接触线和吊弦之间的相互作用力。如果将吊弦看作拉伸和压缩模量相同的杆，则无论拉伸还是压缩，E_d 都取相同值。如果将吊弦看做只能承受拉伸载荷，而不能承受压缩载荷，那么，当吊弦拉伸时 E_d 取正值，但当吊弦压缩时 E_d 为零，这种情况吊弦表现出非线性特性。

从以上的方程可以看到，如果考虑吊弦的非线性因素，那么刚度与吊弦的拉压状态相关，体现了明显的非线性特征。因此，弓网耦合系统仿真的主要任务之一就是能够准确确定吊弦的拉压状态。由于吊弦的数目很多，采用何种方法有效地解决以上问题是一个关键。

接触线的方程为

$$T_W W'' = \rho_W A_W \ddot{W} + \beta_W \dot{W} - \rho_W A_W \gamma + \sum_{j=1}^{N_K \times d} \delta(x - x_j) f_{w,j} + \lambda_P \delta[x - (x_0 + Vt)] \quad (3.6.3)$$

$$W(0,x) = W_0(x), \quad \dot{W}(0,x) = 0$$

$$W(t,0) = W(t,L_W) = H$$

其中，$L_W = N_K L$，N_K 表示模拟时选取的总跨数；$W_0(x)$表示弓网系统静止时接触线的初始位移；x_j 表示第 j 根吊弦的位置；λ_P 表示接触线与受电弓之间的相互作用力；x_0 表示初始时刻受电弓的位置。

受电弓的方程为

$$\boldsymbol{M}_P \ddot{\boldsymbol{y}}_P + \boldsymbol{C}_P \dot{\boldsymbol{y}}_P + \boldsymbol{K}_P \boldsymbol{y}_P = -\begin{Bmatrix} m_{P,1} \\ m_{P,2} \\ \vdots \\ m_{P,N_P} \end{Bmatrix} \gamma - \begin{Bmatrix} 1 \\ 0 \\ \vdots \\ 0 \end{Bmatrix} \lambda_P \quad (3.6.4)$$

如果受电弓与接触网接触，则 $\lambda_P > 0$，否则 $\lambda_P = 0$。

受电弓和接触网之间的接触状态，即受电弓和接触线是接触还是脱离，以及它们之间接触力 λ_P 的大小，是弓网系统分析的核心问题。受电弓和接触线之间的相互作用是典型的动力接触问题。

在高速情况和长时间数值模拟情况下，为了得到更精细的仿真结果，常常需要截取很多的跨数，即 N_K 很大，如果采用有限元方法离散接触线，则其自由度数目非常大。因此，为了精确高效地进行数值仿真，必须发展有效的动力学积分方法。

通过弓网系统模型的分析，网系耦合系统动态分析的关键问题是：准确模拟弓网耦合系统中的接触问题和弦索结构非线性行为，建立能够反映接触网波动特性的数值计算方法。

前面建立的拉压刚度不同桁架的动力参变量变分原理正好可处理非线性吊弦、受电弓和接触网之间的接触问题。我们以精细积分方法为基础,利用周期结构的特点,发展了高效率和高精度的动力学积分方法。此方法可用于弓网系统振动分析对积分方法的特殊要求,尽可能精确地反映弓网系统的波动特性,为模拟高速弓网系统的波动特性提供基础。

以京沪线和 sss400+型受电弓为基础进行数值仿真分析。图 3-33～3-35 分别给出了当速度为 300 km/h、320 km/h和 350 km/h时,接触力最大值、最小值和标准差随接触线张力变化的仿真结果。

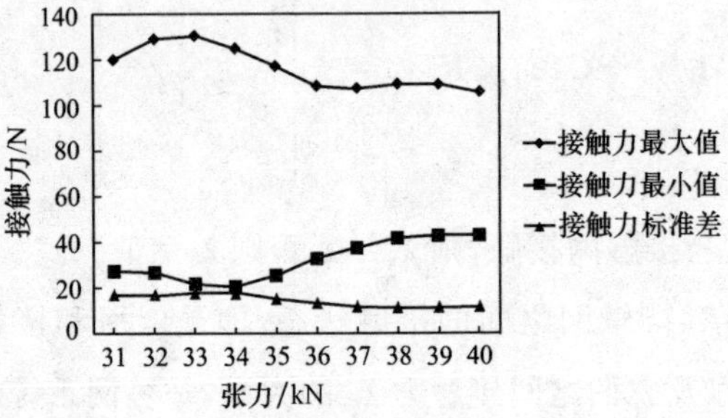

图 3-33　速度 300 km/h,弓网最大、最小接触力和接触力标准差随接触线张力变化

按 973 立项(2011CB711100)标题本是“时速 500 公里…”,这里只提供了上述 3 种速度的数值模拟结果。因为 350 km/h的速度在武广线与京津线上已经安全商业运行了一段时间,虽然现在下令减速运行了,不做数值模拟仍未免可惜。既然已经有了计算机模拟程序,再试探更高速度的模拟也是可以的。当然,要有满意结

果需要很大的计算量;再说,还应当有相关的线路实验。仅仅依靠计算机模拟,是不能做好的,提供结果也是不慎重的。既然现在铁路系统已经决定降速,那就没必要再做虚功了。

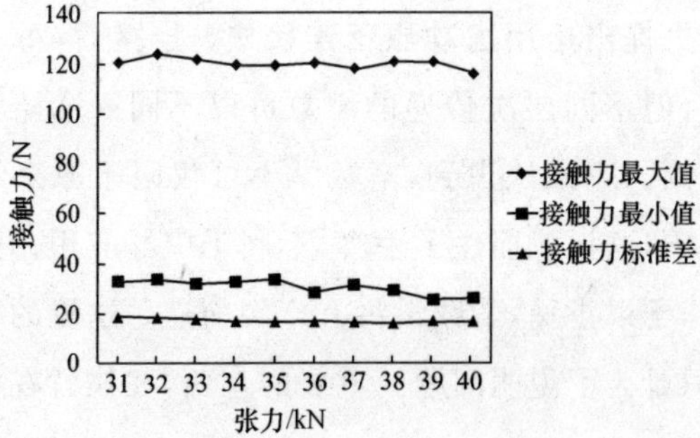

图 3-34 速度 320 km/h,弓网最大、最小接触力和接触力标准差随接触线张力变化

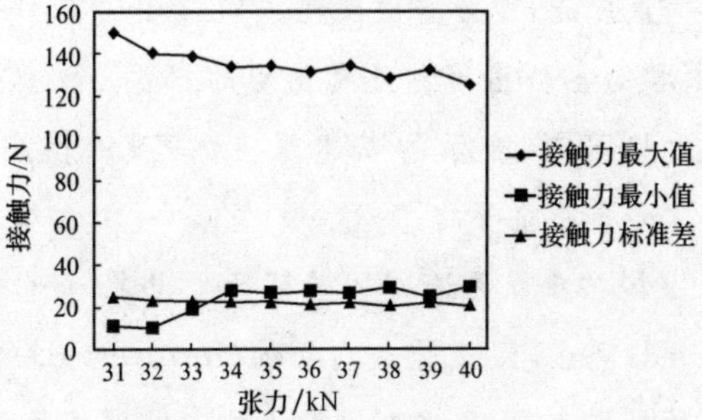

图 3-35 速度 350 km/h,弓网最大、最小接触力和接触力标准差随接触线张力变化

3.7 结　语

辛数学有其局限性，对于推广应用不利。辛数学先天就有传递时恒定维数 n 的要求，不能适应广泛的双曲型偏微分方程的离散求解。本书提出运用**虚功原理连接法**。连接后，每一次传递仍然可以保辛，但不同层次传递的维数可以不同。这样就扩展了保辛传递的范围。应该认识到，辛数学不可仅限于原来纯数学定义的**辛几何**范围，这样就捆住了手脚，不利于广泛应用；开阔眼界，结合实际需求，予以扩展，辛数学将有广阔前途。这里的举例是最简单的问题，只是为了说明问题。重要的东西，往往就在简单的问题之中。

Atiyah说："重要的东西常常不是技术上最困难的即最难证明的东西，而常常是较为初等的部分。因为这些部分与其他领域、分支的相互作用最广泛，即影响面最大。""在群论中有许多极端重要的，并且在数学的各个角落到处都出现的东西。这些是较为初等的东西：群及其同态，表示的基本观点、一般的性质、一般的方法——这些才是真正重要的。"

Atiyah又说："希望更透彻的理解产生出来……，他们从外倾的(extroverted)观点，而不是从内倾的(introverted)观点来看群。……从外面的世界去看，则你可借助于外来世界里所有的东西，这样你就得到一个强有力得多的理解。……通过群是在一些自然背景中(作为变换群)产生的事实，人们应该能证明关于群的深刻的定理，"讲得真好。

辛数学其实是**变分法的进一步发展**的一部分，但提供了良好的基本框架，然而恒定的维数 n 是其限制。按课题的需要，应当让不同维数的辛传递矩阵共同发挥作用。于是在不同维数的辛传递矩阵群之间一定要互相衔接。考虑到运用保辛数值方法的意图，本来是期望达到能量保守。按**变分法进一步发展**的思路，本书提出了运用虚功原理的连接方案。数值例题验证表明，虚功原理的方案得到的数值结果能够达到满意的程度。虽然本书选择的例题只是最简单的波动方程的离散，但其**虚功原理与能量保守是一致的，其基本思路就属于变分法的进一步发展**，相信是广泛适用的。从传递辛矩阵群的外部看问题，在同一个时间层面用虚功原理扩充修补了其恒定维数的限制。然后，时间层面的推进仍然可以用传递辛矩阵群，成为分段的不同维数的传递辛矩阵群，像体育的接力棒。既然能保证能量守恒，不是蛮好吗。

参变量变分原理可适应接触等边界待定以及塑性等问题。在航空航天、机械工程、纳米力学等与物理交叉的课题中有很大优势。参变量变分原理与保辛摄动等方法一起使用，对于非线性动力学与控制的求解，是有力的工具。

辛数学是数学的一个部分。单纯用辛数学是不能满意地解决全部问题的。一定要结合多种学科共同作用解决问题。许多数学家一再指出**数学的统一性**。Hilbert 说："我认为数学科学是一个不可分割的有机整体，它的生命力正是在于各个部分之间的联系。"

Atiyah 有一系列论述："在不同现象中找出类同之处，并发展技术来发掘这种类同之处是研究物理世界的基本的数学方法，""数学的统一性与简单性都是极为重要的。因为数学的目的，就是用简单而基本的词汇去尽可能多地解释世界。""坚信物理提供了数学在某种意义上最深刻的应用。……物理是很不简单的,它是非常数学的,物理的洞察力与数学方法的结合。""真正深刻的问题仍然在物理科学中。为了数学研究的健康,我认为尽可能保持这种联系是非常重要的。"并且引用 Poincaré 的论述:"数学中的结论将向我们揭示其他事实间意想不到的亲缘关系,虽然人们早已知道这些事实,但一直错以为它们互不相干。"

绝不可将计算科学排除在数学之外。这是当今数学的大发展,可联系科学多方面,并发挥作用的主要纽带。为什么不要呢?

辛破茧意味着要摆脱传统的纯数学**辛几何**的公理系统,走出自己的路子来。**"行成于思,毁于随"**,中国古人的话是很有道理的。

4

界带与时滞

这部分是面对局限性 4 的。迄今讨论的课题，弹性本构关系或动力惯性、控制反馈等方面的响应全部是瞬时的。然而，质量速度$\dot{q}$造成的动量是 $p=m\dot{q}$，表明动量与速度的关系是瞬时的，容易理解。弹性性质则不一定全部是瞬时响应的，工程中常常要面对黏弹性材料，它就不是瞬时响应的。黏弹性往往是有能量耗散的。然而弹性本身也可以有时滞，即发生变形后并不立即产生全部弹性力，而是在一定时间里，例如在 t_d 时间内，将弹性力全部体现出来。面对这样的弹性时滞 t_d，其动力学微分方程应予以描述。在现代控制理论下，需要用反馈输入向量 $\boldsymbol{u}(t)$来实行控制。控制前先要用滤波估计当前状态，再计算反馈向量，然后通过作动器操作，也有**时滞**。所以说，时滞现象是实际存在的。其对应的动力学微分-方程怎样求解，是要认真考虑的。微分-积分方程一般总要进行离散数值求解。通常的时滞微分方程有文献[29～32]考虑过。但现在要考虑**保守**的时滞系统，依然要进一步建立理论与算法。

必须清楚,今天已经是信息时代,仅仅停留在微分-积分方程而不加以数值求解是不能令人满意的。

提到时滞微分方程问题,是动力学。从分析动力学与分析结构力学的模拟关系考虑,应当有结构力学的对应问题。这就是**界带**(Inter-belt)理论[33]。界带理论是直接从离散系统切入的。模拟关系表明,可以先从结构力学的界带理论分析开始,然后再转移到动力学的时滞问题。毕竟结构静力学的分析容易理解些,所以以下先讲。

感谢姚征博士在本章介绍内容方面的许多工作。

4.1 结构力学的界带分析[33,34]

有限元理论通常认为单元与外界的连接是其界面上的位移。延伸到子结构分析,其对外界的连接也是通过其界面,界面是没有厚度的。这类理论适用于二阶偏微分方程的有限元分析,因为它只要求插值函数的 C^0 连续性。四阶偏微分方程的板弯曲,需要 C^1 连续性,界面分析就会发生困难。但如采用界带的方法进行分析,则困难就会迎刃而解。以下就固体的量子理论方面讲述。量子理论讲究能量本征值,因此是在**频域**讲述求解的。

4.1.1 结构力学的界带理论与能带分析

固体的量子理论常常使用紧束缚理论(Tight binding theory),采用的假定是原子只与其最临近的原子发生能量交互。现用最简单的一维单原子链讲述,晶格本身的振动分析也采用雷同模型。一维单原子链的晶格在平衡时相邻原子的距离为 a(图 4-1),

在格点上有质量为 m 的相同原子，顺次编号为 $j=\cdots,-1,0,1,2,\cdots$。选择沿链的方向为坐标 x，原子限定只能于 x 方向运动，位移为 q_j。紧相邻原子间有相同弹簧连接，弹簧常数 k，弹簧力 $k(q_{j+1}-q_j)$。[35,36]

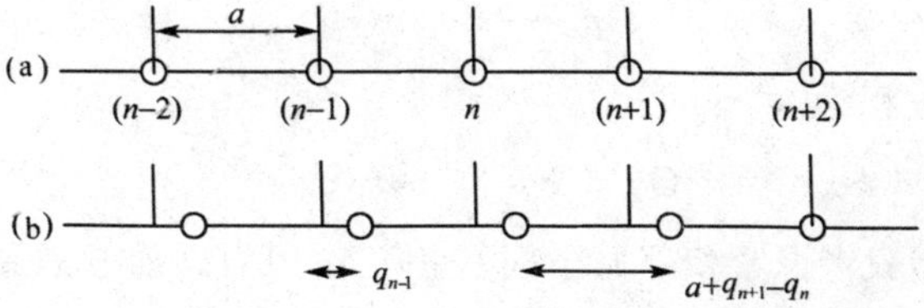

图 4-1　一维单原子链

弹性变形能 U 与动能 T 分别为

$$U=\sum_j k(q_j-q_{j-1})^2/2$$
$$T=\sum_j m\dot{q}_j^2/2 \tag{4.1.1}$$

其中，采用频域表示 $q_j(t)=q_j\exp(-\mathrm{i}\omega t)$。频域表示将时间坐标在形式上取消，从而变成用结构力学的方法求解了。

从动力学的变分原理：

$$S=T-U,\quad \delta S=0$$

可导出动力方程：

$$m\ddot{q}_j+k(2q_j-q_{j-1}-q_{j+1})=0$$

变换成频域动力方程：

$$k(2q_j-q_{j-1}-q_{j+1})-m\omega^2 q_j=0 \tag{4.1.2}$$

势能成为

$$U'=\sum_j U_j,\quad U_j=[k(q_j-q_{j-1})^2-m\,\omega^2 q_j^2]/2 \tag{4.1.3}$$

总势能是各段子结构势能 $U_j(q_{j-1},q_j,\omega)$ 之和。对 U_{j+1} 引入位移 q_{j+1} 的对偶变量：

$$p_{j+1}=\partial U_{j+1}/\partial q_{j+1}=(k-m\omega^2)q_{j+1}-kq_j$$

或

$$q_{j+1}=Fq_j+Gp_{j+1} \tag{4.1.4a}$$

其对偶方程为

$$q_{j+1}-kq_jp_j=-Qq_j+Fp_{j+1}[=k(q_{j+1}-q_j)] \tag{4.1.4b}$$

以上模型只考虑紧相邻原子间有相互作用力。如考虑原子 j 与二层(隔层)相邻的原子 $j+2$ 也有能量，则代替式(4.1.1)，变形能成为

$$U=\sum_j[k_1(q_j-q_{j-1})^2+k_2(q_j-q_{j-2})^2]/2 \tag{4.1.5}$$

而动能的算式不变。动力势能(4.1.3)变化为

$$\begin{gathered}U'=\sum_j U_j\\ U_j=[k_1(q_j-q_{j-1})^2+k_2(q_j-q_{j-2})^2-m\omega^2q_j^2]/2\end{gathered} \tag{4.1.6}$$

由此可导出动力方程：

$$m\ddot{q}_j+k_1(2q_j-q_{j-1}-q_{j+1})+k_2(2q_j-q_{j-2}-q_{j+2})=0 \tag{4.1.7}$$

频域动力方程为

$$k_1(2q_j-q_{j-1}-q_{j+1})+k_2(2q_j-q_{j-2}-q_{j+2})-m\omega^2q_j=0 \tag{4.1.8}$$

理论模型(4.1.1)的原子 j 只与 $j-1,j+1$ 有关系，因此其分界面 $j-1,j+1$ 是单层的，故其左、右分界分别是一个面，称为界面。模型(4.1.8)则表示原子 j 与 $j-1,j-2,j+1,j+2$ 也有关系，因此其分界为 $j-1,j-2,j+1,j+2$，它们是多层的，已经不是面，而有一定

宽度，故称为界带。本章要给出有界带时的有效分析方法。

板弯曲是四阶微分方程，从差分的角度看，正相当于两层的界带。采用界带来分析就可解决 C^1 连续性问题。以往企图用界面概念的板弯曲有限元去解决，就出现了困难。以下仍用单原子链为模型，讲述界带分析方法。

4.1.2 界带分析的能量变分法

有限元广泛应用分界面方法，已臻成熟。界带分析不妨借用其方法论，用单原子链问题来阐述。单原子链有子结构逐步积分算法[9]。因模型(4.1.1)只考虑紧相邻原子相互间的势能，其动力势能为(4.1.3)，故适用分界面方法，此时可采用混合能方法。详见文献[7]。

然而，当动力势能改变为(4.1.6)时，分界面的概念已不能直接运用了。因分界面已成为分界带，表现在势能算式中 j 原子与 $j-1,j-2$ 两个原子发生相互势能(当然与 $j+1,j+2$ 原子也有相互势能)，故界带由两层原子组成。基本概念是在界带两侧的原子，没有超越界带的联系。

界带分析仍可利用子结构方法。既然分界带由两个原子组成，则可将原子重新编号，成为…，−1，−0.5，0，0.5，1，1.5，2，…。将界带用整数表示，$j=\cdots,-1,0,1,\cdots$。例如，$j=2$ 的界带包含两个原子：1.5，2(图 4-2)。

界带 $j=1$ 与 $j=2$ 之间可组成一个子结构，其单元有 4 根弹簧

$$k_1:(1\sim1.5),(1.5\sim2);\quad k_2:(0.5\sim1.5),(1\sim2) \tag{4.1.9}$$

界带位移向量

$$\boldsymbol{q}_j=\{q_{j-0.5},q_j\}^{\mathrm{T}} \tag{4.1.10}$$

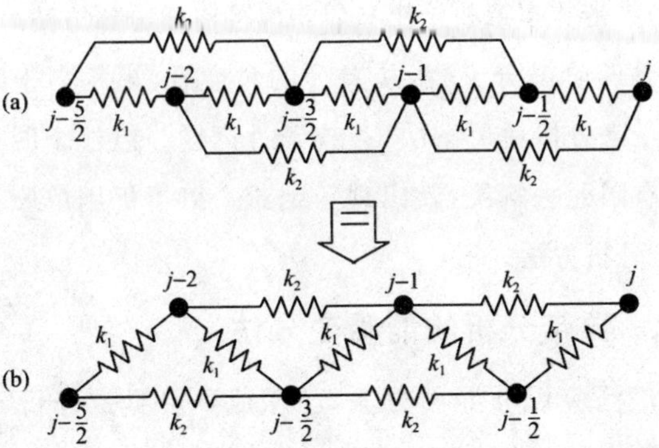

图 4-2　一维原子链的界带结构

结构分析可从势能原理来表达。结构是由单元组合而构成的,故子结构也要以单元的集合来组成。将结构划分为子结构的组合,就是对其结构的单元进行划分,不可重复,也不可缺失。以上子结构的划分在子结构链内部显然可满足此要求。设第 j 号子结构处于 $j-1,j$ 界带之间,变形能为

$$U_j=\frac{1}{2}\begin{Bmatrix}\boldsymbol{q}_{j-1}\\\boldsymbol{q}_j\end{Bmatrix}^{\mathrm{T}}\begin{bmatrix}\boldsymbol{K}_\beta & \boldsymbol{K}_\gamma\\\boldsymbol{K}_\gamma^{\mathrm{T}} & \boldsymbol{K}_\alpha\end{bmatrix}\begin{Bmatrix}\boldsymbol{q}_{j-1}\\\boldsymbol{q}_j\end{Bmatrix}\tag{4.1.11}$$

$$\boldsymbol{K}_\alpha=\begin{bmatrix}2k_1+k_2-m\omega^2 & -k_1\\-k_1 & k_1+k_2-m\omega^2\end{bmatrix}$$

$$\boldsymbol{K}_\beta=\begin{bmatrix}k_2 & 0\\0 & k_2+k_1\end{bmatrix},\quad \boldsymbol{K}_\gamma=\begin{bmatrix}-k_2 & 0\\-k_1 & -k_2\end{bmatrix}\tag{4.1.12}$$

界带位移向量相互间是独立的,因此可独立地变分。界带链 $j_\mathrm{a}\sim j_\mathrm{b}$ 的变形能为

$$U'=\sum_{j=j_\mathrm{a}+1}^{j_\mathrm{b}}U_j\tag{4.1.13}$$

j_a 为左出口界带，j_b 为右出口界带。根据最小势能原理，可导出第 j 号界带的平衡方程：

$$\boldsymbol{K}_\gamma^{\mathrm{T}}\boldsymbol{q}_{j-1}+(\boldsymbol{K}_\beta+\boldsymbol{K}_\alpha)\boldsymbol{q}_j+\boldsymbol{K}_\gamma\boldsymbol{q}_{j+1}=\boldsymbol{0} \tag{4.1.14}$$

根据平衡方程可导出色散关系。

4.1.3 色散关系

单原子链的波的色散(dispersion)关系仍可用辛矩阵本征值问题推导[7]。因采用了界带位移向量，各 $\boldsymbol{q}_j$ 是独立的位移向量(s 维，$s=2$)。用区段变形能引入对偶向量：

$$\begin{aligned}\boldsymbol{p}_j^{(j)}&=\partial U_j/\partial\boldsymbol{q}_j=\boldsymbol{K}_\alpha\boldsymbol{q}_j+\boldsymbol{K}_\gamma^{\mathrm{T}}\boldsymbol{q}_{j-1}\\ \boldsymbol{p}_{j-1}^{(j)}&=-\partial U_j/\partial\boldsymbol{q}_{j-1}=-(\boldsymbol{K}_\beta\boldsymbol{q}_{j-1}+\boldsymbol{K}_\gamma\boldsymbol{q}_j)\end{aligned} \tag{4.1.15}$$

于是平衡方程成为 $\boldsymbol{p}_j^{(j)}=\boldsymbol{p}_j^{(j+1)}(=\boldsymbol{p}_j)$，对偶方程可写成

$$\begin{aligned}&\boldsymbol{q}_j=\boldsymbol{F}\boldsymbol{q}_{j-1}+\boldsymbol{G}\boldsymbol{p}_j,\quad \boldsymbol{p}_{j-1}=-\boldsymbol{Q}\boldsymbol{q}_{j-1}+\boldsymbol{F}^{\mathrm{T}}\boldsymbol{p}_j\\ &\boldsymbol{F}=-\boldsymbol{K}_\alpha^{-1}\boldsymbol{K}_\gamma^{\mathrm{T}},\quad \boldsymbol{G}=\boldsymbol{K}_\alpha^{-1},\quad \boldsymbol{Q}=\boldsymbol{K}_\beta-\boldsymbol{K}_\gamma\boldsymbol{K}_\alpha^{-1}\boldsymbol{K}_\gamma^{\mathrm{T}}\end{aligned} \tag{4.1.16}$$

引入各界带的状态向量：

$$\boldsymbol{v}_j=\{\boldsymbol{q}_j^{\mathrm{T}},\boldsymbol{p}_j^{\mathrm{T}}\}^{\mathrm{T}} \tag{4.1.17}$$

从式(4.1.16)可导出

$$\begin{aligned}&\boldsymbol{v}_j=\boldsymbol{S}\boldsymbol{v}_{j-1},\quad \boldsymbol{S}=\begin{pmatrix}\boldsymbol{S}_{11}&\boldsymbol{S}_{12}\\ \boldsymbol{S}_{21}&\boldsymbol{S}_{22}\end{pmatrix}\\ &\boldsymbol{S}_{11}=\boldsymbol{F}+\boldsymbol{G}\boldsymbol{F}^{-\mathrm{T}}\boldsymbol{Q},\quad \boldsymbol{S}_{12}=\boldsymbol{G}\boldsymbol{F}^{-\mathrm{T}}\\ &\boldsymbol{S}_{21}=\boldsymbol{F}^{-\mathrm{T}}\boldsymbol{Q},\quad \boldsymbol{S}_{22}=\boldsymbol{F}^{-\mathrm{T}}\end{aligned} \tag{4.1.18}$$

矩阵 $\boldsymbol{S}$ 是辛矩阵，容易验证：

$$\boldsymbol{S}^{\mathrm{T}}\boldsymbol{J}\boldsymbol{S}=\boldsymbol{J} \tag{4.1.19}$$

从而状态向量由 $\boldsymbol{v}_{j-1}$ 到 $\boldsymbol{v}_j$ 是正则变换。分离变量给出

$$\boldsymbol{v}_j=\boldsymbol{\psi}\mu^j \tag{4.1.20}$$

$$\boldsymbol{S\psi}=\mu\boldsymbol{\psi} \tag{4.1.21}$$

故 $\mu,\boldsymbol{\psi}$ 是本征值问题(4.1.21)的本征解。辛矩阵的本征值问题有一系列特点。如果 μ 是本征值,则 μ^{-1} 也必是其本征值。因 $\boldsymbol{S}$ 矩阵的 $2s$ 个本征值一定可以区分为两类:

$$(\alpha)\ \mu_i,\mathrm{abs}(\mu_i)<1\ 或\ \mathrm{abs}(\mu_i)=1\wedge \mathrm{Im}(\mu_i)>0;i=1,2,\cdots,s \tag{4.1.22a}$$

$$(\beta)\ \mu_{s+i},\mu_{s+i}=\mu_i^{-1};i=1,2,\cdots,s \tag{4.1.22b}$$

μ_i 与 μ_{s+i} 称为互相辛共轭的本征值。辛矩阵的本征向量有

$$(\mu_{i_1}-\mu_{i_2}^{-1})\boldsymbol{\psi}_{i_1}^{\mathrm{T}}\cdot\boldsymbol{J}\cdot\boldsymbol{\psi}_{i_2}=0 \tag{4.1.23}$$

因此,或者是 $i_1,i_2=s+i_1$ 的两个本征解为辛共轭,此时可以选择常数乘子达到辛归一化;或者必有辛正交关系:

$$\boldsymbol{\psi}_{i_1}^{\mathrm{T}}\cdot\boldsymbol{J}\cdot\boldsymbol{\psi}_{i_2}=\delta_{i_1,i_2-s};\quad i_2=s+i_1 \tag{4.1.24}$$

统称共轭辛正交归一关系。

两端无穷长的原子链的辛矩阵波传播的解必须满足 $|\mu|=1$,方才不会在无穷远处发散。令

$$\mu=\exp(\mathrm{i}\theta) \tag{4.1.25}$$

则二维动力平衡方程为

$$\boldsymbol{K}_\gamma^{\mathrm{T}}\boldsymbol{q}_{j-1}+(\boldsymbol{K}_\beta+\boldsymbol{K}_\alpha)\boldsymbol{q}_j+\boldsymbol{K}_\gamma\boldsymbol{q}_{j+1}=\boldsymbol{0} \tag{4.1.26}$$

这是联立方程,有意义的解给出本征值方程

$$\det[\boldsymbol{K}_\gamma^{\mathrm{T}}\exp(-\mathrm{i}\theta)+(\boldsymbol{K}_\beta+\boldsymbol{K}_\alpha)+\boldsymbol{K}_\gamma\exp(\mathrm{i}\theta)]=0 \tag{4.1.27}$$

即

$$\det\begin{pmatrix}2k_1+2k_2-m\omega^2-2k_2\cos\theta & -k_1-k_1\exp(-\mathrm{i}\theta)\\ -k_1-k_1\exp(\mathrm{i}\theta) & 2k_1+2k_2-m\omega^2-2k_2\cos\theta\end{pmatrix}=0 \tag{4.1.28}$$

求解得

$$m\omega^2=4[k_1\sin^2(\theta/4)+k_2\sin^2(\theta/2)] \tag{4.1.29}$$

应注意,式(4.1.25)所对应的距离是两个原子,即从 $j-1\sim j$,是基本子结构的长度。如果 $k_2=0$,即得 $4k_1\sin^2(\theta/4)=m\omega^2$,就回到紧相邻联系的单原子链的色散公式。因基本子结构的长度是两个原子,故角度 θ 比以前大了一倍,与以前一致。

以下分析不同原子周期链的色散关系。界带分析也可处理不同原子组成的周期链。设上例中 $j+0.5$ 号原子的质量 m' 与 j 号原子不同,弹簧常数则为

$$k_1:(1\sim1.5),(1.5\sim2);\quad k_2:(1\sim2);\quad k_2':(0.5\sim1.5) \tag{4.1.30}$$

界带位移向量仍取式(4.1.10)。结构分析仍从势能原理来考虑,子结构变形能(4.1.11)的子矩阵为

$$\boldsymbol{K}_\alpha=\begin{pmatrix}2k_1+k_2'-m'\omega^2 & -k_1\\ -k_1 & k_1+k_2-m\omega^2\end{pmatrix} \tag{4.1.31}$$

$$\boldsymbol{K}_\beta=\begin{pmatrix}k_2' & 0\\ 0 & k_2+k_1\end{pmatrix},\quad \boldsymbol{K}_\gamma=\begin{pmatrix}-k_2' & 0\\ -k_1 & -k_2\end{pmatrix}$$

重复分离变量的推导,直至式(4.1.27)。

两端无穷长的原子链的辛矩阵波传播的解必须满足 $|\mu|=1$,方才不会在无穷远处发散。令

$$\mu=\exp(\mathrm{i}\theta) \tag{4.1.32}$$

则二维动力平衡方程为

$$\boldsymbol{K}_\gamma^{\mathrm{T}}\boldsymbol{q}_{j-1}+(\boldsymbol{K}_\beta+\boldsymbol{K}_\alpha)\boldsymbol{q}_j+\boldsymbol{K}_\gamma\boldsymbol{q}_{j+1}=\boldsymbol{0} \tag{4.1.33}$$

这是联立方程,有意义的解给出本征值方程:

$$\det[\boldsymbol{K}_\gamma^{\mathrm{T}}\exp(-\mathrm{i}\theta)+(\boldsymbol{K}_\beta+\boldsymbol{K}_\alpha)+\boldsymbol{K}_\gamma\exp(\mathrm{i}\theta)]=0 \qquad (4.1.34)$$

这是周期结构的一个特例。以下介绍子结构界带分析。

4.1.4　子结构界带分析

4.1.2 节中界带链 $j_a \sim j_b$ 的变形能(4.1.13),其实就是子结构拼装的逐步推进。因子结构的选择比较长,两端的界带没有重叠,故通常的子结构消元方法就可运用。

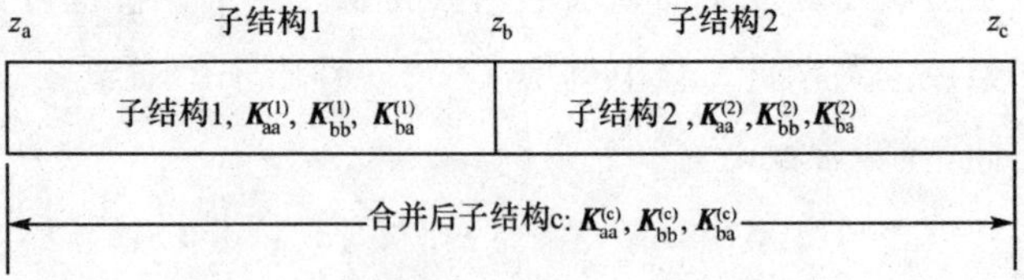

图 4-3　子结构合并

两个基本子结构的组合分析,无非是 $U=U_j+U_{j+1}$。子结构出口位移应由两端的界带位移向量 $\boldsymbol{q}_{j-1}$,$\boldsymbol{q}_{j+1}$ 表达,表达为

$$U=\boldsymbol{q}_{j-1}^{\mathrm{T}}\boldsymbol{K}_{aa}\boldsymbol{q}_{j-1}/2+\boldsymbol{q}_{j+1}^{\mathrm{T}}\boldsymbol{K}_{bb}\boldsymbol{q}_{j+1}/2+\boldsymbol{q}_{j+1}^{\mathrm{T}}\boldsymbol{K}_{ba}\boldsymbol{q}_{j-1} \qquad (4.1.35)$$

其中,子矩阵 $\boldsymbol{K}_{aa}$,$\boldsymbol{K}_{bb}$,$\boldsymbol{K}_{ba}$ 应由子结构合并消元算法生成。因子结构的两侧界带没有公共节点,两个子结构的合并消元算法与通常的子结构算法是一样的。所不同的是,以往的分界面现在成为分界带了。子结构的位移向量应划分为内部与出口向量的部分。而子结构链的出口向量部分又应划分为左界带出口向量与右界带出口向量。式(4.1.9)及(4.1.10)的基本子结构选择,只有界带出口位移,而没有内部位移,故不需要将内部位移消元。当子结构选择较长时,有内部位移,需要将单个子结构执行凝聚算法以消去内部位移,成为只有出口刚度矩阵。而凝聚后的出口刚度矩阵还应按左、右界带加以分块。给出其出口刚度矩阵以及等价外力

$$\boldsymbol{K}=\begin{bmatrix}\boldsymbol{K}_{\mathrm{aa}} & \boldsymbol{K}_{\mathrm{ab}}\\ \boldsymbol{K}_{\mathrm{ba}} & \boldsymbol{K}_{\mathrm{bb}}\end{bmatrix},\quad \boldsymbol{f}=\begin{Bmatrix}\boldsymbol{f}_{\mathrm{a}}\\ \boldsymbol{f}_{\mathrm{b}}\end{Bmatrix} \tag{4.1.36}$$

式(4.1.35)是考虑了两个子结构合并的。左子结构的右界带与右子结构的左界带合并在一起(图 4-3 中的 z_{b}),成为合并后子结构的内部未知数。而左子结构的左界带与右子结构的右界带成为合并后子结构的出口界带。其公式为

$$\begin{aligned}\boldsymbol{K}_{\mathrm{aa}}^{(\mathrm{c})}&=\boldsymbol{K}_{\mathrm{aa}}^{(1)}-\boldsymbol{K}_{\mathrm{ab}}^{(1)}(\boldsymbol{K}_{\mathrm{bb}}^{(1)}+\boldsymbol{K}_{\mathrm{aa}}^{(2)})^{-1}\boldsymbol{K}_{\mathrm{ba}}^{(1)}\\ \boldsymbol{K}_{\mathrm{bb}}^{(\mathrm{c})}&=\boldsymbol{K}_{\mathrm{bb}}^{(2)}-\boldsymbol{K}_{\mathrm{ba}}^{(2)}(\boldsymbol{K}_{\mathrm{bb}}^{(1)}+\boldsymbol{K}_{\mathrm{aa}}^{(2)})^{-1}\boldsymbol{K}_{\mathrm{ab}}^{(2)}\\ \boldsymbol{K}_{\mathrm{ab}}^{(\mathrm{c})}&=-\boldsymbol{K}_{\mathrm{ab}}^{(1)}(\boldsymbol{K}_{\mathrm{bb}}^{(1)}+\boldsymbol{K}_{\mathrm{aa}}^{(2)})^{-1}\boldsymbol{K}_{\mathrm{ab}}^{(2)},\quad \boldsymbol{K}_{\mathrm{ba}}^{(\mathrm{c})}=\boldsymbol{K}_{\mathrm{ab}}^{(\mathrm{c})\mathrm{T}}\end{aligned} \tag{4.1.37}$$

及

$$\begin{aligned}\boldsymbol{f}_{\mathrm{a}}^{(\mathrm{c})}&=\boldsymbol{f}_{\mathrm{a}}^{(1)}-\boldsymbol{K}_{\mathrm{ab}}^{(1)}(\boldsymbol{K}_{\mathrm{bb}}^{(1)}+\boldsymbol{K}_{\mathrm{aa}}^{(2)})^{-1}(\boldsymbol{f}_{\mathrm{a}}^{(2)}+\boldsymbol{f}_{\mathrm{b}}^{(1)})\\ \boldsymbol{f}_{\mathrm{b}}^{(\mathrm{c})}&=\boldsymbol{f}_{\mathrm{b}}^{(2)}-\boldsymbol{K}_{\mathrm{ab}}^{(2)}(\boldsymbol{K}_{\mathrm{bb}}^{(1)}+\boldsymbol{K}_{\mathrm{aa}}^{(2)})^{-1}(\boldsymbol{f}_{\mathrm{a}}^{(2)}+\boldsymbol{f}_{\mathrm{b}}^{(1)})\end{aligned} \tag{4.1.38}$$

这就是相邻子区段合并的消元公式,与通常的一样。[9]

作为结论,界带的子结构分析实际上与通常的子结构分析是并行的。将界带分辨清楚,将子结构划分清楚(子结构由单元组成),就成为子结构的组合分析,从而成为通常的有限元子结构分析。在此需要指出,如果界带有重叠,消元时要注意约束条件。

一定要注意,子结构由单元组成时,不可有重复,也不可有缺失。这是变分原理的基本理论所决定的。

界带结构总要有边界,总得有边界条件。通常,k_2 的数值比 k_1 小得多,因此在无穷长链的色散关系中只是一个小修正。它只在边界附近才有重要性。故界带问题的边界条件提法要考虑。以往二阶微分方程的边界条件只要给出函数的边界值即可。两层的界带就要两个边界条件。而自由表面的边界条件可表达为变分原理

的自然边界条件。

单原子链的自由表面能带分析如下。设半无穷长单原子链的原子编号为 $j=-\infty,\cdots,-1.5,-1,-0.5,0$。$j=-0.5,0$ 站是自由边界。自由边界的条件是外力为零,但本征值问题的条件是在外力为零时求解其频率。既然已有 $U'=\boldsymbol{q}_0^{\mathrm{T}}\boldsymbol{R}(0)\boldsymbol{q}_0/2$,其中,$\boldsymbol{R}(0)$ 是端部刚度矩阵,则外力边界条件为 $\boldsymbol{R}(0)\cdot\boldsymbol{q}_0=\boldsymbol{0}$,从而必要条件是

$$\det(\boldsymbol{R}(0))=0 \tag{4.1.39}$$

注意,$\boldsymbol{R}(0)$ 是频率 ω^2 的函数,故这是对 ω^2 的本征值超越方程。应注意,向量 $\boldsymbol{q}_0$ 代表两个原子的位移,$j=0$ 与 $j=-0.5$。当出现表面或杂质时,会面临禁带中的本征值分析,情况变得更为复杂,需进一步深入考虑。

4.1.5 不同原子组成周期链的数值分析

设原子链基本周期由三个原子所组成,如图 4-4 所示。原子质量顺次按照 $(m_1,m_2,m_3),(m_1,m_2,m_3),\cdots$ 周期性排列,原子间距离为 a。相邻原子间由刚度 k_1 的弹簧连接,而刚度 k_2 的弹簧则联系距离为 $2a$ 的相隔原子。这样构成了线性的无穷长周期链。现在要寻求其能带结构。

将 m_1 置于 $z=\cdots,0,3a,6a,\cdots$ 处,节点编号为 $j=\cdots,0,3,6,\cdots$。基本子结构的元件为

$$k_1:(0\sim1),(1\sim2),(2\sim3);\quad k_2:(0\sim2),(1\sim3),(2\sim4) \tag{4.1.40}$$

相关的节点位移为 $q_0\sim q_4$。其左邻子结构的元件为

$$k_1:(-3\sim-2),(-2\sim-1),(-1\sim0)$$

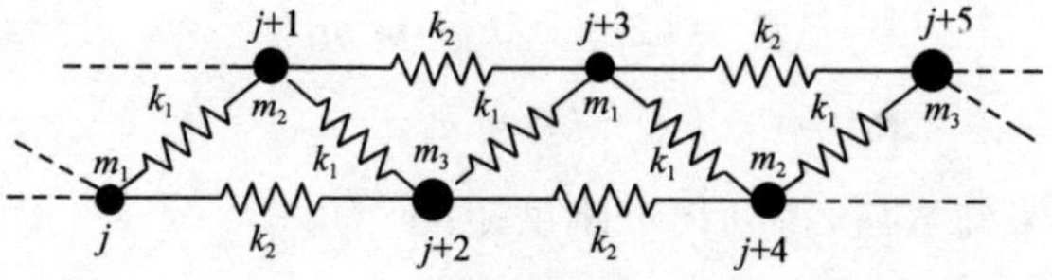

(a)界带结构

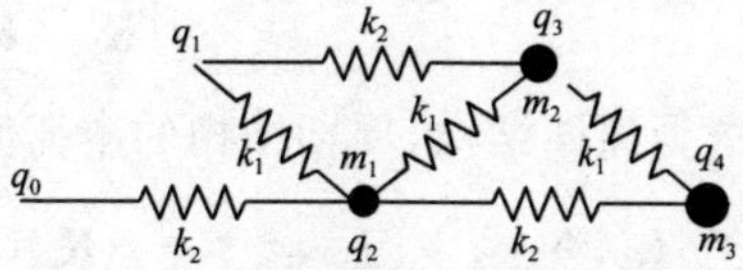

(b)基本子结构

图 4-4 一维三原子链的界带结构及其基本子结构

$$k_2:(-3\sim-1),(-2\sim0),(-1\sim1)$$

节点位移 q_0,q_1 是与基本子结构共有的,因此 q_0,q_1 是基本子结构的左界带。其右邻子结构的元件为

$$k_1:(3\sim4),(4\sim5),(5\sim6);\quad k_2:(3\sim5),(4\sim6),(5\sim7)$$

故 q_3,q_4 是基本子结构的右界带。从而 q_2 不再与外界相连,故是基本子结构的内部位移,应当由基本子结构本身实行消元。

首先写出基本子结构的动力刚度矩阵,并按对应的内部与出口位移进行分块:

$$\boldsymbol{R}=\begin{pmatrix}\boldsymbol{R}_{\mathrm{ii}} & \boldsymbol{R}_{\mathrm{io}}\\ \boldsymbol{R}_{\mathrm{oi}} & \boldsymbol{R}_{\mathrm{oo}}\end{pmatrix} \tag{4.1.41}$$

其中,下标 i 表示内部,o 表示出口。

$$\boldsymbol{R}_{\mathrm{oo}}=\begin{pmatrix}k_2 & 0 & 0 & 0\\ 0 & k_1+k_2 & -k_2 & 0\\ 0 & -k_2 & 2k_1+k_2-\omega^2 m_2 & -k_1\\ 0 & 0 & -k_1 & k_1+k_2-\omega^2 m_3\end{pmatrix}$$

$$\boldsymbol{R}_{\text{ii}}=(2k_1+2k_2-\omega^2 m_1) \tag{4.1.42}$$

$$\boldsymbol{R}_{\text{io}}=(-k_2,-k_1,-k_1,-k_2)=\boldsymbol{R}_{\text{oi}}^{\text{T}}$$

消去内部未知数后，得到出口刚度矩阵

$$\boldsymbol{R}_{\text{oo}}'=\boldsymbol{R}_{\text{oo}}-\boldsymbol{R}_{\text{oi}}\boldsymbol{R}_{\text{ii}}^{-1}\boldsymbol{R}_{\text{io}}=\begin{bmatrix}\boldsymbol{K}_\beta & \boldsymbol{K}_\gamma\\ \boldsymbol{K}_\gamma^{\text{T}} & \boldsymbol{K}_\alpha\end{bmatrix} \tag{4.1.43}$$

该无限长原子链为周期结构，周期结构的本征值计数为[1]

$$\begin{aligned}J_{mi}(\omega_\#^2) &= \sum_{\text{subs.}} J_i(\omega_\#^2)+s\{\boldsymbol{K}_{\text{qq}}(\omega_\#^2)\}\\ &= s\{R_{\text{ii}}(\omega_\#^2)\}+s\{\boldsymbol{K}_{\text{qq}}(\omega_\#^2)\}\end{aligned} \tag{4.1.44}$$

其中，

$$\boldsymbol{K}_{\text{qq}}(\omega)=\exp(-\text{i}\theta)\boldsymbol{K}_\gamma^{\text{T}}+(\boldsymbol{K}_\beta+\boldsymbol{K}_\alpha)+\exp(\text{i}\theta)\boldsymbol{K}_\gamma \tag{4.1.45}$$

给定不同的 θ(即确定简约波矢)，可以利用 Wittrick-Williams 算法[1]求得全部的本征值。图 4-5 为该一维多原子链的能带图。

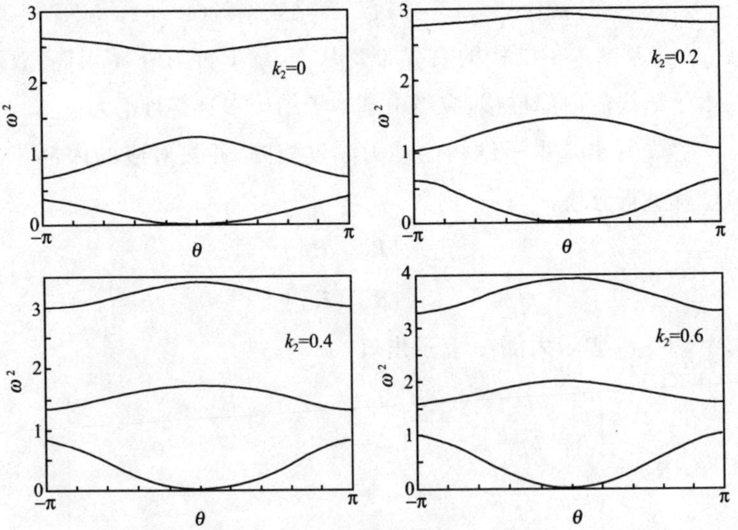

图 4-5　一维多原子链的能带图

当 $k_2=0$ 时，结构就退化为普通的界面结构一维原子链，能带图也与界面结构的能带图完全一致。从图 4-5 中可以看出，随着 k_2 的增大，结构的最高能带对应的能量也相应提升。

4.1.6 无限长多排原子链组合的情况

选取三排等距平行的无限长原子链进行界带分析，如图 4-6 所示。其基本子结构如图 4-7 所示。$a_1 \sim a_6$ 为左出口位移，构成左界带；$b_1 \sim b_6$ 为右出口位移，构成右界带。

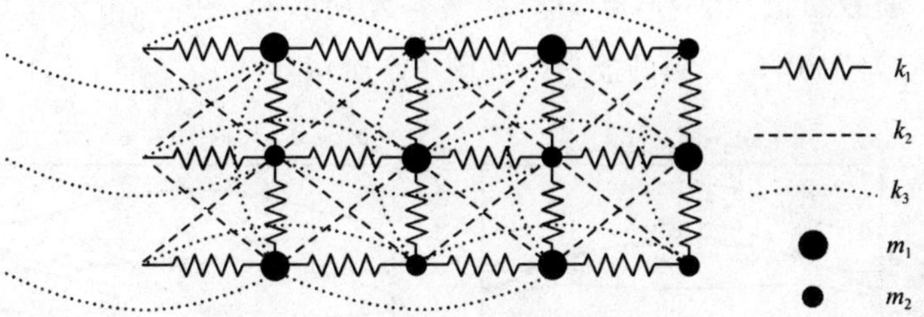

图 4-6　无限长多排原子链的界带结构

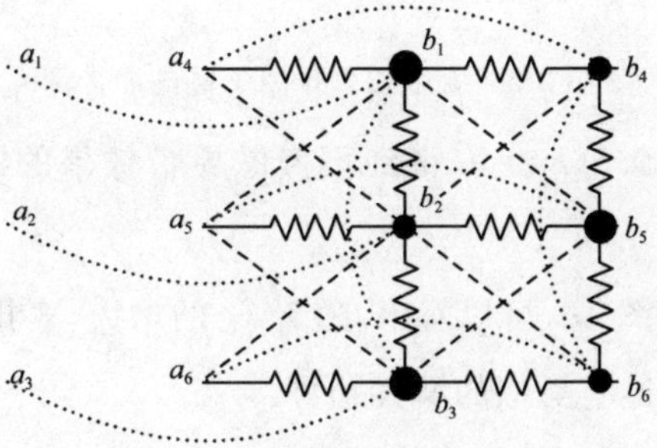

图 4-7　无限长多排原子链的基本子结构

由于没有内部位移，可以得到出口刚度矩阵，并按左右出口位

移进行分块

$$\boldsymbol{R}=\boldsymbol{K}_{\mathrm{nn}}-\omega^2\boldsymbol{M}_{\mathrm{nn}}=\begin{bmatrix}\boldsymbol{K}_\beta & \boldsymbol{K}_\gamma \\ \boldsymbol{K}_\gamma^{\mathrm{T}} & \boldsymbol{K}_\alpha\end{bmatrix} \tag{4.1.46}$$

无限长多排原子链也是周期结构,可以利用周期的 W-W 算法进行计算

$$\boldsymbol{K}_{\mathrm{H}}(\omega^2)=\exp(-\mathrm{i}\theta)\boldsymbol{K}_\gamma^{\mathrm{T}}+(\boldsymbol{K}_\beta+\boldsymbol{K}_\alpha)+\exp(\mathrm{i}\theta)\boldsymbol{K}_\gamma \tag{4.1.47}$$

$$J_{\mathrm{E\text{-}B}}(\omega_{\#}^2,\theta)=J_i(\omega_{\#}^2)+s\{\boldsymbol{K}_{\mathrm{H}}(\omega_{\#}^2,\theta)\}=0+s\{\boldsymbol{K}_{\mathrm{H}}(\omega_{\#}^2,\theta)\} \tag{4.1.48}$$

参数给定:$m_1=3$,$m_2=2$;$k_1=2$,分别取 $k_2=0.5$,$k_3=0.1$ 和 $k_2=1$,$k_3=0.5$,得到的能带图如图 4-8 所示。

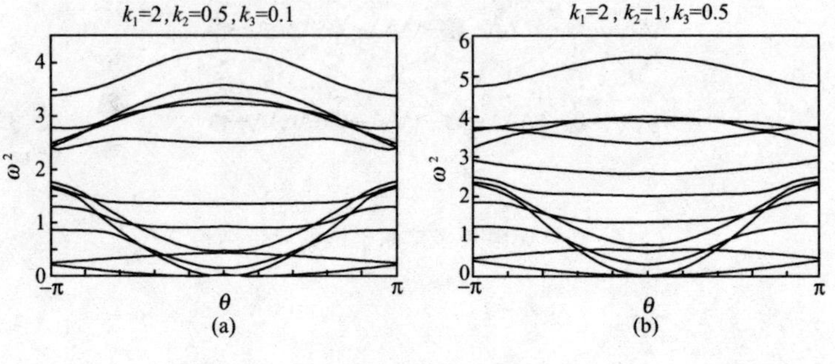

图 4-8　无限长多排原子链的能带图

若取 $k_2=0.5$,$k_3=0$,得到不考虑界带效果的能带图如图 4-9 所示。

从图 4-8、图 4-9 可以看出,随着 k_3 的增大,多排原子链的能带分布与单原子链有类似的增大趋势。

若保持 $k_1=2$,取 $k_2=0$,$k_3=0.5$,则横向与纵向解除耦合,三条无限长原子链的横向振动之间不再有影响,纵向振动分成两种基本模型,如图 4-10 所示。这时结构对应的能带图如图 4-11 所示。

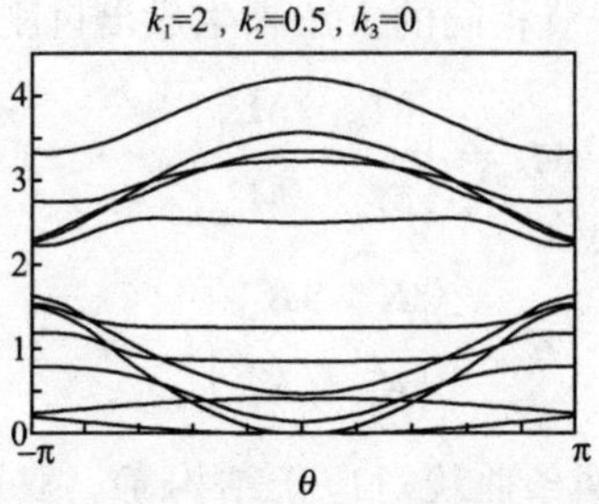

图 4-9 不考虑界带效果的无限长多排原子链的能带图

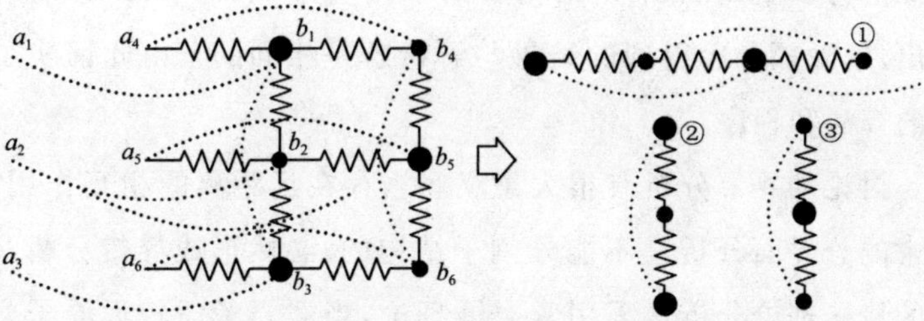

图 4-10 无限长多排原子链的解耦情况

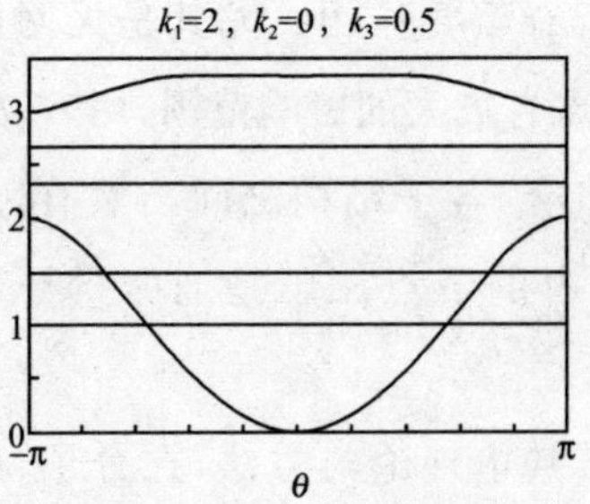

图 4-11 解耦的无限长多排原子链的能带图

按照与4.1.2节相同的方法来生成出口刚度矩阵

$$\boldsymbol{M}_{\mathrm{nn}}=\begin{pmatrix}\boldsymbol{M}_{\mathrm{aa}} & \boldsymbol{M}_{\mathrm{ab}}\\ \boldsymbol{M}_{\mathrm{ba}} & \boldsymbol{M}_{\mathrm{bb}}\end{pmatrix},\quad n=24 \tag{4.1.49}$$

$$\boldsymbol{K}_{\mathrm{nn}}=\begin{pmatrix}\boldsymbol{K}_{\mathrm{aa}} & \boldsymbol{K}_{\mathrm{ab}}\\ \boldsymbol{K}_{\mathrm{ba}} & \boldsymbol{K}_{\mathrm{bb}}\end{pmatrix},\quad n=24 \tag{4.1.50}$$

图4-11中的两条曲线对应于结构①。双原子界带的能带图，与一维界带问题得到的结果完全相同，都为三重简并。结构②的本征值为0,1,2.666 7。结构③的本征值为0,1.5,2.3333。可以看出，解除耦合后得到的结果与解析解是相同的。由此证实了本节的算法和程序。

讨论 界带分析有很大意义。当存在远距离的相互作用时，通常的分界面分析是不能分割子结构的，必然形成界带分析。固体的量子理论分析常采用紧束缚理论，当需要考虑较远原子之间的相互作用时，必然导致界带的子结构分割。

分子动力学也要考虑较远距离的分子间相互作用，对此课题，界带的子结构分析有重要作用。尤其是无网格法，节点是随机离散分布的，每个节点有最大的影响范围，用 r_{r} 表示。将物体划分为子结构(区域)的组合，各子结构之间当然有边界。子结构界带就是边界两侧 r_{r} 之内的节点。于是通常的子结构解析法就可运用了。

前面讲的界带基本理论与方法，在分子、原子层次的动力学、能带分析方面是很有用的，例如碳纳米管的声子能带分析等[34]。

总得有例题表达。吴锋等就无网格法的界带子结构法做了初步研究，下面例题就是从他们的文章中来的。这里，就运用界带理论处理无网格法的子结构分析，要求子结构法给出的数值结果，与直接用无网格法分析的数值结果相同。虽然过去也提出了子区域分析的方法，但用分界面的方法，在分界面上另外布排节点，其数值结果与直接用无网格法分析的数值结果不同。运用界带理论做子结构分析，可以直接接受原来布排的无网格节点，给出相同数值结果，即**无缝连接**。

先从最简单的一维无网格法开始。这里以移动最小二乘方法为例，分析采用界面分析的困难所在。

图 4-12 是一维无网格模型。离散节点均匀布置，共 11 个节点，节点间距 Δx，采用移动最小二乘方法构造位移的近似函数为

$$u(x) \approx \boldsymbol{p}^{\mathrm{T}}(x)\boldsymbol{a} \tag{4.1.51}$$

$$\boldsymbol{p}(x) = \{1, x, \cdots, x^m\}^{\mathrm{T}} \tag{4.1.52}$$

$$\boldsymbol{a} = \{a_0, a_1, \cdots, a_m\}^{\mathrm{T}} \tag{4.1.53}$$

其中，x 为插值点；$\boldsymbol{p}(x)$是 m 次完备单项式；$\boldsymbol{a}$ 是待定的系数。

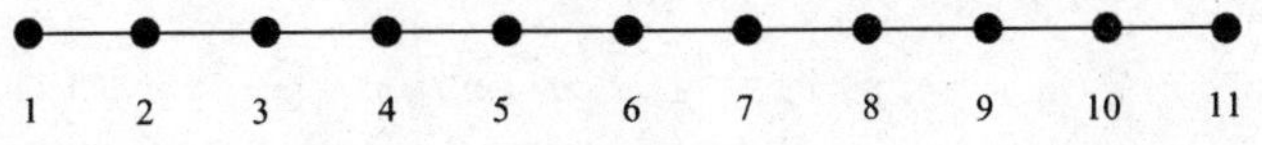

图 4-12　一维无网格模型

确定系数的方法是通过使下式定义的误差的正定指标 J 达到最小：

$$J(x) = \sum_{i=1}^{n} w(x - x_i)\left[\boldsymbol{p}^{\mathrm{T}}(x)\boldsymbol{a} - u(x_i)\right]^2 \tag{4.1.54}$$

式中，$u(x_i)$是在以点 x 为中心的附近影响半径 R 内无网格节点 x_i 的函数值，共 n 个节点；$w(x-x_i)$为权函数，通常采用的权函数有

Gauss 权函数、样条权函数等。以四次样条权函数为例：

$$w(x-x_i)=\begin{cases}1-6\left(\dfrac{x-x_i}{R}\right)^2+8\left(\dfrac{x-x_i}{R}\right)^3-3\left(\dfrac{x-x_i}{R}\right)^4, & |x-x_i|\leqslant R\\ 0, & |x-x_i|>R\end{cases} \tag{4.1.55}$$

$$R=s\times c \tag{4.1.56}$$

其中，c 为特征长度，常取为节点间距或积分网格长度等[37]；s 为尺度因子。通过对式(4.1.54)求最小值，可消去 $\boldsymbol{a}$，得到位移近似函数的表达式：

$$u(x)\approx \boldsymbol{N}(x)\boldsymbol{u} \tag{4.1.57}$$

其中，n 个位移是插值点 x 周围无网格的点数，组成向量 $\boldsymbol{u}$：

$$\boldsymbol{u}=\{u_1,u_2,\cdots,u_n\}^{\mathrm{T}} \tag{4.1.58}$$

$$\boldsymbol{N}(x)=\boldsymbol{p}^{\mathrm{T}}(x)[\boldsymbol{PW}(x)\boldsymbol{P}^{\mathrm{T}}]^{-1}\boldsymbol{PW}(x) \tag{4.1.59}$$

$$\boldsymbol{W}(x)=\mathrm{diag}\{w(x-x_1),w(x-x_2),\cdots,w(x-x_n)\} \tag{4.1.60}$$

$$\boldsymbol{p}(x)=\{1,x,\cdots,x^m\}^{\mathrm{T}} \tag{4.1.61}$$

$$\boldsymbol{P}=(\boldsymbol{p}(x_1),\boldsymbol{p}(x_2),\cdots,\boldsymbol{p}(x_n)) \tag{4.1.62}$$

其中，$\boldsymbol{N}(x)$ 为形函数；u_i 为离散节点的位移值。分析式(4.1.57)可知，采用移动最小二乘法生成的形函数不满足 Kronecher delta 函数的性质，即 $\boldsymbol{N}(x_i)\boldsymbol{u}\neq u_i$。因此 u_i 并不是离散节点的位移值，只是拟合值而不是插值。

当得到式(4.1.57)的形函数后，可以代入问题的微分方程，采用配点法，导出方程组求解；也可以像有限元那样代入势能表达式，然后采用变分原理，导出刚度方程求解。但无论采用哪种处理方法，都需要选择计算点，现在以后面一种做法为例。把形函数代入势能原理，需要积分，此时要划分积分区域，在每个积分区域内选点进行 Gauss 积分。取影响半径 $R=1.5\Delta x$，仍把$[x_i, x_{i+1}]$作为积分区段，在每个积分区段内采用两点 Gauss 积分，如图 4-13 所示。

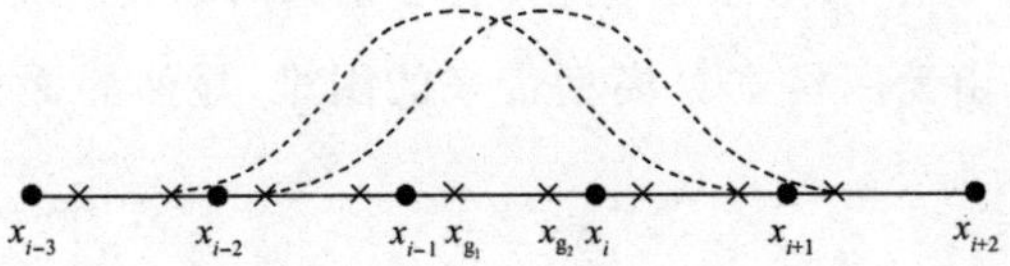

图 4-13　Gauss 点的影响范围

图 4-13 中，“•”为节点，“×”为 Gauss 积分点。在积分区段$[x_{i-1}, x_i]$内，x_{g_1} 和 x_{g_2} 分别为左右两个积分点。计算左边 Gauss 点 x_{g_1} 上的值时，其权函数影响半径内有三个节点，分别为 x_{i-2}，x_{i-1}和 x_i。就是说 x_{i-2}不仅与 x_{i-1}有联系，而且与 x_i 有联系。同样，计算右边 Gauss 点 x_{g_2} 上的值时，其权函数影响半径内有三个节点，分别为 x_{i-1}，x_i 和 x_{i+1}。整个无网格模型节点之间的联系如图 4-14 所示，其中，虚线连接两节点，表示这两节点之间有联系。

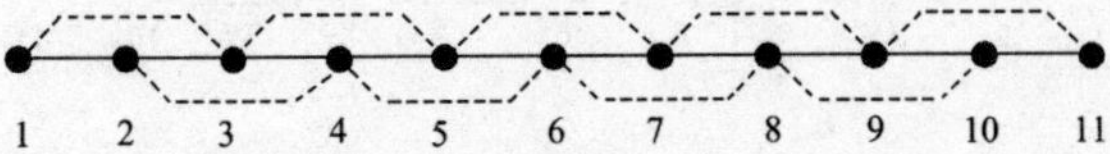

图 4-14　节点联系

如果把模型分成左右两个子域计算，以节点 6 作为界面。对于左边子域，当积分到$[x_5, x_6]$时，节点 5 与右边子域的节点 7 之间必然发生联系。对于右边子域，当积分到$[x_6, x_7]$时，节点 7 与左边子域的节点 5 之间也必然发生联系。这说明虽然采用两个子域计算,这两个子域之间的连接已不是一个面,像有限元那样采用面来分割子结构的做法是不可行的。因为只切断节点 6 的一个面来分割两个子域时不能同时也割断节点 5 和节点 7 之间的联系(图 4-15)。只切断节点 6 的计算模型不再等价于原模型,“飞过海”(fly-over)了。子结构分析不允许各子结构内部点出现“飞过海”的情况。这是由无网格本身模型带来的困难,显然界面分析方法行不通。

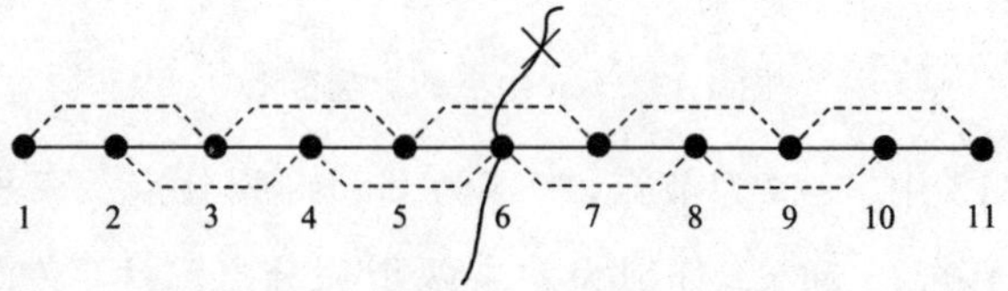

图 4-15　一个点的界面割不断联系

上面分析表明,界面方法用于无网格子结构分析是很困难的。如果采用有厚度的界带分析方法就容易得多。此时切断两个子域之间联系的不再是一个面,而是一个带,如图 4-16 所示。以节点 6

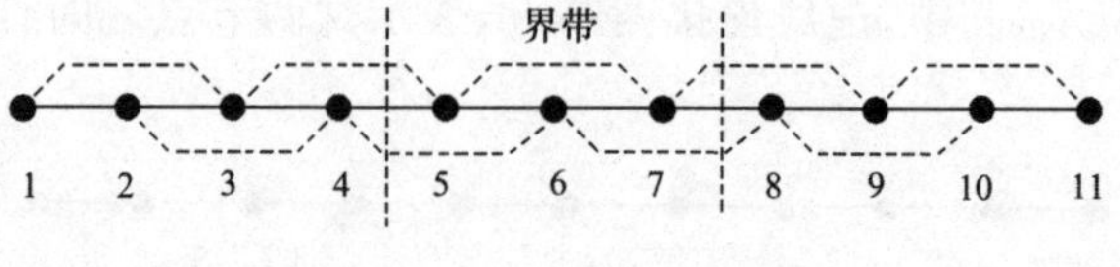

图 4-16　一维无网格模型的界带

为界带的中心面,向左右各扩展 $1.5\Delta x$,得到一个界带。界带的厚度为 $3\Delta x$,包含 5、6、7 三个节点。此时左边子域中的内部节点分别为 1～4,右边子域中的内部节点分别为 8～11,两个子域的内部节点相互之间已经没有联系，可以采用传统的子结构合并消元方法，把各个子域内部节点对应的自由度消去，然后合并计算即可。

对于左右两边子域分别建立刚度方程：

$$\begin{pmatrix} \boldsymbol{K}_{\mathrm{ii}}^{\mathrm{l}} & \boldsymbol{K}_{\mathrm{ib}}^{\mathrm{l}} \\ \boldsymbol{K}_{\mathrm{bi}}^{\mathrm{l}} & \boldsymbol{K}_{\mathrm{bb}}^{\mathrm{l}} \end{pmatrix} \begin{pmatrix} \boldsymbol{u}_{\mathrm{i}}^{\mathrm{l}} \\ \boldsymbol{u}_{\mathrm{b}} \end{pmatrix} = \begin{pmatrix} \boldsymbol{f}_{\mathrm{i}}^{\mathrm{l}} \\ \boldsymbol{f}_{\mathrm{b}}^{\mathrm{l}} \end{pmatrix} \tag{4.1.63}$$

$$\begin{pmatrix} \boldsymbol{K}_{\mathrm{bb}}^{\mathrm{r}} & \boldsymbol{K}_{\mathrm{bi}}^{\mathrm{r}} \\ \boldsymbol{K}_{\mathrm{ib}}^{\mathrm{r}} & \boldsymbol{K}_{\mathrm{ii}}^{\mathrm{r}} \end{pmatrix} \begin{pmatrix} \boldsymbol{u}_{\mathrm{b}} \\ \boldsymbol{u}_{\mathrm{i}}^{\mathrm{r}} \end{pmatrix} = \begin{pmatrix} \boldsymbol{f}_{\mathrm{b}}^{\mathrm{r}} \\ \boldsymbol{f}_{\mathrm{i}}^{\mathrm{r}} \end{pmatrix} \tag{4.1.64}$$

$$\boldsymbol{u}_{\mathrm{i}}^{\mathrm{l}} = (u_1, u_2, u_3, u_4)^{\mathrm{T}}$$

$$\boldsymbol{u}_{\mathrm{i}}^{\mathrm{r}} = (u_8, u_9, u_{10}, u_{11})^{\mathrm{T}}, \quad \boldsymbol{u}_{\mathrm{b}} = (u_5, u_6, u_7)^{\mathrm{T}} \tag{4.1.65}$$

其中，i 表示子域内部节点；b 表示界带内节点；l 表示左边子域；r 表示右边子域；$\boldsymbol{u}_{\mathrm{i}}^{\mathrm{l}}$、$\boldsymbol{u}_{\mathrm{i}}^{\mathrm{r}}$ 分别为左右子域的内部自由度；$\boldsymbol{u}_{\mathrm{b}}$ 为界带内的自由度。

对式(4.1.63)、式(4.1.64)分别消去内部自由度：

$$\begin{cases} \boldsymbol{u}_{\mathrm{i}}^{\mathrm{l}} = (\boldsymbol{K}_{\mathrm{ii}}^{\mathrm{l}})^{-1} \boldsymbol{f}_{\mathrm{i}}^{\mathrm{l}} - (\boldsymbol{K}_{\mathrm{ii}}^{\mathrm{l}})^{-1} \boldsymbol{K}_{\mathrm{ib}}^{\mathrm{l}} \boldsymbol{u}_{\mathrm{b}} \\ [\boldsymbol{K}_{\mathrm{bb}}^{\mathrm{l}} - \boldsymbol{K}_{\mathrm{bi}}^{\mathrm{l}} (\boldsymbol{K}_{\mathrm{ii}}^{\mathrm{l}})^{-1} \boldsymbol{K}_{\mathrm{ib}}^{\mathrm{l}}] \boldsymbol{u}_{\mathrm{b}} = \boldsymbol{f}_{\mathrm{b}}^{\mathrm{l}} - \boldsymbol{K}_{\mathrm{bi}}^{\mathrm{l}} (\boldsymbol{K}_{\mathrm{ii}}^{\mathrm{l}})^{-1} \boldsymbol{f}_{\mathrm{i}}^{\mathrm{l}} \end{cases} \tag{4.1.66}$$

$$\begin{cases} [\boldsymbol{K}_{\mathrm{bb}}^{\mathrm{r}} - \boldsymbol{K}_{\mathrm{bi}}^{\mathrm{r}} (\boldsymbol{K}_{\mathrm{ii}}^{\mathrm{r}})^{-1} \boldsymbol{K}_{\mathrm{ib}}^{\mathrm{r}}] \boldsymbol{u}_{\mathrm{b}} = \boldsymbol{f}_{\mathrm{b}}^{\mathrm{r}} - \boldsymbol{K}_{\mathrm{bi}}^{\mathrm{r}} (\boldsymbol{K}_{\mathrm{ii}}^{\mathrm{r}})^{-1} \boldsymbol{f}_{\mathrm{i}}^{\mathrm{r}} \\ \boldsymbol{u}_{\mathrm{i}}^{\mathrm{r}} = (\boldsymbol{K}_{\mathrm{ii}}^{\mathrm{r}})^{-1} \boldsymbol{f}_{\mathrm{i}}^{\mathrm{r}} - (\boldsymbol{K}_{\mathrm{ii}}^{\mathrm{r}})^{-1} \boldsymbol{K}_{\mathrm{ib}}^{\mathrm{r}} \boldsymbol{u}_{\mathrm{b}} \end{cases} \tag{4.1.67}$$

然后将式(4.1.66)～式(4.1.67)合并计算即可。

上面通过一维无网格模型，阐述了无网格子结构模型的界带分析方法。二、三维问题子结构模型的界带分析与一维相同，因此不再展开讨论。可以看到，界带的子结构分析与通常的子结构分析是相同的，但是要注意把界带分辨清楚。假设第 i 个子结构和第 j 个子结构相邻，实际计算时，对这两个子结构分别形成刚度方程，并假设 $\boldsymbol{u}_i$ 和 $\boldsymbol{u}_j$ 分别为这两个子结构的节点自由度。对比 $\boldsymbol{u}_i$ 和 $\boldsymbol{u}_j$

中节点编号，同时出现在 $\boldsymbol{u}_i$ 和 $\boldsymbol{u}_j$ 中的节点即为这两个子结构之间界带内的节点。依此便可以找出所有界带内的节点，把界带分辨清楚，接着按通常的子结构法分析消元即可。

在无网格模型中，边界处理的手段有很多种，如配点法、拉氏乘子法、罚函数法等。然而无论采用哪种手段，都需要同时修正边界节点和其影响域内节点所对应的刚度系数。而且对于二维或三维问题，一个边界点可能同时影响多个子结构内的节点，此时对子结构分别施加边界条件是很困难的。应该说边界处存在边界带，在做子结构消元时，每个子结构的边界带内的自由度，以及各子结构连接的界带内的自由度都应保留，只消去那些既不在界带内又不在边界影响域内的节点，这些节点是真正的内部自由度。当完成子结构消元合并后，结构刚度方程中仍然包含所有边界带内的节点，并没有漏掉任何一个节点，此时再对刚度方程进行边界处理就比较方便，而且方程的阶数也会大大降低。

两点边值问题常被作为无网格分析的考题，因此本章也以此为算例，验证无网格子结构模型界带分析具有**无缝连接**的特点。

$$\begin{cases} -\dfrac{\mathrm{d}^2 u}{\mathrm{d}x^2}+u=1, & x\in(0,1) \\ u(0)=\dfrac{\mathrm{d}u}{\mathrm{d}x}(1)=0 \end{cases} \tag{4.1.68}$$

其解析解为

$$u(x)=1-\frac{\cosh(x-1)}{\cosh(1)} \tag{4.1.69}$$

其界带模型如图 4-16 所示。采用一次基函数，权函数选用幂权函数，离散点均匀布置，$R=1.5\Delta x$，以 $x=0.5$ 为界带中心，界带两边

长度为 R,采用无网格模型计算和采用无网格子结构模型计算的结果比较见表 4-1。

表 4-1　　各节点计算结果

节点号	无网格模型	无网格子结构模型	两者差	解析解
1	$9.956\,374\,551\,947\,650\times10^{-19}$	$9.956\,374\,551\,947\,700\times10^{-19}$	-4.81×10^{-33}	0
2	$7.120\,196\,164\,984\,340\times10^{-2}$	$7.120\,196\,164\,984\,380\times10^{-2}$	-4.02×10^{-16}	$7.128\,22\times10^{-2}$
3	$1.332\,203\,350\,087\,630\times10^{-1}$	$1.332\,203\,350\,087\,640\times10^{-1}$	-9.99×10^{-16}	$1.332\,70\times10^{-1}$
4	$1.865\,579\,976\,942\,770\times10^{-1}$	$1.865\,579\,976\,942\,780\times10^{-1}$	-9.99×10^{-16}	$1.865\,82\times10^{-1}$
5	$2.318\,506\,292\,641\,920\times10^{-1}$	$2.318\,506\,292\,641\,940\times10^{-1}$	-2.03×10^{-15}	$2.317\,54\times10^{-1}$
6	$2.692\,506\,561\,068\,780\times10^{-1}$	$2.692\,506\,561\,068\,800\times10^{-1}$	-2.00×10^{-15}	$2.692\,37\times10^{-1}$
7	$2.994\,335\,775\,520\,690\times10^{-1}$	$2.994\,335\,775\,520\,710\times10^{-1}$	-2.00×10^{-15}	$2.994\,06\times10^{-1}$
8	$3.226\,016\,159\,156\,280\times10^{-1}$	$3.226\,016\,159\,156\,310\times10^{-1}$	-3.00×10^{-15}	$3.225\,64\times10^{-1}$
9	$3.389\,868\,175\,173\,290\times10^{-1}$	$3.389\,868\,175\,173\,310\times10^{-1}$	-2.00×10^{-15}	$3.389\,41\times10^{-1}$
10	$3.487\,522\,123\,728\,070\times10^{-1}$	$3.487\,522\,123\,728\,090\times10^{-1}$	-2.00×10^{-15}	$3.487\,03\times10^{-1}$
11	$3.520\,721\,173\,732\,030\times10^{-1}$	$3.520\,721\,173\,732\,050\times10^{-1}$	-2.00×10^{-15}	$3.519\,46\times10^{-1}$

由表 4-1 可见,采用界带分析方法使得无网格模型的子结构分析与原无网格模型的计算结果几乎完全一致,差异都在 14 位有效数字之后,实现了**无缝连接**;并且与解析解相比误差也不大,这表明本章方法计算结果的可靠性。

界带理论当然不限于只用在一维问题上。对于二维的无网格法,界带理论依然可用于子结构分析,同样可达到**无缝连接**的程度。请见吴锋等的文章。

讲了许多关于结构力学界带理论与算法,根据**分析动力学与分析结构力学的模拟关系**,可设想结构力学界带理论在动力学方面也有对应的内容,这就是动力学的时间滞后问题。

4.2 时滞与界带

前面的结构力学界带分析是对于保守系统的。对于动力学的保守系统，Lagrange 指出，Lagrange 函数由**动能**与**势能**构成。势能大体上是从弹性性质来的。Lagrange 以往认为，弹性与变形的本构关系是瞬时的，动量与速度的关系也是瞬时的。瞬时关系给出的是微分方程。

然而，如弹性性质，即根据应变产生力的过程不是瞬时的，而可以是有时间滞后的，则时滞弹性应力的响应便会产生时滞微分方程。发生在时间 t 的变形，产生的应力有一个时间滞后 t_d。这样动力方程必然不是纯微分方程，而是微分-积分方程。

这样，时滞情况与结构力学的界带理论就发生了模拟关系。

4.2.1 离散一维链系统的模拟

前面对于界带理论有了较多的讲述，但只是就离散系统讲的，尚未讲述过**微分-积分方程**的理论。离散系统实际上是基础，因为哪怕是微分方程，其数值计算仍然要运用离散方法，方才可以进行。况且是微分-积分方程，更加需要离散求解了。

运用分析动力学与分析结构力学的模拟关系，前面讲的离散界带分析可以转移到离散动力分析。前面的分析重点在于介绍频域的能带本征值，而从这里开始，就转移到逐步积分上。这要考虑结构力学的两端边界条件，而对于动力学则是初值条件了。

Hilbert 在《数学问题》中指出："在讨论数学问题时，我们相信特殊化比一般化起着更为重要的作用。可能在大多数场合，我们寻找一个问题的答案而未能成功的原因，是在于这样的事实，即有一些比手头的问题更简单、更容易的问题没有完全解决或是完全没有解决。这时，一切都有赖于找出这些比较容易的问题并使用尽可能完善的方法和能够推广的概念来解决它们。"

虽然希望建立**弹性时滞系统**的分析动力学的理论体系，但基于分析动力学与分析结构力学的模拟理论，仍可从结构力学"**界带**"分析开始。从有限长度的**一维链**开始，要完全讲清楚，再转移到分析动力学的时滞系统。

一维链是**能够推广**的结构力学，而又是最简单的问题。

分析理论当然希望建立在一般的基础上，然而仍可从最简单的情况开始，掌握其要点。考虑**更简单**、**更容易的问题**，要**完全解决**。然后再放松条件，考虑比较一般的情况。既然要运用**分析动力学与分析结构力学的模拟关系**，那么在考虑结构力学问题的同时，就要想象分析动力学的对应问题。从最简单的开始，其实前面已经讲述过，现在从不同角度再讲，是为了转移到动力学。①

最简单的结构力学情况是沿长度不变的**一维链**系统，在动力学中对应着**时不变系统**。设长度方向有很长的等间距 a(动力学的 η)质点链。相邻质点相互间当然有弹簧联系：其中，紧(1 次)相邻的质点间有刚度 k_1 的弹簧相连，2 次相邻的质点间有刚度 k_2 的弹簧相连，n_1 次相邻的质点间有刚度 k_{n_1} 的弹簧相连，而大于 n_1 次相邻的质点间没有弹簧了。也就是说，界带的宽度是 $a\times(n_1-1)$，界

① 本节的工作是姚征博士做的。

带的两侧是互相没有联系的子结构。当 $n_1=1$ 时没有宽度,成为界面了。

结构力学适用两端边界条件。因为是界带,所以边界条件不单纯是给出一个点的位移值,而要求给出**两端界带**的全部位移值。最简单的界带 $n_1=2$,每端要给出 2 个质点的位移;只有 4 个质点的链段,则两端全部是给定位移的边界条件,没有内部点了。$n+4$ 个质点的链段,其两端共 4 个点是界带的,而内部有 n 个点可以消元,成为界带理论的**子结构**。界带理论时两端位移分别表达为 $\boldsymbol{q}_a$,$\boldsymbol{q}_b$,各为 n_1 维的向量。子结构当然有其变形能 $U(\boldsymbol{q}_a,\boldsymbol{q}_b)$ 以及出口刚度矩阵,其形式与通常一样,为

$$U(\boldsymbol{q}_a,\boldsymbol{q}_b)=\frac{1}{2}\begin{Bmatrix}\boldsymbol{q}_a\\ \boldsymbol{q}_b\end{Bmatrix}^{\mathrm{T}}\boldsymbol{K}\begin{Bmatrix}\boldsymbol{q}_a\\ \boldsymbol{q}_b\end{Bmatrix}$$

$$\boldsymbol{K}=\begin{pmatrix}\boldsymbol{K}_{aa} & \boldsymbol{K}_{ab}\\ \boldsymbol{K}_{ba} & \boldsymbol{K}_{bb}\end{pmatrix},\quad \boldsymbol{K}^{\mathrm{T}}=\boldsymbol{K} \tag{4.2.1}$$

子结构的界带与外部联系还有对偶的力向量:

$$\boldsymbol{p}_a=-\partial U/\partial\boldsymbol{q}_a,\quad \boldsymbol{p}_b=\partial U/\partial\boldsymbol{q}_b \tag{4.2.2}$$

这些与通常的一样[1]。以上是结构力学势能表达的形式,还有传递辛矩阵的表达,特别适用于离散分析动力学体系,因此结构力学也要有传递辛矩阵的表达。引入两端的界带状态向量:

$$\boldsymbol{v}_a=\begin{Bmatrix}\boldsymbol{q}_a\\ \boldsymbol{p}_a\end{Bmatrix},\quad \boldsymbol{v}_b=\begin{Bmatrix}\boldsymbol{q}_b\\ \boldsymbol{p}_b\end{Bmatrix} \tag{4.2.3}$$

则有传递形式[1,9]:

$$\boldsymbol{v}_b=\boldsymbol{S}\boldsymbol{v}_a \tag{4.2.4}$$

$$S=\begin{pmatrix} S_{11} & S_{12} \\ S_{21} & S_{22} \end{pmatrix} \tag{4.2.5}$$

其中，$S_{11}=-K_{ab}^{-1}K_{aa}$；$S_{22}=-K_{bb}K_{ab}^{-1}$；$S_{12}=-K_{ab}^{-1}$；$S_{21}=K_{ab}^{T}-K_{bb}K_{ab}^{-1}K_{aa}$。读者可验证 $S^{T}JS=J$ 成立。

传递形式方可与分析动力学的初值问题相衔接，也表明了分析结构力学的界带理论可以与分析动力学的时滞理论相衔接。传递方程(4.2.4)表明，每一次传递一定是一个界带到下一个界带。它们相互间没有共同点，但可以有若干中间点，如同子结构的内部点被消元了。因此传递是跳跃式前进的，至少跳跃一个界带宽度。对于无穷长的链条，寻求能带本征值，这一点限制是没有问题的。

4.2.2 逐步前进的算法

以上是按界带跳跃式前进积分的。向动力学时滞问题过渡，要求只积分一个 η。对于转换到时间积分，该限制是不能满意的。因为，设一个时滞(界带)的宽度是 $t_d=\eta\times n_1$，它是确定值，而划分步长 η 是可以选择的。时间积分希望能每次积分一个步长 $a=\eta$，以后 a 也写成 η，而不是跳跃式前进一个时滞宽度 $\eta\times n_1$。

期望解决每次前进一个步长 η，依然要先考察结构力学的子结构分析。以前的子结构理论不是界带，而是界面。子结构两端界面之间全部是内部点，只有界面是与外界联系的。因此将界面处的节点位移及节点力共同组成状态向量。子结构是有变形能的，变形能本来是所有节点位移的函数，但内部节点的位移已经用最小势能原理消元了。消元用的是平衡方程。从子结构来看，已经没有内部节点的节点力了，只有界面的节点或者用刚度矩阵，或者用状态向量的传递。

界带理论已经不是界面了，界面是没有厚度的，而界带是有一定厚度[$\eta\times(n_1-1)$]的。转化到动力学就是时滞了，因此界带传递的状态是 $\boldsymbol{v}_a\to\boldsymbol{v}_b$，此概念要转移到时滞问题。现在希望每次积分一个 η 步长，就不能直接运用(4.2.3)的跳跃式前进形式了。设初始的时间界带(时滞)是节点 $0,\eta,\cdots,\eta\times(n_1-1)$。

基本概念一定要清楚。位移是确定性的，不会随着分析时采取例如将结构切开而变动，但对偶力则必然是在切开结构时才会呈现出来。不切开时，本来就处于平衡状态，没有不平衡力。传统理论考虑切开的是界面，而在界带理论时，切开的已经不是一个面了，而是一个界带。界带有厚度，对偶力也不再是一个力了，界带内全部节点皆有对偶力。即使是同一个点，在不同界带内，其对偶力也是不同的。例如，即使同一个节点 2，既可以看成处于界带 1,2 内，也可以看成处于界带 2,3 内，其对偶力在不同界带内也是不同的。

最简单的是先假定 $n_1=2$，按结构力学的界带理论分析。期望每次前进一个步长 η。时间积分是初值问题，当然初始的 n_1 个点上是给出初始条件的：

$$\text{向量 } \boldsymbol{q}_0,\boldsymbol{p}_0,\text{ 或 } q_i,p_i;i=0,1,\cdots,n_1-1 \tag{4.2.6}$$

这个 $\boldsymbol{p}_0$ 当然是对于界带 $i=0,1,\cdots,n_1-1$ 说的。

下一步要积分到界带 $i=1,2,\cdots,n_1$，要求解 $q_j,p_j;j=1,2,\cdots,n_1$。

按基本概念，其中，$q_j(j=1,2,\cdots,n_1-1)$无非是继承了前面 $\boldsymbol{q}_0$ 的部分，而需要求解的是 $p_j(j=1,2,\cdots,n_1)$以及 q_{n_1}。以前界带 $i=0,1,\cdots,n_1-1$ 的对偶力 p_0 已经不再出现了，它不在当前的界带 i

$=1,2,\cdots,n_1$ 内,而是处于平衡状态了。这提供了一个方程,可用于求解新加入的位移 q_{n_1}。

简单些,不妨先认为 $n_1=2$。知道了 $q_0,p_0;q_1,p_1$,要寻求 q_2,p_2。这就有 $i=0,1,2$,共 3 个节点了,以后还要继续逐个传递。要将下一步的初始状态 $q_1,q_2;p_1,p_2$ 计算出来。虽然说是时滞积分,却也不妨看成结构力学的状态传递问题。结构静力学容易理解些。

回看分析动力学的区段作用量 $S(\boldsymbol{q}_a,\boldsymbol{q}_b)$,就是以两端位移为自变量的。然后转换到传递辛矩阵的形式,这与结构力学传递辛矩阵相似。[1,9]

先从结构力学开始。$n_1=2$ 时的结构力学界带问题,左界带位移是 $\boldsymbol{q}_a:q_0,q_1$,而右界带位移是 $\boldsymbol{q}_b:q_2,q_3$。具体说界带有 n_1 个节点。变形能可以用对称矩阵[按图 4-1(b)的结构]:

$$U_0(\boldsymbol{q}_a,\boldsymbol{q}_b)=\frac{1}{2}\begin{Bmatrix}\boldsymbol{q}_a\\ \boldsymbol{q}_b\end{Bmatrix}^{\mathrm{T}}\boldsymbol{K}\begin{Bmatrix}\boldsymbol{q}_a\\ \boldsymbol{q}_b\end{Bmatrix}$$
$$\boldsymbol{K}=\begin{pmatrix}\boldsymbol{K}_{aa} & \boldsymbol{K}_{ab}\\ \boldsymbol{K}_{ba} & \boldsymbol{K}_{bb}\end{pmatrix},\quad \boldsymbol{K}_{ab}=\begin{pmatrix}* & 0\\ * & *\end{pmatrix} \tag{4.2.7}$$

或

$$U_0(q_0,q_1;q_2,q_3)=\frac{1}{2}\begin{Bmatrix}q_0\\ q_1\\ q_2\\ q_3\end{Bmatrix}^{\mathrm{T}}\begin{pmatrix}k_+ & -k_1 & -k_2 & 0\\ -k_1 & k_++k_2 & -k_1 & -k_2\\ -k_2 & -k_1 & 2k_+ & -k_1\\ 0 & -k_2 & -k_1 & 2k_+\end{pmatrix}\begin{Bmatrix}q_0\\ q_1\\ q_2\\ q_3\end{Bmatrix}$$
$$=\frac{1}{2}\boldsymbol{q}^{\mathrm{T}}\boldsymbol{K}\boldsymbol{q}$$

$$k_+=k_1+k_2$$

其中,下标 0 代表界带内部有 0 号节点位移。变换到传递辛矩阵,成为从 $\boldsymbol{q}_a,\boldsymbol{p}_a$ 传递到 $\boldsymbol{q}_b,\boldsymbol{p}_b$。[1,9] 动力学也可用相同的形式表述。

此类形式的辛矩阵传递是跳跃式前进的,每次前进一个界带。两端位移 $\boldsymbol{q}_a,\boldsymbol{q}_b$ 的对偶向量是

$$\boldsymbol{p}_a=-\partial U_0/\partial \boldsymbol{q}_a,\quad \boldsymbol{p}_b=\partial U_0/\partial \boldsymbol{q}_b \tag{4.2.8}$$

从结构力学看,原来左界带位移是 $\boldsymbol{q}_a:q_0,q_1$,而右界带位移是 $\boldsymbol{q}_b:q_2,q_3$。根据 $\boldsymbol{q}_a,\boldsymbol{p}_a$ 计算 $\boldsymbol{q}_b,\boldsymbol{p}_b$。用到方程(4.2.8)。辛矩阵乘法是跳跃式前进的,已经讲得很多了。

现在要求前进一个步长 η。这样,下一次的界带就成为 $\boldsymbol{q}_a':q_1,q_2;\boldsymbol{q}_b':q_3,q_4$,而 q_0 成为应当出局的节点,即消去。5 个点的变形能(作用量)是

$$U_1=\frac{1}{2}\begin{Bmatrix}q_0\\q_1\\q_2\\q_3\\q_4\end{Bmatrix}^{\mathrm{T}}\boldsymbol{K}\begin{Bmatrix}q_0\\q_1\\q_2\\q_3\\q_4\end{Bmatrix}=\frac{1}{2}\begin{Bmatrix}q_0\\\boldsymbol{q}_a'\\\boldsymbol{q}_b'\end{Bmatrix}^{\mathrm{T}}\boldsymbol{K}\begin{Bmatrix}q_0\\\boldsymbol{q}_a'\\\boldsymbol{q}_b'\end{Bmatrix}$$

$$\boldsymbol{K}=\begin{bmatrix}k_+ & -k_1 & -k_2 & 0 & 0\\ -k_1 & k_++k_2 & -k_1 & -k_2 & 0\\ -k_2 & -k_1 & 2k_+ & -k_1 & -k_2\\ 0 & -k_2 & -k_1 & 2k_+ & -k_1\\ 0 & 0 & -k_2 & -k_1 & 2k_+\end{bmatrix} \tag{4.2.9}$$

$$k_+=k_1+k_2,\quad \min_{q_0\sim q_4}\Pi,\quad \Pi=U_1+U_e$$

其中,U_1 的下标 1 代表界带内部有 1 个节点位移,U_e 是外力势能。

其实从总体结构看，也只是一个局部。请对比后面的整体矩阵，问题成为：根据 $\boldsymbol{q}_a: q_0, q_1, \boldsymbol{p}_a: p_0, p_1$，计算 $\boldsymbol{q}'_a: q_1, q_2$ 与 $\boldsymbol{p}'_a: p'_1, p'_2$。注意 p'_1 与 p_1 是不同的。从增加了站点位移 q_4 后，内部有 1 个节点位移，因此，界带 $\boldsymbol{q}_a: q_0, q_1, \boldsymbol{q}'_b: q_3, q_4$ 的对偶向量成为

$$\boldsymbol{p}_a = -\partial U_1/\partial \boldsymbol{q}_a, \quad \boldsymbol{p}'_b = \partial U_1/\partial \boldsymbol{q}'_b \tag{4.2.10}$$

其中，传递形式(4.2.10)时的 $\boldsymbol{p}_a: p_0, p_1$ 是给定的，于是有

$$p_0 = -(k_+ q_0 - k_1 q_1 - k_2 q_2) \tag{4.2.11a}$$

$$p_1 = -[-k_1 q_0 + (k_+ + k_2) q_1 - k_1 q_2 - k_2 q_3] \tag{4.2.11b}$$

消元后因为子矩阵 $\boldsymbol{K}_{ab}$ 具有式(4.2.7)中的形式，故 q_0 只与 $\boldsymbol{q}'_a: q_1, q_2$ 相关。于是由式(4.2.11a)有

$$\begin{aligned} q_0 &= -(\boldsymbol{R}_{0a}/k_+)\boldsymbol{q}'_a - p_0/k_+ \\ \boldsymbol{R}_{0a}/k_+ &= (-k_1/k_+ \quad -k_2/k_+) \end{aligned} \tag{4.2.12}$$

将问题看成结构力学的两端边界条件，而将左端 $\boldsymbol{p}_a$ 看成外力，则式(4.2.7)是变形能，而外力势能是 $U_e = \boldsymbol{p}_a^{\mathrm{T}} \boldsymbol{q}_a = p_0 q_0 + p_1 q_1$，最小总势能成为

$$\min_{\boldsymbol{q}} (U_e + U)$$

其中，U 是 U_1。

前进一步后，两端的界带位移是 $\boldsymbol{q}'_a, \boldsymbol{q}'_b$。应将变形能 $U_1(q_0, \boldsymbol{q}'_a, \boldsymbol{q}'_b)$ 消元成为 $U'_0(\boldsymbol{q}'_a, \boldsymbol{q}'_b)$，同时还要计算 $\boldsymbol{p}'_a, \boldsymbol{p}'_b$。将方程(4.2.12)代入式(4.2.9)，消去 q_0，即可得到 $U'_0(\boldsymbol{q}'_a, \boldsymbol{q}'_b)$，但还需要计算

$$\boldsymbol{p}'_a = -\partial U'_0/\partial \boldsymbol{q}'_a, \quad \boldsymbol{p}'_a: p'_1, p'_2 \tag{4.2.13}$$

本来总势能是

$$\min_{\boldsymbol{q}} \Pi_+, \quad \Pi_+ = p_0 q_0 + p_1 q_1 + U_1 \tag{4.2.14}$$

消去 q_0 后又得到对于 $q_1, q_2; q_3, q_4$，即 $\boldsymbol{q}'_a, \boldsymbol{q}'_b$ 的总势能

$$\Pi' = p_1' q_1' + p_2' q_2' + U_0' = \boldsymbol{p}_{\mathrm{a}}'^{\mathrm{T}} \boldsymbol{q}_{\mathrm{a}}' + U_0'(\boldsymbol{q}_{\mathrm{a}}', \boldsymbol{q}_{\mathrm{b}}') \tag{4.2.15}$$

$$\min_{q_1 \sim q_4} \Pi'$$

其实就是式(4.2.9)消去 q_0 后得到 $\boldsymbol{q}_{\mathrm{a}}', \boldsymbol{q}_{\mathrm{b}}'$ 或 $q_1, q_2; q_3, q_4$ 的二次函数。一次非齐次项得到 $\boldsymbol{p}_{\mathrm{a}}': p_1', p_2'$，而二次齐次项得到的就是变形能 $U_0'(\boldsymbol{q}_{\mathrm{a}}', \boldsymbol{q}_{\mathrm{b}}')$。

$$U_0'(\boldsymbol{q}_{\mathrm{a}}', \boldsymbol{q}_{\mathrm{b}}') = \frac{1}{2}\begin{Bmatrix} \boldsymbol{q}_{\mathrm{a}}' \\ \boldsymbol{q}_{\mathrm{b}}' \end{Bmatrix}^{\mathrm{T}} \begin{bmatrix} \boldsymbol{K}_{\mathrm{aa}}' & \boldsymbol{K}_{\mathrm{ab}}' \\ \boldsymbol{K}_{\mathrm{ab}}'^{\mathrm{T}} & \boldsymbol{K}_{\mathrm{bb}}' \end{bmatrix} \begin{Bmatrix} \boldsymbol{q}_{\mathrm{a}}' \\ \boldsymbol{q}_{\mathrm{b}}' \end{Bmatrix} \tag{4.2.16}$$

$$\boldsymbol{K}_{\mathrm{ab}}' = \begin{bmatrix} * & 0 \\ * & * \end{bmatrix}$$

其中，重要的是子矩阵 $\boldsymbol{K}_{\mathrm{ab}}'$ 依然具有同样形式，因此，该消元可递归进行。

以上是从理论方面讲述的。如果将 $U_1(q_0, \boldsymbol{q}_{\mathrm{a}}', \boldsymbol{q}_{\mathrm{b}}')$ 写为

$$U_1 = \frac{1}{2}\begin{Bmatrix} q_0 \\ \boldsymbol{q}_{\mathrm{a}}' \\ \boldsymbol{q}_{\mathrm{b}}' \end{Bmatrix}^{\mathrm{T}} \boldsymbol{K} \begin{Bmatrix} q_0 \\ \boldsymbol{q}_{\mathrm{a}}' \\ \boldsymbol{q}_{\mathrm{b}}' \end{Bmatrix} \tag{4.2.17}$$

其中，

$$\boldsymbol{q}_{\mathrm{a}}' = \begin{Bmatrix} q_1 \\ q_2 \end{Bmatrix}, \boldsymbol{q}_{\mathrm{b}}' = \begin{Bmatrix} q_3 \\ q_4 \end{Bmatrix}, \boldsymbol{K} = \begin{bmatrix} k_+ & \boldsymbol{r}_{\mathrm{a0}} & \boldsymbol{0}, \\ \boldsymbol{r}_{\mathrm{a0}}^{\mathrm{T}} & \boldsymbol{R}_{\mathrm{aa}} & \boldsymbol{R}_{\mathrm{ab}} \\ \boldsymbol{0} & \boldsymbol{R}_{\mathrm{ba}} & \boldsymbol{R}_{\mathrm{bb}} \end{bmatrix}, \quad \Pi_+ = p_0 q_0 + p_1 q_1 + U_1$$

展开得

$$\Pi_+ = k_+ q_0^2/2 + \boldsymbol{q}_{\mathrm{a}}'^{\mathrm{T}} \boldsymbol{R}_{\mathrm{aa}} \boldsymbol{q}_{\mathrm{a}}'/2 + \boldsymbol{q}_{\mathrm{b}}'^{\mathrm{T}} \boldsymbol{R}_{\mathrm{bb}} \boldsymbol{q}_{\mathrm{b}}'/2 + \boldsymbol{q}_{\mathrm{a}}'^{\mathrm{T}} \boldsymbol{R}_{\mathrm{ab}} \boldsymbol{q}_{\mathrm{b}}' +$$
$$q_0 \boldsymbol{r}_{\mathrm{a0}} \boldsymbol{q}_{\mathrm{a}}' + q_0 \boldsymbol{r}_{\mathrm{a0}} \boldsymbol{q}_{\mathrm{a}}' + p_0 q_0 + p_1 q_1$$

按式(4.2.12)：

$$q_0=-(\boldsymbol{r}_{0a}/k_+)\boldsymbol{q}_a'-p_0/k_+,\quad \boldsymbol{r}_{0a}/k_+=(-k_1/k_+\quad -k_2/k_+)$$

表明 q_0 只是 $\boldsymbol{q}_a'$ 的线性函数。将式(4.2.12)代入式(4.2.17)消元，推导如下：

$$\begin{aligned}\Pi_+ &= k_+q_0^2/2+q_0k_+\boldsymbol{R}_{a0}\boldsymbol{q}_a'+\boldsymbol{q}_a'^{\mathrm{T}}\boldsymbol{R}_{aa}\boldsymbol{q}_a'/2+\boldsymbol{q}_b'^{\mathrm{T}}\boldsymbol{R}_{bb}\boldsymbol{q}_b'/2+\\ &\quad \boldsymbol{q}_a'^{\mathrm{T}}\boldsymbol{R}_{ab}\boldsymbol{q}_b'-p_0[(\boldsymbol{r}_{0a}/k_+)\boldsymbol{q}_a'+p_0/k_+]+p_1q_1+C\\ &= p_1q_1-p_0(\boldsymbol{r}_{0a}/k_+)\boldsymbol{q}_a'+\boldsymbol{q}_a'^{\mathrm{T}}[\boldsymbol{R}_{aa}-\boldsymbol{r}_{0a}{}^{\mathrm{T}}k_+^{-1}\boldsymbol{r}_{0a}]\boldsymbol{q}_a'/2+\\ &\quad \boldsymbol{q}_b'^{\mathrm{T}}\boldsymbol{R}_{bb}\boldsymbol{q}_b'/2+\boldsymbol{q}_a'^{\mathrm{T}}\boldsymbol{R}_{ab}\boldsymbol{q}_b'+C=\Pi'\end{aligned}$$

其中，C 是常数，不影响变分原理，而 $\boldsymbol{R}_{bb}$，$\boldsymbol{R}_{ab}$不变；且

$$\begin{aligned}&\boldsymbol{R}_{aa}'=(\boldsymbol{R}_{aa}-\boldsymbol{r}_{0a}{}^{\mathrm{T}}k_+^{-1}\boldsymbol{r}_{0a}),\quad \boldsymbol{R}'_{ab}=\boldsymbol{R}_{ab},\quad \boldsymbol{R}'_{bb}=\boldsymbol{R}_{bb}\\ &\boldsymbol{p}_a'=\begin{Bmatrix}p_1\\ 0\end{Bmatrix}-\boldsymbol{r}_{0a}^{\mathrm{T}}\cdot p_0/k_+\end{aligned}\tag{4.2.18}$$

消元后的作用量是 $\Pi'=U_0'+\boldsymbol{p}_a'^{\mathrm{T}}\cdot\boldsymbol{q}_a'$。这给出了消元后作用量的子矩阵和对偶力向量 $\boldsymbol{R}_{aa}'$，$\boldsymbol{R}_{ab}'$，$\boldsymbol{R}_{bb}'$；$\boldsymbol{p}_a'$。于是

$$U_0'=\frac{1}{2}\begin{Bmatrix}\boldsymbol{q}_a'\\ \boldsymbol{q}_b'\end{Bmatrix}^{\mathrm{T}}\boldsymbol{K}'\begin{Bmatrix}\boldsymbol{q}_a'\\ \boldsymbol{q}_b'\end{Bmatrix},\boldsymbol{q}_a'=\begin{Bmatrix}q_1\\ q_2\end{Bmatrix},\quad \boldsymbol{q}_b'=\begin{Bmatrix}q_3\\ q_4\end{Bmatrix},\boldsymbol{R}'=\begin{bmatrix}\boldsymbol{R}_{aa}' & \boldsymbol{R}_{ab}\\ \boldsymbol{R}_{ba} & \boldsymbol{R}_{bb}\end{bmatrix}$$

$$\begin{aligned}\boldsymbol{q}_a'^{\mathrm{T}}\boldsymbol{R}_{aa}'\boldsymbol{q}_a' &=\begin{Bmatrix}q_0\\ \boldsymbol{q}_a'\end{Bmatrix}^{\mathrm{T}}\begin{bmatrix}k_+ & \boldsymbol{r}_{a0}\\ \boldsymbol{r}_{a0}^{\mathrm{T}} & \boldsymbol{R}_{aa}\end{bmatrix}\begin{Bmatrix}q_0\\ \boldsymbol{q}_a'\end{Bmatrix}\\ &=\boldsymbol{q}_a'^{\mathrm{T}}\begin{pmatrix}-\boldsymbol{r}_{0a}/k_+\\ \boldsymbol{I}\end{pmatrix}^{\mathrm{T}}\begin{bmatrix}k_+ & \boldsymbol{r}_{a0}\\ \boldsymbol{r}_{a0}^{\mathrm{T}} & \boldsymbol{R}_{aa}\end{bmatrix}\begin{pmatrix}-\boldsymbol{r}_{0a}/k_+\\ \boldsymbol{I}\end{pmatrix}\boldsymbol{q}_a'\end{aligned}$$

$$\boldsymbol{R}_{aa}'=\begin{pmatrix}-\boldsymbol{r}_{0a}/k_+\\ \boldsymbol{I}\end{pmatrix}^{\mathrm{T}}\begin{bmatrix}k_+ & \boldsymbol{r}_{a0}\\ \boldsymbol{r}_{a0}^{\mathrm{T}} & \boldsymbol{R}_{aa}\end{bmatrix}\begin{pmatrix}-\boldsymbol{r}_{0a}/k_+\\ \boldsymbol{I}\end{pmatrix}$$

其中，$\boldsymbol{r}_{0a}/k_+$ 是 $1\times(n_1+1)=1\times 2$ 的矩阵。这样就将

$$\boldsymbol{R}'=\begin{pmatrix}\boldsymbol{R}_{aa}' & \boldsymbol{R}_{ab}\\ \boldsymbol{R}_{ba} & \boldsymbol{R}_{bb}\end{pmatrix},\quad \boldsymbol{R}_{aa}'=\begin{pmatrix}-\boldsymbol{r}_{0a}/k_+\\ \boldsymbol{I}\end{pmatrix}^{\mathrm{T}}\begin{pmatrix}k_+ & \boldsymbol{r}_{a0}\\ \boldsymbol{r}_{a0}^{\mathrm{T}} & \boldsymbol{R}_{aa}\end{pmatrix}\begin{pmatrix}-\boldsymbol{r}_{0a}/k_+\\ \boldsymbol{I}\end{pmatrix} \tag{4.2.19}$$

计算出来了。结构力学的界带就前进了一步，所谓**步进**，得到了 $U'(\boldsymbol{q}_a',\boldsymbol{q}_b')$。将 $U'(\boldsymbol{q}_a',\boldsymbol{q}_b')$ 再表达为传递辛矩阵的形式，就是常规了。

算例 1 自由度 n 可以有很多，以下简单些，设 $n=10$，即 $i=0,1,\cdots,9$。$n_1=2$，而 $k_1=2$，$k_2=1$。设结构力学问题，左端为给定力的边界条件，因 $n_1=2$，故要给出 p_0，p_1。设 $p_0=2$，$p_1=1$，注意 $p_0+p_1=3$，可用于检验平衡条件。而右端则固定，$q_8=q_9=0$。要求解各点的位移 $q_0,\cdots,q_7$，以及各界带：

♯1:0,1；　♯2:2,3；　♯3:4,5；　♯4:6,7；　♯5:8,9

和这些界带左端的力 $\boldsymbol{p}_{\#j}$，$j=1\sim5$。

解 这是结构静力学问题，线性体系，其两端边界条件如同悬臂梁。正统的求解方法自然是组装总刚度矩阵，确定外力向量，求解线性代数得到位移，然后计算内力。代数方程为

$$\begin{pmatrix}3 & -2 & -1 & & & & & \\ -2 & 5 & -2 & -1 & & & & \\ -1 & -2 & 6 & -2 & -1 & & & \\ & -1 & -2 & 6 & -2 & -1 & & \\ & & -1 & -2 & 6 & -2 & -1 & \\ & & & -1 & -2 & 6 & -2 & -1\\ & & & & -1 & -2 & 6 & -2\\ & & & & & -1 & -2 & 6\end{pmatrix}\begin{Bmatrix}q_0\\ q_1\\ q_2\\ q_3\\ q_4\\ q_5\\ q_6\\ q_7\end{Bmatrix}=\begin{Bmatrix}2\\ 1\\ 0\\ 0\\ 0\\ 0\\ 0\\ 0\end{Bmatrix}$$

可解出

$$\begin{Bmatrix} q_0 \\ q_1 \\ q_2 \\ q_3 \\ q_4 \\ q_5 \\ q_6 \\ q_7 \end{Bmatrix} = \begin{Bmatrix} 4.105\,656\,817\,492\,672 \\ 3.605\,673\,663\,286\,277 \\ 3.105\,623\,125\,905\,461 \\ 2.605\,808\,429\,635\,120 \\ 2.105\,117\,752\,097\,301 \\ 1.607\,695\,158\,518\,918 \\ 1.098\,076\,210\,370\,271 \\ 0.633\,974\,596\,543\,243 \end{Bmatrix}$$

如果用 $q_6 = q_7 = 0$ 的边界条件，则成为

$$\begin{pmatrix} 3 & -2 & -1 & & & \\ -2 & 5 & -2 & -1 & & \\ -1 & -2 & 6 & -2 & -1 & \\ & -1 & -2 & 6 & -2 & -1 \\ & & -1 & -2 & 6 & -2 \\ & & & -1 & -2 & 6 \end{pmatrix} \begin{Bmatrix} q_0 \\ q_1 \\ q_2 \\ q_3 \\ q_4 \\ q_5 \end{Bmatrix} = \begin{Bmatrix} 2 \\ 1 \\ 0 \\ 0 \\ 0 \\ 0 \end{Bmatrix}$$

可解出

$$\begin{Bmatrix} q_0 \\ q_1 \\ q_2 \\ q_3 \\ q_4 \\ q_5 \end{Bmatrix} = \begin{Bmatrix} 3.105\,584\,232\,754\,576 \\ 2.605\,818\,864\,382\,919 \\ 2.105\,114\,969\,497\,888 \\ 1.607\,695\,917\,409\,667 \\ 1.098\,076\,020\,647\,583 \\ 0.633\,974\,659\,784\,139 \end{Bmatrix}$$

这是传统的求解方法。当结构趋于复杂时，整体刚度矩阵会快速膨胀，往往导致计算量的问题。现在则可将传统求解方法得出的结果用于检验传递矩阵方法计算的结果。注意，界带问题的刚度矩阵是等带宽矩阵，与通常多维结构力学问题同。

虽然是**一维链**的简单问题，但其他问题的处理雷同。请回顾对称带状矩阵的消元求解，先组装出总刚度矩阵，再予以消元。后面位移与前面位移的消元无关。然而以上只是 $n_1=2$ 的特殊情况。

按跳跃式前进的积分，求解也可用传递矩阵方法执行。将结构划分为逐个的界带，如图 4-17 所示。

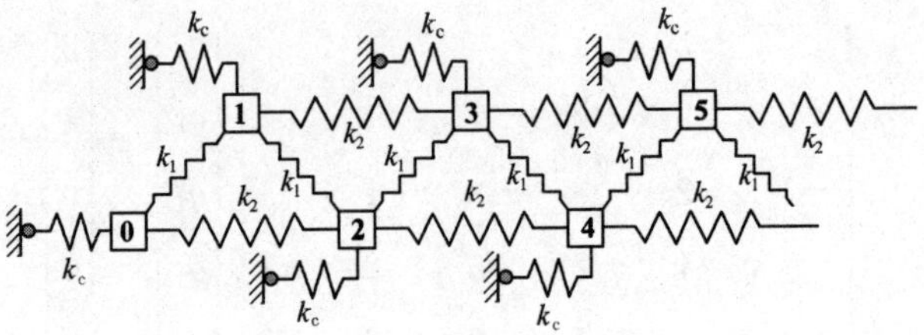

(a)一维链状结构

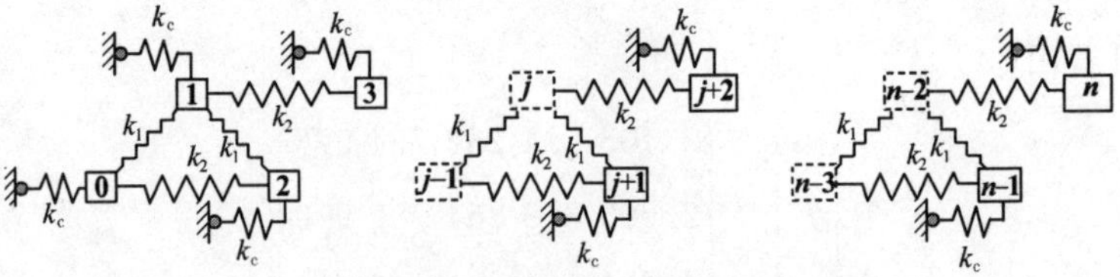

(b)一维链状结构的边界及基本区段的子结构划分

图 4-17

$$
\boldsymbol{K}_n=\begin{bmatrix}
k_+ & -k_1 & -k_2 & & & & & & & \\
-k_1 & k_+ + k_1 & -k_1 & -k_2 & & & & & & \\
-k_2 & -k_1 & 2k_+ & -k_1 & -k_2 & & & & & \\
 & \ddots & \ddots & \ddots & \ddots & \ddots & & & & \\
 & & \ddots & \ddots & \ddots & \ddots & \ddots & & & \\
 & & & & -k_2 & -k_1 & 2k_+ & -k_1 & -k_2 & \\
 & & & & & -k_2 & -k_1 & k_+ + k_1 & -k_1 & \\
 & & & & & & -k_2 & -k_1 & k_+ &
\end{bmatrix}
\begin{matrix} 0 \\ 1 \\ 2 \\ \vdots \\ \vdots \\ 7 \\ 8 \\ 9 \end{matrix}
$$

$$\eta_1=2,\quad k_+=k_1+k_2,\quad k_1=2,\quad k_2=1$$

因为 $\boldsymbol{q}_{\#1}:q_0,q_1$ 是未知数，所以是待求参数，与 $\boldsymbol{p}_{\#1}:p_0=2,p_1=1$ 共同组成初始界带的状态向量。用传递方法，求出 $\boldsymbol{q}_{\#5}:q_8=q_9=0$ 也是 $\boldsymbol{q}_{\#1}:q_0,q_1$ 的函数，这样就由两个方程求解出 $\boldsymbol{q}_{\#1}:q_0,q_1$。注意，**传递矩阵的方法可能出现数值病态**，所以通常在结构分析中不采用。取 $k_c=0$，跳跃式传递矩阵法的计算结果见表 4-2。

表 4-2　基本界带结构传递辛矩阵跳跃式计算结果

节点	q_{i-1}	q_i	p_{i-1}	p_i
#1(i=1) 左端	4.105 656 817 492 672	3.605 673 663 286 277	−2	−1
#2(i=3)	3.105 623 125 905 461	2.605 808 429 635 120	−2.000 134 766 348 843	−0.999 865 233 651 157
#3(i=5)	2.105 117 752 097 301	1.607 695 158 518 918	−2.001 886 728 883 798	−0.998 113 271 116 202
#4(i=7)	1.098 076 210 370 271	0.633 974 596 543 243	−2.026 279 438 024 325	−0.973 720 561 975 675
#5(i=9)	0	0	−2.366 025 403 456 757	−0.633 974 596 543 243

读者可以检验 $p_{i-1}+p_i=-2-1=-3$，平衡条件满足得很好。

左端：$p_2=(q_2-q_0)k_2+(q_2-q_1)k_1$

$$=-2.000\,134\,766\,348\,843$$

$$p_3=(q_3-q_1)k_2=-0.999\ 865\ 233\ 651\ 157$$

可以看到弹性本构关系也满足得很好。与前面按传统组装总刚度矩阵方法求解的结果对比发现，在双精度范围内传递矩阵法与组装总刚度矩阵求解法得到的结果完全一致。位移 $\boldsymbol{q}_a$ 的对偶变量广义力 $\boldsymbol{p}_a$ 作为内力出现，故和外力相差一个负号。为了将以上的数值结果与动力学时滞问题的逐步积分类比，下面考虑结构力学问题的逐步积分。数值比较仍用前面的例题。

首先取 $n_1=2$，弹簧刚度与边界条件保持不变，利用步进求解上节算例，计算结果见表 4-3。

表 4-3　步进式界带结构传递辛矩阵计算结果　($n_1=2$)

	左边界(界带 0) (j=1)	步进 1 次后左界带 (j=2)	步进 2 次后左界带 (j=3)	步进 3 次后左界带 (j=4)
q_{j-1}	4.105 656 801 683 294	3.605 673 647 474 378	3.105 623 110 101 124	2.605 808 413 803 056
q_j	3.605 673 647 474 378	3.105 623 110 101 124	2.605 808 413 803 056	2.105 117 736 368 583
p_{j-1}	−2	−	−2.000 134 766 328 678	−1.999 494 626 267 459
p_j	−1	−	−0.999 865 233 671 322	−1.000 505 373 732 541
p'_{j-1}	−	−2.333 333 333 333 333	−2.363 636 363 636 363	−2.365 853 658 536 585
p'_j	−	−0.666 666 666 666 667	−0.636 363 636 363 636	−0.634 146 341 463 415
	步进 4 次后左界带 (j=5)	步进 5 次后左界带 (j=6)	步进 6 次后左界带 (j=7)	步进 6 次后右界带 (j=9)
q_{j-1}	2.105 117 736 368 583	1.607 695 142 404 543	1.098 076 195 695 175	0
q_j	1.607 695 142 404 543	1.098 076 195 695 175	0.633 974 576 496 689	0
p_{j-1}	−2.001 886 728 601 487	−1.992 958 459 326 592	−2.026 279 434 092 146	−2.366 025 423 503 309
p_j	−0.998 113 271 398 513	−1.007 041 540 673 408	−0.973 720 565 907 854	−0.633 974 576 496 689
p'_{j-1}	−2.366 013 071 895 424	−2.366 024 518 388 790	−2.366 025 619 428 325	−
p'_j	−0.633 986 928 104 575	−0.633 975 481 611 208	−0.633 974 380 571 672	−

可以看到，采用步进方法计算得出的位移与采用界带传递矩阵跳跃式计算得出的结果相一致。虽然存在部分差异，但相对误差已

经控制在 10^{-8} 量级以内。这主要是由于步进计算的传递矩阵计算次数比跳跃式计算要多出大约一倍，舍入误差已经在所难免。注意 $j=1,3,5,7,9$ 站计算得出的力项 p_{j-1}，p_j，和表 4-2 中的力项几乎相同，正好验证了 n_1 次步进的积分结果与一次跳跃式积分结果相同。然而以上只是 $n_1=2$ 的特殊情况。

较一般情况的算法是 $n_1>2$ 的，因为时滞长度 t_d 是给定的物理量，而划分多少点是可选择的。

设 $n=10$，界带宽度一般些，$n_1=3$，则总刚度矩阵（$n_1=3$，总共 $n=10$ 站）按列消元一次，成为 9 站。如再消元，则成为 8 站……

$$
\begin{pmatrix}
d_0 & * & * & * & & & & & & \\
* & * & * & * & * & & & & & \\
* & * & * & * & * & * & & & & \\
* & * & * & * & * & * & * & & & \\
 & * & * & * & * & * & * & * & & \\
 & & * & * & * & * & * & * & * & \\
 & & & * & * & * & * & * & * & * \\
 & & & & * & * & * & * & * & * \\
 & & & & & * & * & * & * & * \\
 & & & & & & * & * & * & *
\end{pmatrix}
\begin{matrix} p_0 \\ 1 \\ 2 \\ 3 \\ 4 \\ 5 \\ 6 \\ 7 \\ 8 \\ 9 \end{matrix}
\Rightarrow
$$

$$\begin{bmatrix} * & * & * & * & & & & & \\ * & * & * & * & * & & & & \\ * & * & * & * & * & * & & & \\ * & * & * & * & * & * & * & & \\ & * & * & * & * & * & * & & \\ & & * & * & * & * & * & * & \\ & & & * & * & * & * & * & \\ & & & & * & * & * & * & \\ & & & & & * & * & * & * \end{bmatrix} \begin{matrix} 1 \\ 2 \\ 3 \\ 4 \\ 5 \Rightarrow \cdots \\ 6 \\ 7 \\ 8 \\ 9 \end{matrix}$$

完全是等带宽矩阵，按结构力学是两端边界条件，进行 LDLT 分解求解就可以了。但现在要传递逐步消元，只用前面的 $\boldsymbol{R}$：$(2n_1+1)\times(2n_1+1)$进行计算。将矩阵分解为

$$\boldsymbol{R}=\begin{bmatrix} d_0 & \boldsymbol{r}_{a0} & \boldsymbol{0} \\ \boldsymbol{r}_{a0}^{\mathrm{T}} & \boldsymbol{R}_{aa} & \boldsymbol{R}_{ab} \\ \boldsymbol{0} & \boldsymbol{R}_{ba} & \boldsymbol{R}_{bb} \end{bmatrix} \begin{matrix} p_0 & 1 \\ \boldsymbol{p}_{a0}' & n_1 \\ \boldsymbol{0} & n_1 \end{matrix}$$

$$U_1=\frac{1}{2}\begin{Bmatrix} q_0 \\ \boldsymbol{q}_a' \\ \boldsymbol{q}_b' \end{Bmatrix}^{\mathrm{T}} \boldsymbol{K} \begin{Bmatrix} q_0 \\ \boldsymbol{q}_a' \\ \boldsymbol{q}_b' \end{Bmatrix} \begin{matrix} 1 \\ n_1 \\ n_1 \end{matrix}$$

$$\boldsymbol{R}_{ab}: \begin{bmatrix} * & 0 & 0 \\ * & * & 0 \\ * & * & * \end{bmatrix}$$

$$\boldsymbol{r}_{a0}: 1\times n_1,\ \boldsymbol{R}_{aa}: n_1\times n_1,\ \boldsymbol{R}_{bb}: n_1\times n_1 \tag{4.2.20}$$

$$\Pi_+ = p_0\ q_0 + \boldsymbol{p}_{a0}'^{\mathrm{T}}\ \boldsymbol{q}_a' + U_1$$

省略项无关。与前面一样，将 Π_+ 乘出来。对于 q_0 取最小得到

$$q_0 = -(\boldsymbol{r}_{0a}/d_0)\boldsymbol{q}_a' - p_0/d_0$$

代入 Π_+ 得到 Π'。得到公式：

$$\boldsymbol{R}_{aa}' = \boldsymbol{R}_{aa} - \boldsymbol{r}_{0a}{}^{\mathrm{T}}\, d_0^{-1}\boldsymbol{r}_{0a}\,,\ \boldsymbol{p}_a' = \boldsymbol{p}_{a0}' - \boldsymbol{r}_{0a}^{\mathrm{T}} \cdot p_0/d_0$$
$$\boldsymbol{R}_{ab}' = \boldsymbol{R}_{ab}\,,\quad \boldsymbol{R}_{bb}' = \boldsymbol{R}_{bb} \tag{4.2.21}$$

$$\boldsymbol{R}' = \begin{pmatrix} \boldsymbol{R}_{aa}' & \boldsymbol{R}_{ab} \\ \boldsymbol{R}_{ba} & \boldsymbol{R}_{bb} \end{pmatrix},\quad \boldsymbol{R}_{aa}' = \begin{pmatrix} -\boldsymbol{r}_{0a}/d_0 \\ \boldsymbol{I} \end{pmatrix}^{\mathrm{T}} \begin{pmatrix} d_0 & \boldsymbol{r}_{a0} \\ \boldsymbol{r}_{a0}^{\mathrm{T}} & \boldsymbol{R}_{aa} \end{pmatrix} \begin{pmatrix} -\boldsymbol{r}_{0a}/d_0 \\ \boldsymbol{I} \end{pmatrix} \tag{4.2.22}$$

$$\boldsymbol{p}_a' = \boldsymbol{p}_{a0}' - \boldsymbol{r}_{0a}^{\mathrm{T}} \cdot p_0/d_0 \tag{4.2.23}$$

因此，计算是按下面步骤进行的：

(1)组成 $\boldsymbol{R}$：$(2n_1+1)\times(2n_1+1)$，并按式(4.2.20)分解成 $\boldsymbol{R}_{aa}$，$\boldsymbol{R}_{ab}$，$\boldsymbol{R}_{bb}$；$\boldsymbol{r}_{a0}$，d_0；p_0，$\boldsymbol{p}_{a0}'$。其中，向量 $\boldsymbol{p}_{a0}'$ 最后的元素是 0。

(2)按式(4.2.22)计算新的 $\boldsymbol{R}_{aa}'$，而 $\boldsymbol{R}_{ab}$，$\boldsymbol{R}_{bb}$ 不变，组成 $2n_1\times 2n_1$ 矩阵 $\boldsymbol{R}'$。

(3)按式(4.2.23)计算新的对偶力 $\boldsymbol{p}_a'$。

这样就完成了一次递归步进的计算，可继续进行下面的步进计算了。其实下面的计算与此完全一样。

如果取 $n_1=3$，在次次近邻间连接弹簧 k_3，则此时界带的宽度为 3 层。如果还取 $n=10$ 进行计算，可以发现由于此时 n/n_1 不再是整数，无法完整分割基本界带子结构，直接采用跳跃式传递矩阵计算出现困难。但这对步进式计算模式则毫无影响。设 $k_3=0.5$，两端边界条件改为：$p_0=2$，$p_1=1$，$p_2=1$。注意 $p_0+p_1+p_2=4$，可用于检验平衡条件。而右端则固定，$q_7=q_8=q_9=0$。利用步进式计算得出的结果见表 4-4。

表 4-4　　步进式界带结构传递辛矩阵计算结果　　($n_1=3$)

	左边界(界带 0) (j=2)	步进 1 次后左界带 (j=3)	步进 2 次后左界带 (j=4)	步进 3 次后左界带 (j=5)
q_{j-2}	2.759 131 818 028 058	2.365 916 077 331 246	2.089 364 815 521 224	1.671 528 785 828 973
q_{j-1}	2.365 916 077 331 246	2.089 364 815 521 224	1.671 528 785 828 973	1.288 032 744 788 634
q_j	2.089 364 815 521 224	1.671 528 785 828 973	1.288 032 744 788 634	0.917 634 023 501 649
p_{j-2}	−2	–	–	−2.073 860 866 986 316
p_{j-1}	−1	–	–	−1.340 273 737 003 896
p_j	−1	–	–	−0.585 865 396 009 787
p'_{j-2}	–	−2.142 857 142 857 143	−2.836 065 573 770 491	−2.670 157 068 062 826
p'_{j-1}	–	−1.571 428 571 428 571	−0.918 032 786 885 246	−1.027 923 211 169 284
p'_j	–	−0.285 714 285 714 286	−0.245 901 639 344 262	−0.301 919 720 767 888
	步进 4 次后左界带 (j=6)	步进 3 次后右界带 (j=8)	步进 4 次后右界带 (j=9)	
q_{j-2}	1.288 032 744 788 634	0.565 580 740 672 346	0	
q_{j-1}	0.917 634 023 501 649	0	0	
q_j	0.565 580 740 672 346	0	0	
p_{j-2}	−2.107 265 819 084 575	−1.979 532 592 353 209	−2.692 811 877 240 640	
p_{j-1}	−1.339 760 158 337 113	−1.561 650 395 895 966	−1.024 397 752 423 170	
p_j	−0.552 974 022 578 314	−0.458 817 011 750 825	−0.282 790 370 336 173	
p'_{j-2}	−2.682 627 040 909 923	–	–	
p'_{j-1}	−1.036 690 515 501 742	–	–	
p'_j	−0.280 682 443 588 332	–	–	

通过平衡条件验证可发现，平衡条件满足得很好。弹性本构关系验证依然满意。当 $n_1=3$ 时，步进三次与一次跳跃式传递矩阵计算的结果相一致，再次验证了前文的观点。其实就是结构力学多维问题。

虽然是**一维链**简单问题，但其他问题的处理雷同。请回顾对称带状矩阵的消元求解，先组装出总刚度矩阵，再予以消元。后面位移与前面位移的消元无关。

4.3 连续系统的能量形式

以上只是离散系统，毕竟离散系统是连续系统的近似。于是要问，在连续系统的情况下变形能究竟怎样表达？按文献[1,9]的分析，结构力学与动力学是互相**模拟**的，只相差一个正负号。

以下首先选择**结构静力学**讲述。然后变换正负号，成为**动力学**。结构静力学的例题，有一次微商的能量，其实就是向量节点间的弹簧变形能(动力学中一次微商的则是动能)。化到连续系统，有能量

$$U_1(q)=\int_0^L \frac{k_t\,\dot{q}^2(x)}{2}\mathrm{d}x \tag{4.3.1}$$

将它离散组成刚度矩阵(或质量矩阵)的形式，可包含在 $\boldsymbol{K}$ 中。其中，k_t 是常数，相当于长度方向与地面间的分布弹簧刚度。

其他弹簧则组成界带宽度的对称阵 $\boldsymbol{K}_2$，变形能 $\boldsymbol{q}^{\mathrm{T}}\boldsymbol{K}_2\boldsymbol{q}/2$。当转换到连续坐标时，成为泛函

$$U_2(q)=\int_0^L\int_0^L[q(s)K(s,x)q(x)/2]\mathrm{d}s\mathrm{d}x \tag{4.3.2}$$

该积分在对称核 $K(s,x)=K(x,s)$ 积分方程是有过的。[13] 界带问题的核函数有

$$K(s,x)=0,\quad x>s+t_d \tag{4.3.3}$$

其中，t_d 就是界带宽度。然后，结构力学就是

$$\min_{q(x)}[U_1(q)+U_2(q)] \tag{4.3.4}$$

边界条件要在前面界带 $0\sim t_d$ 以及后面界带 $(L-t_d)\sim L$，给定界带

的位移 $q(x)$ 或其对偶。这是与普通积分方程不同的。式(4.3.4)中用加法，表明这是结构静力学。

要求解的是 $t_d \sim (L-t_d)$ 区段的位移 $q(x)$，变分取最小的，也是该区段的位移。结构力学问题对应的是最小总势能变分原理。前面用离散后的界带理论及其传递讲述了数值方法。给出了变分原理(4.3.4)后，微分-积分方程成为

$$k_t \ddot{q}(x) + \int_0^L [K(s,x)q(s)]\mathrm{d}s = 0 \tag{4.3.5}$$

微分-积分方程当然要边界条件。两端边界条件就是在界带 $0 \sim t_d$ 与 $(L-t_d) \sim L$ 给出位移或其对偶的分布力。

通常的线性微分方程，其求解总有两种方法：**直接数值积分**以及**本征向量展开**。先考虑定常系统，此时 $K(s,x)=K(|s-x|)$，就是说只依赖一个变量 $|s-x|$。

虽然已经是微分-积分方程，但求解的思路仍可按这两种思路考虑。前面是对离散体系的数值求解，相当于直接数值积分；而文章[33,34]的界带能带分析相当于本征值求解分析。这表明离散界带的本征向量求解应予以考虑。取

$$q(x) = \exp(\lambda_i x) \tag{4.3.6}$$

其中，λ_i 是待求本征值。求解本征值方程时，先不管边界条件。将式(4.3.6)代入式(4.3.5)，得到本征值方程的积分方程为

$$\lambda^2 \psi_i(x) + \int_0^L [K(s,x)\psi_i(s)]\mathrm{d}s = 0, \quad \lambda^2 = k_t \lambda_i^2 \tag{4.3.7}$$

其中，$\psi_i(x)$ 是本征函数；λ_i^2 是本征值，也称本征对，$i=1,2,\cdots$。

本征值问题适用于定常系统，因为带宽 t_d 有限，有条件(4.3.3)。这样，积分本征值方程未知函数的区域成为

$$\lambda^2\psi(x)+\int_{-t_d}^{t_d}[K(|s-x|)\psi(s)]ds=0 \tag{4.3.8}$$

这也是对称核积分方程。

本征对

$$\lambda_i^2,\quad \psi_i(x)(i=1,2,\cdots) \tag{4.3.9}$$

函数的定义域是$-t_d\leqslant x\leqslant t_d$。

积分方程(4.3.8)是对称核积分方程的特殊情况，因为核函数具有形式 $K(s,x)=K(|s-x|)$。读者可从文献[21]找到 Hilbert 的对称核积分方程的全套理论。

然而，数值求解仍需要回归到数值方法。取 $\eta=t_d/n_l$，于是区域$-t_d\leqslant x\leqslant t_d$ 离散得到 $2n_l+1$ 个点，包括点 $x=0$，界带宽度是 n_l。离散后得到$(2n_l+1)\times(2n_l+1)$矩阵的代数矩阵本征值方程。

定常系统的变形能的积分成为

$$U_2(q)=\int_0^L q(x)\left[\int_{-t_d}^{t_d}[q(x-\tau)K(\tau)/2]d\tau\right]dx \tag{4.3.10}$$

微分-积分方程的分析求解方法还不够充分，寻求离散求解是必然的途径。考虑 $0\sim t_d$ 应划分多少区段的问题，最简单的是取一个区段。设 L 被划分为 m_e 个区段，$L=\eta\times m_e$，其中，两端 $x=0,\eta$ 处的 q_0,q_1，以及 $x=L-\eta,L$ 处的 p_{m_e-1},p_{m_e} 为给定两端边界条件；$q_2,q_3,\cdots,q_{m_e-1},q_{m_e}$ 为未知数。现在要计算 $x=k\eta$ 附近的变形能 $U_2(q)$积分，有关的$-t_d<\tau<t_d$，$K(\tau)>0$。式(4.3.10)的积分区间是$-t_d<\tau<t_d$，$x=k\eta$ 有关的位移是 q_{k-1},q_k,q_{k+1}。积分时，位移插值

$$q(\tau)=\begin{cases}q_k+(q_{k+1}-q_k)(1-\tau/t_d), & \tau>0\\ q_k-(q_k-q_{k-1})\tau/t_d, & \tau<0\end{cases}\quad(-t_d<\tau<t_d) \tag{4.3.11}$$

如果取常数 $K(\tau)=K_0$，$-t_d<\tau<t_d$，$q_0=q(0)$，$q_1=q(\eta)$；$\eta=t_d$，继续，则 $q_i=q(i\cdot\eta)$。$\# i$：$(i-1)\sim i$ 区段中间只能线性插值，两端节点位移是 q_{i-1}，q_i，而分布则是

$$q(i\eta-\eta+\tau)=q_{i-1}+(q_i-q_{i-1})\tau/\eta \tag{4.3.12}$$

于是

$$U_2(q)=\int_0^L q(x)\left\{\int_{-t_d}^{t_d}[q(x-\tau)K_0/2]\mathrm{d}\tau\right\}\mathrm{d}x$$

先看对 x 的一个步长 $x_{k-1}\sim x_k(x_k-x_{k-1}=\eta)$ 区段的积分

$$\begin{aligned}U_2(q_{k-1},q_k)&=\int_{(k-1)\eta}^{k\eta}q(x)\left\{\int_{-t_d}^{t_d}[q(x-\tau)K(\tau)/2]\mathrm{d}\tau\right\}\mathrm{d}x\\&=\frac{\eta}{2}\left\{q_{k-1}\int_{-t_d}^{t_d}[q(k\eta-\eta-\tau)K(\tau)/2]\mathrm{d}\tau+\right.\\&\qquad\left.q_k\int_{-t_d}^{t_d}[q(k\eta-\tau)K(\tau)/2]\mathrm{d}\tau\right\}\end{aligned} \tag{4.3.13}$$

其中，积分 $\int_{-t_d}^{t_d}[q(k\eta-\eta-\tau)K(\tau)/2]\mathrm{d}\tau$ 中的函数 $q(k\eta-\eta-\tau)$，就是 x_{k-1} 附近的；而 $\int_{-t_d}^{t_d}[q(k\eta-\tau)K(\tau)/2]\mathrm{d}\tau$ 中的函数 $q(k\eta-\tau)$，就是 x_k 附近的。

式(4.3.13)已经将作用量的两重积分化为其两端的积分：

$$\int_{-t_d}^{t_d}[q(k\eta-\tau)K(\tau)/2]\mathrm{d}\tau$$

与

$$\int_{-t_d}^{t_d}[q(k\eta-\eta-\tau)K(\tau)/2]\mathrm{d}\tau$$

之和。可以看到 $q(k\eta-\tau)$ 在 $-t_d<\tau<t_d$ 范围内，在离散后有以 q_k 为中心的 $2n_1+1$ 个节点对积分有贡献。同样 $q(k\eta-\eta-\tau)$ 在离散

后也有以 q_{k-1} 为中心的 $2n_1+1$ 个节点对积分有贡献。表明区段 $x_{k-1}\sim x_k$ 的作用量就是**等带宽**的矩阵。与前面的离散系统比较，可发现其矩阵的结构是一致的。这样，前文的计算方法，对于连续系统离散后的计算是可用的。表达为

$$\boldsymbol{K\psi}=\lambda^2\boldsymbol{\psi},\quad n_1=3$$

$$\begin{bmatrix} k_0 & k_1 & k_2 & k_3 & 0 & 0 & 0 \\ k_1 & k_0 & k_1 & k_2 & k_3 & 0 & 0 \\ k_2 & k_1 & k_0 & k_1 & k_2 & k_3 & 0 \\ k_3 & k_2 & k_1 & k_0 & k_1 & k_2 & k_3 \\ 0 & k_3 & k_2 & k_1 & k_0 & k_1 & k_2 \\ 0 & 0 & k_3 & k_2 & k_1 & k_0 & k_1 \\ 0 & 0 & 0 & k_3 & k_2 & k_1 & k_0 \end{bmatrix}\begin{Bmatrix} \psi_{-3} \\ \psi_{-2} \\ \psi_{-1} \\ \psi_0 \\ \psi_1 \\ \psi_2 \\ \psi_3 \end{Bmatrix}=\lambda^2\begin{Bmatrix} \psi_{-3} \\ \psi_{-2} \\ \psi_{-1} \\ \psi_0 \\ \psi_1 \\ \psi_2 \\ \psi_3 \end{Bmatrix} \tag{4.3.14}$$

其中，$(2n_1+1)\times(2n_1+1)$的 $\boldsymbol{K}$ 是特殊情形的 Toeplitz 型对称矩阵。通常对称矩阵是指从左上到右下对角线的对称，但当前还有对于从右上到左下的对称。虽然只是 $n_1=3$，但已经可见一般情况的样子。

数值求解仍需要回归到数值方法。从传递积分的根本考虑，是前界带的状态传递到顺序的下一个界带。初始条件应在一个界带处给出。取 $\eta=t_{\mathrm{d}}/n_1$，则每个界带宽度是 n_1 个节点。虽然区域 $-t_{\mathrm{d}}\leqslant x\leqslant t_{\mathrm{d}}$ 离散得到 $2n_1+1$ 个点，包括点 $x=0$，这只表明离散节点的相互作用是 n_1+1 个点。而界带宽度则仍是 n_1 个节点，界带传递只需要 $2n_1$ 个节点。从总体矩阵中截取的 $2n_1\times 2n_1$ 矩阵的本征值方程

$$\boldsymbol{K\psi}=\lambda^2\boldsymbol{\psi},\quad n_1=3$$

$$\begin{bmatrix} k_0 & k_1 & k_2 & k_3 & 0 & 0 \\ k_1 & k_0 & k_1 & k_2 & k_3 & 0 \\ k_2 & k_1 & k_0 & k_1 & k_2 & k_3 \\ k_3 & k_2 & k_1 & k_0 & k_1 & k_2 \\ 0 & k_3 & k_2 & k_1 & k_0 & k_1 \\ 0 & 0 & k_3 & k_2 & k_1 & k_0 \end{bmatrix} \begin{Bmatrix} \psi_{01} \\ \psi_{02} \\ \psi_{03} \\ \psi_{11} \\ \psi_{12} \\ \psi_{13} \end{Bmatrix} = \lambda^2 \begin{Bmatrix} \psi_{01} \\ \psi_{02} \\ \psi_{03} \\ \psi_{11} \\ \psi_{12} \\ \psi_{13} \end{Bmatrix} \tag{4.3.15}$$

其中，$2n_1 \times 2n_1$ 的 $\boldsymbol{K}$ 是特殊情形的 Toeplitz 型对称矩阵；ψ_{01}，ψ_{02}，ψ_{03}是传递出发界带的位移；ψ_{11}，ψ_{12}，ψ_{13}是传递到界带的位移。

以下要进行数值求解了。数值求解前应将理论上的结论弄清楚。结构静力学时，$\boldsymbol{K}$ 是对称正定矩阵，此时本征值 λ^2 是正数。这表明逐步积分可能出现病态。对应的本征向量也是实数向量。它们是正交归一的，并且有本征向量展开定理，见 Courant，Hilbert：《数学物理方法》第一卷。该定理为满足边界条件而运用本征向量展开求解奠定了基础。前面的界带数值计算已经给出了逐步积分例题。

对称矩阵本征值问题的计算已经有成熟的程序。这里不打算多讲了。

4.3.1 连续系统动力学的能量形式

动力学当然关心微分方程以及变分原理等。变分原理的要点是能量，**动能-势能**。动能是速度的函数，因为动量与速度的本构关系 $p=m\dot{q}$ 是即时的，并无时滞现象形式，动能 $T=m\dot{q}^2/2$。故动能的积分与结构力学时的(4.3.1)相同。但弹性的势能则因时滞现象，其形式是(4.3.2)，而且因为时滞是 t_d，故有(4.3.10)。

动力学本来是初值问题，在初始区段 $-t_d \sim 0$ 给出状态向量

$q(t)$，$p(t)$，要积分随后区段的 $q(t)$，$p(t)$。虽然希望可以用解析法积分，但一般来说困难很大而无望。动力学在理论上也可以采用变分原理作用量的表示，时滞 t_d 问题积分的前沿一定也是 t_d。前后两个界带。

当然希望能看到微分-积分方程用连续坐标系统表达。从分析力学的角度看，结构力学是最小总势能变分原理。但到动力学问题，其 Lagrange 函数的积分，即作用量，是

$$S = T - U_2, \quad \delta S = 0 \tag{4.3.16}$$

前面的 $U_1(q)$ 在动力学时变成动能

$$T = \int_{t_0}^{t_f} (m\dot{q}^2/2)\mathrm{d}t \tag{4.3.17}$$

时滞系统的弹簧给出的变形能，同结构力学的 $U_2(q)$：

$$U_2(q) = \int_{t_0}^{t_f}\int_{t_0}^{t_f} q(s)K(s,t)q(t)/2\mathrm{d}s\mathrm{d}t \tag{4.3.18}$$

如果是在频域求解，则 $T = \int_{t_0}^{t_f}(-m\omega^2 q^2/2)\mathrm{d}t$，成为能带分析了。

总体求解时滞系统，只能离散成 $t=0,\eta,\cdots,j\eta,\cdots,(n_f\eta=t_f)$。时滞的离散动能在时间离散后成为

$$T = \boldsymbol{q}^{\mathrm{T}}\boldsymbol{M}\boldsymbol{q}/2$$

其中，

$$\boldsymbol{M} = \begin{pmatrix} 1 & -1 & 0 & & \\ -1 & 2 & -1 & \ddots & \\ 0 & -1 & \ddots & \ddots & 0 \\ & \ddots & \ddots & 2 & -1 \\ & & 0 & -1 & 1 \end{pmatrix} \cdot m/\eta^2, \quad \boldsymbol{q} = \begin{Bmatrix} q_0 \\ q_1 \\ \vdots \\ q_{n_f} \end{Bmatrix} \tag{4.3.19}$$

而 $\boldsymbol{q}$ 是离散后整体的位移向量。如果弹簧系统的变形能如(4.3.10)的形式：

$$U_2=\frac{1}{2}\boldsymbol{q}^{\mathrm{T}}\boldsymbol{K}\boldsymbol{q},\quad \boldsymbol{K}=\begin{pmatrix} k_+ & -k_1 & -k_2 & 0 & \cdots & 0 \\ -k_1 & k_++k_2 & -k_1 & -k_2 & \cdots & 0 \\ -k_2 & -k_1 & 2k_+ & \ddots & & \ddots \\ 0 & \ddots & \ddots & \ddots & & -k_1 \\ 0 & 0 & -k_2 & -k_1 & \cdots & 2k_+ \end{pmatrix}$$

$$k_+=k_1+k_2 \tag{4.3.20}$$

当然，初始 $\boldsymbol{q},\boldsymbol{p}$ 的 $i=0,\cdots,n_1$ 元素是给定的。离散情况下，求解可采用作用量

$$S=T-U_2=\boldsymbol{q}^{\mathrm{T}}\boldsymbol{K}_2\boldsymbol{q}/2,\quad \boldsymbol{K}_2=(\boldsymbol{M}-\boldsymbol{K}) \tag{4.3.21}$$

的表达。这里要明确，仍是时域的离散动力学问题。在中间取一段，设其两端为

$$\boldsymbol{q}_{\mathrm{a}}:q_j,j=0,\cdots,n_1-1;\quad \boldsymbol{q}_{\mathrm{b}}:q_j,j=n_1,\cdots,2n_1-1 \tag{4.3.22}$$

转换为传递辛矩阵、状态向量前进的形式，则可跳跃式积分前进。

时间积分，应说明什么是当前的时间 t。先退回无时滞的情况分析。此时每积分一步就是从 $t_{k-1}\sim t_k$，$\eta=t_k-t_{k-1}$。应当这样理解：当前的时间 t，已经到达的是 t_{k-1}，而待求的时间是 t_k。现在有时滞，则已经到达的是$(t_{k-1}-n_1\eta),\cdots,t_{k-1}$，而待求的时间是 $t_k,\cdots,t_k+n_1\eta$，$\eta=t_{\mathrm{d}}/n_1$。就是跳跃式前进的式(4.3.22)。这样看来，积分方式与结构力学的界带分析并无差别。

步进逐步积分，要求每次前进一个 η 步长，即要求从

$$\boldsymbol{q}_{\mathrm{a}}:q_j,j=0,\cdots,n_1-1;\quad \boldsymbol{q}_{\mathrm{b}}:q_j,j=n_1,\cdots,2n_1-1 \tag{4.3.23}$$

积分前进到

$$\boldsymbol{q}_a':q_j, j=1,\cdots,n_1;\quad \boldsymbol{q}_b':q_j, j=n_1+1,\cdots,2n_1 \quad (4.3.24)$$

其计算消元仍按照与前面对于结构力学同样的方式处理。于是数值积分仍是同样一套。这些提法就是运用变分原理、作用量的表述。

动力学积分本来是初值问题。已经给定的是初值：

$$\boldsymbol{q}_a:q_j, j=0,\cdots,n_1-1;\quad \boldsymbol{p}_a:p_j, j=0,\cdots,n_1-1 \quad (4.3.25)$$

则既然有了式(4.3.15)的作用量矩阵，跳跃式地转换前进并无问题。然后仍采用作用量的方式，进行步进积分，则需要式(4.3.16)的作用量。这些又与结构力学的界带情况相同。

从前面结构力学弹性界带问题的例题，**步进**所确定的是 $j=0$ 处的位移 q_0。也就是说，q_0 以后不再改变。至于当前时间 t 的位移 q_{n_1}，以及带内 $t-t_d<\tau<t$ 的位移，则应注意到，时滞弹簧的能量还没有释放完毕(体现在 $t-t_d<\tau<t$ 的对偶动量 $p(\tau)$)，还会发生变化。将力学概念讲清楚。

于是，执行变分 $\delta S=0$ 就得到时间的微分-积分方程：

$$m\ddot{q}+\int_{t-t_d}^{t}K(t,s)q(s)\mathrm{d}s=0$$

注意，核函数并不排除有一个广义函数，Dirac 的 $k\cdot\delta(t-s)$出现。如果核函数只有 $k\cdot\delta(t-s)$一项，则成为通常最简单的质量-弹簧系统的振动。本书给出的是微分-积分方程，而文献[38]则从偏微分方程的求解得到时滞系统的。

动力学时，弹性部分的作用量依然对称正定，动力质量部分也是对称正定。虽然由于正负号之改变，作用量不再正定，这并非是时滞因素产生的，即使无时滞本来也不正定。差别在于，单自由度时，无时滞的情况下本来是一个固有频率的本征值；而在有时滞时,已经有多个固有频率了。

数值计算其实与前面离散情况的界带情况相同,所以免除了。

时滞微分方程的计算是重要问题。本书按动力学保守系统离散的积分,用结构力学离散界带模拟理论来计算。充分发挥了分析动力学与分析结构力学的模拟关系。相信是非常有用的。

5

结 语

孙中山先生的名言:**“世界潮流,浩浩汤汤,顺之者昌,逆之者亡。”**表达的就是正确方向问题。

方向对研究是最重要的。如果总是拘泥于随人家的方向前进,干一些补充性工作,如何取得突破性成果呢?理念不正确么。杨振宁 1986 年在中山大学研究生院成立大会上谈到做学问时说:**“一个研究生,在他研究生生活的几年期间,对他自己最大的责任,就是把自己引导到一个有发展的研究方向上去。”**

辛的出现已经有七十多年了。本来是从分析动力学发展的,但随后却变化成为纯数学**辛几何**的表述:微分形式、切丛、余切丛、外乘积、Cartan 几何……。纯数学家喜欢采用公理体系研究。回顾 1990 年英国皇家学会会长、现代纯数学大师 M. Atiyah 的话:“公理是为了把一类问题孤立出来,然后去发展解决这些问题的技巧而提炼出来的。……公理的范围愈窄,您舍弃的得愈多。……而从长远来看,您舍弃了很多根芽。如果您用公理化方法做了些东西，那么在一定阶段后您应该回到它的来源处，在那儿进行同花和异花受精，这样是健康的。”

辛数学在其**辛几何**公理系统下发育成长后，就要**破茧**。应看到应用力学的《力、功、能量与辛数学》的另一套**辛代数**思路，要向更广阔天地迈进。局限于纯数学关于**辛几何**的定义下是不能满意的。当回归到辛的来源处，从分析动力学的数值求解方面，再扩展到偏微分方程的求解时，就看到了其不足。应打破束缚，以适应物理课题的需求，扩展概念。**辛破茧**就是要突破**辛几何**的公理系统，根据**变分法的进一步发展**，结合结构力学的实际，以及前面讲的四方面不足，重新考虑。这就是**方向**问题。Atiyah 讲：“希望更透彻的理解产生出来……他们从外倾的观点，而不是从内倾的观点来看群。……从外面的世界去看，则你可借助于外来世界里所有的东西，这样你就得到一个强有力的理解。……通过群是在一些自然背景中(作为变换群)产生的事实，人们应该能证明关于群的深刻的定理。”

要取得突破性成果，跨学科也是特别重要的。Atiyah 说：“物理提供了数学在某种意义上最深刻的应用。物理中产生的数学问题的解答及其方法一直是数学活力的来源。”纯数学的**辛几何**关注各方面的交叉不够。太高深，使人望而生畏，推广难。所以要改造，这也是方向、理念问题。

Atiyah 还说：“浓缩精炼我们所有的数学经验，是使后继者能继往开来的唯一途径。”“数学是人类的一项活动……使之变得简单紧凑让一年级大学生能够理解。”教学就应关注这些准则。本书介绍的是很基本的内容，更着重于让读者理解。

本书只是对于辛四方面的不足分别予以**破茧**，其实这些概念也是互相交叉的，迈进还需要从总体考虑。**破茧**后辛数学的扩展，路还长着呢！

怎样迈进呢？应当看到，“数学是人类的一项活动。”它不是单独存在的，而是与其他学科有着千丝万缕联系的。变分法广泛适用于保守体系，而计算科学、有限元又与变分法紧密相连。辛数学应与变分法一起考虑，按“变分法进一步发展”的思路前进。所以辛**破茧**的后续扩展，不应是封闭式的，而应与力学、物理等客观问题联系在一起迈进，以开阔思路。不宜单纯局限于纯数学的公理系统来考虑问题。

J. von Neumann 在《数学家》一文中说：“不可否认，数学中在那些人们所能想象的最纯的纯数学部分，一些最好的灵感来源于自然科学。”“现代数学的某些最好的灵感（我认为是最好的一些）无疑来自于自然科学。”“许多最美妙的数学灵感来源于经验，而且很难相信会有绝对的、一成不变的、脱离人类经验的数学严密性概念。”“在数学的本质中存在着一种非常特殊的二重性。人们必须认识、接受这种二重性，并将它吸收到这门学科的思考中来。这种两面性就是数学的本来面目。”

辛数学与**辛几何**是**辛**的两种不同解释。J. von Neumann 在《物理科学中的方法》一文中讲：“一个理论可能有两种不同的解释”，“当数学内容等价时，形式也有巨大的启发性与指导意义，并最终决定结果。”几乎可以肯定的是：“能以更好的形式推广为更有效的新理论的理论将战胜另一理论。……必须强调的是，这并不是一个接受正确理论、抛弃错误理论的问题。而是一个是否接受为了正确的推广而表现出更大的形式适应性的问题。”计算科学必然要离散形式。本书表明，发展到偏微分方程求解，结合了**有限元与变分法的进一步发展**等数学工具，**辛数学**是可以有更多拓展的，使其形式推广为更适应于多种应用课题的需求。

辛数学也应与实际相结合。“**数学是一门将完全不同的和毫无联系的事物组织成一个整体的艺术**”，将辛数学融合于变分法中，并结合多方面应用的需求，继续发展，就有望在计算科学方面达到新的高度。

Gauss说：“**数学是科学的女皇**”，数学家喜欢这个褒词。Atiyah说：“毕竟，数学在所有科学领域中达到了抽象的顶峰，它应该适用于广阔的现象领域……将众多来自经验科学或数学本身的不同事物结合在一起，乃是数学的本质特征之一。”但“**女皇**”也应亲民，数学应与力学、物理等领域密切联系发展。哲学的指导意义是深刻的。

计算力学则将自己发展的程序系统看成为“**计算机辅助工程**”CAE，我们认为定位妥当。工程要用，用户是皇帝！能辅助就好。

“**大学之道，在明明德，在亲民，在止于至善。**”

计算力学讲究实际，一定要看到数值结果，而不是只讲不做。实际工作迫切需要的，就应当做。本书可能会被有些人批评水平低、不严格、不符合公理体系等。没关系，辛破茧，能辅助工程就行。毕竟是有用的，不讲空话。

J. von Neumann说：“大多数数学家决定无论如何还是要使用这个系统。毕竟古典数学正产生着既优美又实用的结果……它至少是建立在如同电子的存在一样坚实的基础上的。因此，一个人愿意承认科学，那他同样会承认古典数学系统。”这些论述是很有启发意义的。

在此，钟万勰愿意推荐 J. von Neumann 的文章《数学家》，其译文在文献[27]中有。这是一位成就卓越的数学大师深思熟虑的讲述，我们可以从中学到很多哲学。

本书对**辛几何**的公理体系进行**破茧**，就是期望与广大领域融合发展。应当看到，即使变分法也是有局限性的。世界是极其复杂的，不可能用世界公理来定义。人们只能不断学习，以适应世界。

Hilbert 指出：“数学问题的解答……以有限个前提为基础的有限步推理来证明的正确性……就是对于证明过程的严格性的要求。”Atiyah 在《数学与计算机革命》一文中说：“特别还有‘构造性’证明的概念，即仅在有限个确定的步骤后就得到所要求的结论……与构造性密切相关的概念是所谓‘算法’。”在计算机上运行结束，不是死循环就是有限步。从这些论述可认识到计算科学的**算法**与数学证明的关系。只是不要将程序编错。

进入信息时代，“**计算科学与理论、实验共同构成现代科学的三大支柱**”的论述，表明了**计算科学**的重要性，是计算机时代数学的大发展，是时代潮流。计算科学当然不能脱离程序系统，商用程序系统的高层次模块，对我国是“**禁运**”的。人家卡中国，也是其**庙算**。其实，中国人的头脑是很聪明的，这些“**禁运**”的东西，很多是中国人被人家雇佣研制的。一个 SCI 评价体系，将一些能人推到外国去了，人才流失。不感觉可惜吗？

计算科学，就是当代**数字化**、**信息化**的**科学潮流**。我们必须顺应潮流，方可顺利发展。**计算科学**，也许有些人不要，我们要。

我国十二·五计划，要制造业转型、创新。计算机辅助工程(CAE)是制造业的关键。国外CAE软件的高端模块对我国禁运!! 只能自主发展。自主软件产业建设仅仅依靠政府的推动不够，要有行业的技术基础和产业共识。基础性软件是传统制造业和数值化信息产业的融合点。一场备受国际各方关注的欧洲债务危机，几经波折，欧元区经济实力最强的德国作为救助计划的最大出资方，不仅独善其身，而且“已经揭开了欧洲一体化的新篇章”，其最大的缘由莫过于德国的制造业撑起了坚固的实体经济基础。

百年制造强国的美国政府要有所行动了。用美国对制造业的科技发展对策、思路作为借鉴，无疑是有益的。美国科技界强烈呼吁：确保美国在高端制造业的领先地位。总统Obama响应了：启动了“高端制造合作伙伴(Advanced Manufacturing Partnership，AMP)”计划。前后上下齐呼应，而计划的实施则选择以加强创新集群和环境建设为思路，以重点“发展共性设备和平台，重构先进制造业发展理念”的数值仿真软件系统作为切入点，见

President Obama Launches Advanced Manufacturing Partnership [C]. http://www.whitehouse.gov/the-press-office/2011/06/24/president-obama-launches-advanced-manufacturing-partnership.] [Report To The President On Ensuring American Ensuringleadership In Advanced Manufacturing [C]. http://www.whitehouse.gov/sites/default/files/microsites/ostp/pcast-advanced-manufacturing-june2011.pdf.

人家这一招可谓画龙点睛，高明之处在于不拘泥于具体的工

程行业和领域，由基础性应用软件开发作为巩固高端制造业地位的实际措施，确实不失为神来之笔；将知识生产、技术创新和制造业地位紧密结合起来，一条曲径通幽路，高端制造业的提振需要关键领域的核心技术，更需要重构先进制造业的发展理念。更出人意料的是该项计划由道氏化学公司(Dow Chemical)董事长兼 CEO Andrew Liveries 和麻省理工学院(MIT)校长 Susan Hockfield 共同领导实施，而由联邦政府负责“买单”的形式，表达了由顶尖大学、最具有创新能力的制造商和联邦政府之间建立合作伙伴关系的目的，通过构筑官、产、学、研各方的紧密合作，由政府主导而以产、学为统领，力求不断孕育知识更新和技术应用的面向市场模式创新，实现内生式联合振兴高端制造业发展的战略部署。

可是人家做出来的高端成果对我是**禁运**的。现在中国生产量上去了，但底气不足。2011 年解放军总参谋长陈炳德在访问美国后指出：“中国装备与美国及世界其他先进国家相比，要落后 20 年”，可“落后是要挨打的”。人家是政府主导 AMP 计划，力争高端制造业的领先。

“禁运”怎么办？求人家放开，行吗？关键技术引不来。难道就甘心落后吗？当然不甘心。

中国要自主创新。中国必须建立自主的 CAE 程序系统。SiPESC 程序系统，就是自己研制的；在分析方面，强调了**非线性**求解的功能。至于普通的功能，不妨用过去的很多积累和已有的算法；高水平的程序模块自己研制，于是必须有恰当的先进理论与算法支撑。特种部队只能自己培训，人家在“**禁运**”么。**参变量变分原理与参变量二次规划算法；结构形状优化、拓扑优化；随机振动**

的虚拟激励法；保辛-守恒积分；保辛摄动；精细积分法；多层子结构接触算法；多层子结构的振动及优化；最优控制 PIM-CSD；多层次求解……一系列内容，是自己研制的，也只能自己研制。自己做出来的成果，当然心中有底。计算机时代只考虑“一张纸、一支笔”的发展思路，而置计算科学于一边，逆时代潮流，方向有问题了。即使就是 SiPESC 这些理论与方法，洋程序全部行吗?! 其实这些只是讲了各个方面的算法研究。多种算法必须**集成**在一起方能发挥作用。为此就要用自主 CAE 程序系统来集成，这就是 SiPESC。附录极其简单粗略地介绍了 SiPESC 的构造。

禁运，表明高端基础性研究由谁掌握非常重要。人家“**禁运**”不要紧。“**丢掉幻想，准备斗争**”，自己干么。赶上，甚至超越。别相信那套什么 SCI 评价体系。我们的头脑不比人家差。中国学生到外国成绩比较好，怎么自己用就成绩不行呢？过去，10 年，就从“一穷二白”变成拥有“二弹一星”了。中国人挺直腰板，就应当自己干。当年行，现在怎么会不行呢。

但评价体系有问题，打击了自己的**信心**，方向错了。只要打起精神，树立**信心**，“**艰苦奋斗，自力更生**”，政府主导把握正确方向，中国一定行。

当然要用认真、能干的人才，而不是靠关系户。

辛的破茧着眼于“**反客为主**”。吸收了国外的辛，加以改造，再创新，就转化为自己的东西。这不需要洋人批准，结合实际需求，自己努力干就是了。中国人一马当先革新，不可以吗？当然，按 SCI 评价体系，**辛破茧**洋人还没有批准呢！但毕竟，“**实践是检验真理的唯一标准**”么，根本不是洋人的批准，不需要洋人批准。**辛破**

茧，是中国自己提出的方向，用的是中国的基金，根据中国人的实际需求，结合中国的科技、工程，难道中国人的实践就不能算数吗？一定要听洋人的吗?！样样都听洋人的，那怎么**自主创新**，怎么**独创**呢？

这里有一个治学态度的问题。如果看见洋人这样那样做了，不经过认真思考，就盲目地跟上去，就缺乏创新精神了。看到什么东西，一定要问为什么？认真思考，看其是否合理。择其善者而从之，绝对不能自卑。具有中国特色的偏重 SCI 的评价体系，其特点就是**自卑**，没有**信心**，看不起自己人，**迷信**。因为我国近代科技长期落后，一开放，对洋人的东西看花了眼。于是，不相信自己能做好。凡是洋人说的就认为一定是好的，盲目随，不行。

出现学术腐败怎么办？中国确有学术腐败，但毕竟更有**正气**。**正气**要压倒邪气，也会压倒邪气的。**邪不胜正，正能克邪**么。应该对自己有信心。自己的事情自己解决，怎么找洋人解决呢？再说与洋人做生意，生意场上就没有邪气？SCI 就没有邪气？请问，对洋人怎么监管，愈加难了。无非是眼不见为净，任人摆布罢了。

中国也有腐败官员，也要监管。毕竟，**正气**压倒邪气。难道也请洋人来监管吗?！中国自己改革也要洋人指挥，批准吗？

其实，科学技术，人家也在探索，鱼龙混杂、泥沙俱下的。让中国成为人家的试验场吗?！自己不认真思考，总是**随**，那怎么能赶超呢。

是的，现在我国的科技水平是比人家有差距。怎么赶上去？两弹一星，人家封锁，我们**艰苦奋斗**，**自力更生**，10 年，有了！当年有**信心**，怎么今天反而不相信自己能做好呢？论文一定要在洋人杂志发表,还要签字画押,来一个 copy right transfer,才体现出水平吗?将次等文章发表给中国人看,好东西给洋人看,真**荒唐**!!为谁服务呀。中国人自己不会评价吗?中国人创新的,洋人全懂吗?**“行成于思,毁于随”**,古人的格言,要好好认识。要走出自己的路子来。

我听中央领导同志讲:**自主创新,集成创新,引进、消化、吸收、再创新**。多遍。我认为这就是中国发展科技的**庙算**。从没有听到过什么 SCI 评价之说。这样的东西,怎么就如此顽固呢?中国发展科技的**庙算**能用 SCI 来评价吗?

当年请来一个李德,不相信自己的实践。理论是“山沟沟里出不了马列主义”,就是因为迷信。这样的教训,可以忘记吗?

打起精神,树立**信心**。**自立,自主,自强,自信,自尊**,走自己的路。虽然可能有曲折,但前途一定是光明的。努力吧!

附　录

附录1　SiPESC构造的简单介绍

SiPESC(Software Integration Platform for Engineering and Scientific Computation,工程与科学计算集成化软件平台),由力控软件系统工程有限公司和大连理工大学运载工程与力学学部/工业装备结构分析国家重点实验室研发的面向工程与科学计算的集成软件系统,目的是构建适用于计算力学的科学研究和工程应用的集成化CAE软件平台。

SiPESC目前具备的主要功能有:

集成开发环境。基于"平台(微核心) + 插件"的体系结构,构建了插件及扩展的管理机制,支持系统功能的动态扩展,引入workbench(工作台)、workspace(工作空间)和project(项目)概念,方便用户构建专用的用户界面,管理各类项目文件;为用户二次开发提供统一的接口管理功能和实现模式。基于插件及扩展的管理机制,可实现计算系统功能的动态扩展,以及多组织间的软件协同开发。

面向系统集成的活动流程图定制工具。建立了基于活动流程图定制工具的可执行程序的集成技术，为集成异构软件（包括商用及自主软件）与系统模块，以及实施软件间的协同计算提供支持；可进行本地可执行程序的集成计算，局域网 CORBA 调用，网格技术的远程调用；可构建并发计算流程，完成多模型的大规模计算问题。

工程数据库管理系统。面向大规模计算中的多类型数据、大数据块（如有限元总刚度矩阵）管理设计实现了数据库管理系统，提供了数据管理的统一接口；实现了数据存储管理、动态扩展和检索技术。

开放式结构有限元分析系统。基于工程数据库与插件技术设计开发出开放式结构有限元分析系统，具有大规模有限元模型管理和分析求解能力；设计了如节点排序、约束处理、局部坐标转换、单元刚度计算、载荷计算、求解器等各类模块的扩展接口，实现了功能的动态扩展。

集成化结构分析与优化设计系统。实现了多个先进的计算力学软件的有效集成，包括：多重子结构有限元分析系统；结构有限元分析与优化设计系统（JIFEX）；以参变量变分原理为基础的结构弹塑性接触分析系统；以虚拟激励方法为基础的结构随机振动分析系统；基于精细积分方法的弓网动力学分析系统；开放性集成化优化计算系统等。本书所介绍的部分辛数学、变分原理以及计算方法，已在 SiPESC 集成软件系统中得到实现，体现出高效、高精度、稳定性等特点，形成了鲜明的我国自主版权 CAE 软件的特色，在解决一系列装备结构研制过程中关键力学问题方面发挥了作用。

附录 2 力学具有基础与应用学科的两重性[①]

胡锦涛同志在院士大会上的报告中指出，当前要重点推动八个方面的科技发展，“争取尽快取得突破性进展”。这八个方面是与民生相关的科技，而基础研究则蕴涵于其中。

牛顿同时发现了微积分与力学定律，标志了近代科学的开始。众多学科是在此基础上随后发展起来的。分析力学为最重大的物理发现——相对论与量子力学——提供了坚实的基础。力学是基础学科无需争论。

力学在应用中也发挥了基础作用，航空航天、土木、机械、海洋、控制等。哪怕是今日强调的计算科学，也是从力学有限元开始的。钱学森提出技术科学，强调了从**基础科学**到**工程应用**的衔接，深刻而有现实意义。

力学既是基础学科又是应用学科，体现了事物的**两重性**。“一阴一阳之谓道”么。**两重性**在科学发展中一再出现。光与电子的**波粒二相性**，就出现了量子力学。分析力学既可用**因果论**，也可用变分法的**目的论**来解释，又是**两重性**。即使达到严格性顶峰的数学也有**两重性**。

① 原载：中国科学院院刊，2010(5)，收入时个别处有改动。

高科技深刻影响了现代社会多个方面，其中信息与控制非常关键。钱学森的工程控制论让他的导师冯·卡门感叹“超过了我”，使钱学森激动。从力学转到控制，表明了力学的基础性，也说明了学科交叉的关键作用。应大力**提倡**学科交叉。“井水不犯河水”的格局是难以产生学科交叉的。交叉会有交锋，有碰撞，然后有融合，有突破，才是发展正道。

“科学技术是第一生产力”，表明科技是要应用、要发挥支撑作用的。

反导、精确打击，深刻改变了战争态势。其关键不单纯是导弹的力量，而在于能否快速精确地控制，**命中！**控制理论及计算是关键之一。**现代控制论**已成为精确控制不可缺少的工具，一定要有自主程序系统的支持。Matlab 的控制工具箱是不够用的。为此我们自主研发了 **PIM-CSD** 控制工具箱，就是基于现代控制理论的，其理论特点是**结构力学与最优控制的模拟理论**，其数学基础是**辛数学方法**，而微分方程求解则有**精细积分法**。全套是自己的。

中国的科技比世界先进水平有差距，尤其需要**创新**。这使我想到了“**行成于思，毁于随**”的格言。中国要学习先进科技，但不可总是**随**。“独立自主，自力更生”是根本的道路。中国人尤其不可忘记，人家对我们是有“**禁运**”壁垒的。要**创新**，就要“**反客为主**”，自己干。要相信中国人自己会干好的，要有**信心**！而偏重 SCI 的科技评价体系，表明缺乏自主创新的信心。

诺贝尔奖是难以计划的。**能充分发挥人们创新潜力的机制**，应该努力创建。Kalman 滤波 1960 年才提出，1969 年登月的软着陆就用上，**快**！值得学习。

参考文献

[1] 钟万勰. 应用力学的辛数学方法. 北京:高等教育出版社,2006

[2] 钟万勰,欧阳华江,邓子辰. 计算结构力学与最优控制. 大连:大连理工大学出版社,1993

[3] 钟万勰. 应用力学对偶体系. 北京:科学出版社,2002

[4] 阿蒂亚. 数学的统一性. 大连:大连理工大学出版社,2009

[5] 高强,钟万勰. Hamilton 系统的保辛-守恒积分算法. 动力学与控制学报,2009,7(3):193-197

[6] Bluman G W,Kumei S. Symmetries and Differential Equations. New York:Springer,1989

[7] 冯康,秦孟兆. Hamilton 体系的辛计算格式. 杭州:浙江科技出版社,2004

[8] Hairer E, Lubich C, Wanner G. Geometric-Preserving Algorithms for Ordinary Differential Equations. New York:Springer,2006

[9] 钟万勰. 力、功、能量与辛数学. 2 版. 大连:大连理工大学出版社,2009

[10] Zhong G,Marsden J E. Lie-Poisson Hamilton-Jacobi theory and Lie-Poisson integrators. Physics Letter A,1988,113

(3): 134-139

[11] 钟万勰,张洪武,吴承伟.参变量变分原理及其应用.北京:科学出版社,1997

[12] 张洪武.参变量变分原理与材料和结构力学分析.北京:科学出版社,2010

[13] 高本庆.椭圆函数及其应用.北京:国防工业出版社,1991

[14] 钟万勰,姚征.椭圆函数的精细积分算法//应用力学进展.北京:科学出版社,2004:106-111

[15] Goldstein H. Classical Mechanics. 2nd ed. Addison-Wesley,1980

[16] 钟万勰,高强.约束动力系统的分析结构力学积分,动力学与控制学报,2006,4(3):193-200

[17] 高强,钟万勰.非完整约束动力系统的离散积分方法,动力学与控制学报(投稿)

[18] 彭海军,高强,吴志刚,钟万勰.非线性最优控制问题的保辛多层次求解方法.应用数学和力学,2010,31(10):1191-1200

[19] 高强,彭海军,吴志刚,钟万勰.非线性动力学系统最优控制问题的保辛求解方法.动力学与控制学报,2010,8(1):1-7

[20] 钟万勰,高强.时间-空间混合有限元.动力学与控制学报,2007,5(1):1-7

[21] Courant R,Hilbert. Methods of Mathematical Physics:Vol 2. New York:Wiley,1962

[22] Courant R,Friedrichs K O. Supersonic Flow and Shock Waves. New York:Interscience Publishers,1948

[23] Morse P M, Feshbach H. Methods of Theoretical Physics. New York: McGraw-Hill, 1953

[24] Press W H, Teukolsky S A, Vettering W T, et al. Numerical Recipes in C, 2nd Ed. Cambridge: Cambridge Univ Press, 1992

[25] 高强,钟万勰. 有限元、变分原理与辛数学的推广. 动力学与控制学报,2010,8(4):289-296

[26] 张洪武,张亮,高强. 拉压模量不同材料的参变量变分原理和有限元方法. 工程力学(投稿)

[27] 冯·诺依曼. 数学在科学与社会中的作用. 大连:大连理工大学出版社,2009

[28] 高强,张洪武,张亮,钟万勰. 拉压刚度不同桁架的动力参变量变分原理和保辛算法. 振动与冲击(投稿)

[29] Bellman R, Cooke K L. Differential-difference Equations. Academic Press, 1963

[30] Hu H Y, Wang Z H. Dynamics of Controlled Mechanical Systems with Delayed Feedback. Berlin: Springer, 2002

[31] Mahamoud M S. Robust Control and Filtering for Time-delay Systems. New York: Marcel Dekker Inc, 2000

[32] 钟万勰,吴志刚,谭述君. 状态空间理论与计算. 北京:科学出版社,2007

[33] 张洪武,姚征,钟万勰. 界带分析的基本理论和计算方法. 计算力学学报,2006,23:257-263

[34] 姚征,张洪武,王晋宝,钟万勰. 基于界带模型的碳纳米管声

子谱的辛分析.固体力学学报,2008,29(1):13-22

[35] 黄昆,韩汝琪.固体物理学.北京:高等教育出版社,1988

[36] Harrison W A. Applied Quantum Mechanics. Singapore: World Scientific,2000

[37] 希尔伯特.数学问题.大连:大连理工大学出版社,2009

[38] Haraguchi M,Hu H Y. Stability Analysis of a Noise Control System in a Duct by using Delayed Differential Equation. Acta Mechanica Sinica,2009,25:131-137

关键词索引